Reine und angewandte Metallkunde in Einzeldarstellungen
Herausgegeben von W. Köster

4

Kupfer im technischen Eisen

Von

Dr.-Ing. habil. Heinrich Cornelius

Deutsche Versuchsanstalt für Luftfahrt E.V., Berlin-Adlershof

Mit 165 Abbildungen

Springer-Verlag Berlin Heidelberg GmbH

ISBN 978-3-642-89062-8   ISBN 978-3-642-90918-4 (eBook)
DOI 10.1007/978-3-642-90918-4

Vorwort.

Kupfer kommt in geringen Gehalten als Begleitelement der meisten technischen Eisensorten vor und ist in neuerer Zeit auch als Legierungselement zu praktischer Bedeutung gelangt. Das den Einfluß von Kupfer auf die Eigenschaften von Stahl und Eisen behandelnde Schrifttum ist außerordentlich umfangreich. Es hat schon vor einer Reihe von Jahren seinen Niederschlag in einer englischen Buchveröffentlichung von J. L. Gregg und B. N. Daniloff (The Alloys of Iron and Copper, London 1934) gefunden. Seitdem sind noch viele Untersuchungsergebnisse mitgeteilt und neue Anwendungsgebiete des Legierungselementes Kupfer gefunden worden, so z. B. im hochgekohlten Stahlguß für Kurbelwellen, Zylinderbüchsen, Bremstrommeln u. dgl. Wenn auch noch weitere neue Erkenntnisse möglich sind, so kann man doch annehmen, daß wenigstens bezüglich der Erforschung des Einflusses von Kupfer auf Stahl die Hauptarbeit getan ist. Daher wurde es für zweckmäßig gehalten, die vorhandenen Erfahrungen in diesem Buche zusammenzufassen. Hierbei ist das Schrifttum bis Ende 1938, in einzelnen Fällen bis Ende 1939 berücksichtigt worden. Es wurde angestrebt, möglichst alle wichtigeren Forschungsergebnisse zu erfassen, um so ein Nachschlagewerk zu vermitteln, dann aber auch besonders die den Eisenhüttenmann der Praxis und den Stahlverbraucher vorwiegend interessierenden Gesichtspunkte umfassend zu behandeln.

Eine dem Kupfer eigentümliche Wirkung, auf die eine umfassende Forschungstätigkeit gerichtet worden ist, ist die Erhöhung der Witterungsbeständigkeit des Stahls. Zur Erfassung, Eingrenzung und Klärung des Kupfereinflusses auf diese Eigenschaft hat in Deutschland vor allem K. Daeves durch seine Arbeiten beigetragen. Daher sei sein Name diesem Buche vorangestellt.

Meinen Dank möchte ich auch an dieser Stelle den zahlreichen Forschern aussprechen, die mich durch freundliches Überlassen von Sonderdrucken ihrer Arbeiten unterstützt haben. Ferner möchte ich der Bücherei des Vereins Deutscher Eisenhüttenleute danken für die Vermittlung eines großen Teils des benutzten Schrifttums. Ich empfinde es als angenehme Pflicht, die zuverlässige und reibungslose Zusammenarbeit mit dieser Bücherei hervorzuheben. Der Leitung der Deutschen Versuchsanstalt für Luftfahrt, E. V., Berlin-Adlershof, sage ich meinen Dank für die Genehmigung zur Übernahme der vorliegenden Arbeit. Der Verlagsbuchhandlung Julius Springer danke ich für die gute Ausstattung des Werkes.

Berlin-Adlershof, April 1940.

Heinrich Cornelius.

Inhaltsverzeichnis.

Inhaltsverzeichnis. V

A. Kupfer im Stahl.

I. Kurzer geschichtlicher Rückblick.

Der Wert eines Kupfergehaltes im Stahl ist bis vor nicht sehr langer Zeit schwankend beurteilt worden. Erst die neueren Arbeiten über den Einfluß von Kupfer auf die Eigenschaften des Stahls haben den Weg für die Eingliederung des Kupfers in die Reihe der Legierungselemente des Stahls geebnet. Wenn die Anwendung kupferlegierter Stähle in neuester Zeit einen größeren Umfang angenommen hat, so sind hierfür neben den Erkenntnissen über die ausgeprägte Beeinflussung der Stahleigenschaften durch Kupfer die verhältnismäßig geringen Kosten dieses Metalls als Legierungselement maßgebend gewesen.

Die ersten bekanntgewordenen Hinweise auf die Wirkung des Kupfers auf das technische Eisen liegen weit zurück und beziehen sich in erster Linie auf Stahl. Die Tatsache, daß sie widersprechend sind, darf man zweifellos in vielen Fällen darauf zurückführen, daß das Kupfer für Wirkungen verantwortlich gemacht wurde, die andere, nicht erkannte Begleitelemente des Eisens hervorgerufen hatten. Im Jahre 1627 weist Louis Savot darauf hin, daß das Eisen[1] durch Kupfer beim Schmieden brüchig wird, während noch früher Budelius dem Kupfergehalt des Eisens die Verhinderung der Hammerschweißbarkeit zuschrieb. Aber entgegen der häufig vertretenen Auffassung, daß die älteren Metallurgen stets den Einfluß des Kupfers auf die Stahleigenschaften als nachteilig bezeichnet hätten, finden sich schon frühzeitig (1774) Hinweise auf günstige Wirkungen des Kupfers als Legierungselement, und es wird hervorgehoben, daß selbst 1% Cu die Schweißbarkeit nicht beeinträchtige. Auf der Pariser Ausstellung (1889) zeigte Holtzer Stähle mit 3 bis 4% Cu und hob ihre hohe Elastizitätsgrenze hervor, und 10 Jahre später stellte Colby bereits hochbeanspruchte Maschinenteile aus Stahl mit 0,56% Cu her. Auf die Erhöhung der Witterungsbeständigkeit des Stahls durch Kupfer macht F. H. Williams, erstmalig auf Grund planmäßiger Versuche, im Jahre 1900 erneut aufmerksam.

In der früheren Geschichte der Entwicklung des Kupfers zum Legierungselement des Stahls spielt die rotbrucherzeugende Wirkung des Kupfers die größte Rolle, wobei vor allem die Höhe des zu Rotbrucherscheinungen führenden Gehaltes sehr verschieden angegeben wird.

---

[1] „Eisen" wird hier in dem früher üblichen Sinne gebraucht: „Schmiedeeisen". Außerhalb der geschichtlichen Einleitung bezeichnet „Eisen" das technisch reine Eisen.

Bemerkenswert ist, daß noch im Jahre 1912 eine völlig abwegige Erklärung für die rotbrucherzeugende Wirkung des Kupfers herangezogen wurde, nämlich die Anwesenheit von Kupferoxyden im Stahl.

Genauere Unterlagen über den Einfluß von Kupfer auf die Stahleigenschaften vermittelten auf Grund von exakten Forschungsarbeiten zuerst die Berichte von Stead, Breuil, Wigham, Burgess und Aston, Ball und Wigham, Müller, Lipin und Dillner (1901 bis 1910). Die Arbeiten dieser Forscher haben gezeigt, daß der Kupferstahl Eigenschaften aufweist, die ihn für bestimmte Verwendungszwecke geeignet machen. Unsere auf dieser Grundlage aufgebauten, durch zahlreiche Untersuchungen erweiterten und vertieften Kenntnisse über den Einfluß von Kupfer auf die Stahleigenschaften und die sich daraus ergebenden Folgerungen für die Anwendung kupferlegierter Stähle werden im folgenden behandelt.

II. Der Aufbau der Eisen-Kupfer-Legierungen.

1. Das Zustandsbild Eisen-Kupfer.

Über den Aufbau der Legierungen des Eisens und Kupfers besteht ein umfangreiches Schrifttum, das von M. Hansen[1] einer kritischen Sichtung unterworfen und zur Aufstellung eines Zustandsschaubildes benutzt wurde. Dieses ist in Abb. 1 in seinen Grundzügen beibehalten worden. Änderungen wurden auf der Eisenseite auf Grund neuerer Untersuchungen vorgenommen. So wurde die Löslichkeit des α-Eisens für Kupfer nach röntgenographischen Untersuchungen von J. T. Norton[2] an sehr reinen Legierungen eingezeichnet, der eine Löslichkeit von 0,35% Cu bei 650° und von 1,4% Cu bei 850° im α-Eisen angibt. H. Buchholtz und W. Köster[3], die früher die Löslichkeitslinie festlegten, haben eine Löslichkeit von 0,4% Cu bei 600° und 3,4% Cu bei 810° beobachtet (Abb. 2). Für die Annahme, daß die größte Löslichkeit des α-Eisens für Kupfer bei hoher Temperatur etwa 1,4% beträgt, sprechen auch die Feststellungen von F. Nehl[4], C. S. Smith und E. W. Palmer[5], C. H. Lorig[6] und R. Harrison[7], wonach die Aushärtbarkeit des α-Eisens durch Kupfer oberhalb 1,2 bis 1,5% Cu nicht mehr zunimmt. Als Temperatur der eutektoidischen Umwandlung des γ-Eisen-Mischkristalls in den

---

[1] Hansen, M.: Der Aufbau der Zweistofflegierungen, S. 557. Berlin: Julius Springer 1936.

[2] Norton, J. T.: Trans. Amer. Inst. min. metallurg. Engrs. **116** (1935) — Iron and Steel Div. S. 386.

[3] Buchholtz, H. u. W. Köster: Stahl u. Eisen **50**, 688 (1930).

[4] Nehl, F.: Stahl u. Eisen **50**, 678 (1930).

[5] Smith, C. S. u. E. W. Palmer: Trans. Amer. Inst. min. metallurg. Engrs. **105**, 133 (1933).

[6] Lorig, C. H.: Metal. Progr. **27**, Nr 4, 53 (1935).

[7] Harrison, R.: J. Iron. Steel Inst. **137**, 285 (1938).

α-Eisen-Mischkristall und den kupferreichen ε-Mischkristall wurde 850° auf Grund der Angaben von Norton und nach englischen Untersuchungen[1] angenommen. Die Konzentration des Eutektoides ist noch als unsicher anzusehen. Die Temperatur von 1094° für die peritektische Umsetzung zwischen der kupferreichen Schmelze und dem γ-Mischkristall wurde in

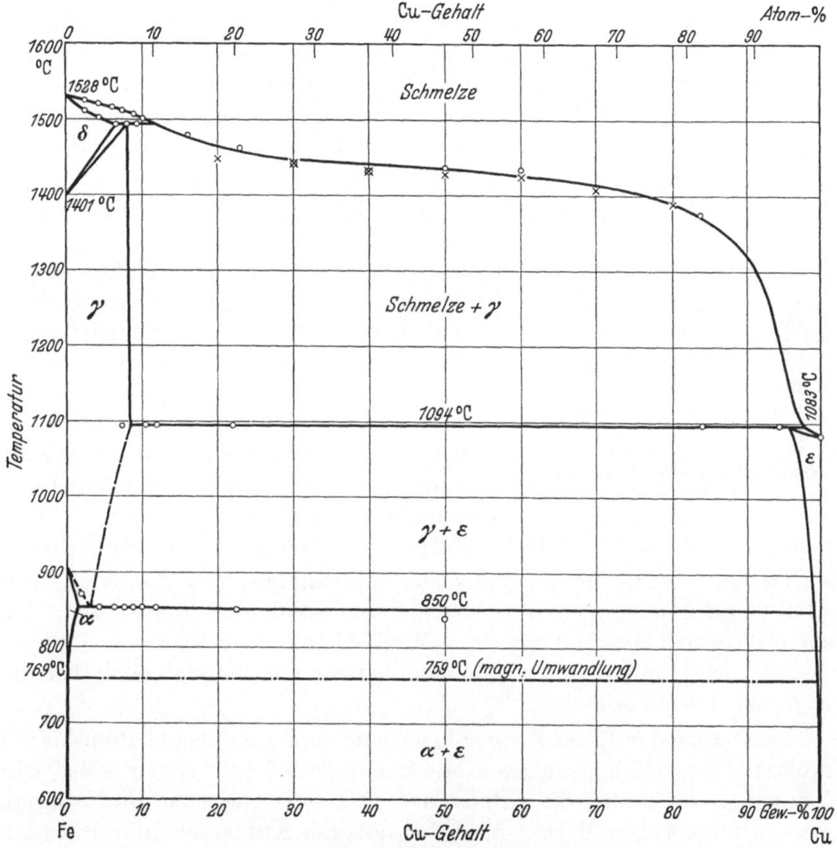

Abb. 1. Das Zustandsschaubild Eisen-Kupfer.
(× Nach Iwasé und Mitarbeitern.) (o Nach Iron Steel Inst. 1936. Special Report Nr. 14, S. 100.)

Übereinstimmung mit[1] beibehalten. Die Löslichkeit des γ-Eisens für Kupfer zwischen 1094° (8,5% Cu) und 1477° (8% Cu) ergibt sich aus Untersuchungen von R. Vogel und W. Dannöhl[2]. Neben diesen Untersuchungen waren für die Wiedergabe des peritektischen Gleichgewichtes zwischen eisenreicher Schmelze, δ-Eisen-Mischkristall und γ-Eisen-Mischkristall die schon erwähnten englischen Untersuchungen

---

[1] Iron Steel Inst. **1936** Spec. Rep. Nr 14, S. 100.
[2] Vogel, R. u. W. Dannöhl: Arch. Eisenhüttenw. **8**, 39 (1934/35).

maßgebend. Die Liquiduslinie erfuhr auf Grund von übereinstimmenden, neuen Versuchsergebnissen[1] verschiedener Forscher nur geringfügige Änderungen zwischen 40 und 90% Cu. Da die Liquiduslinie keinen ausgezeichneten Punkt aufweist und außerdem die sorgfältige Arbeit von Iwasé[1] den Nachweis erbrachte, daß in sehr reinen Eisen-Kupferschmelzen mit 20 bis 80% Cu keine Trennung in zwei Schmelzen eintritt

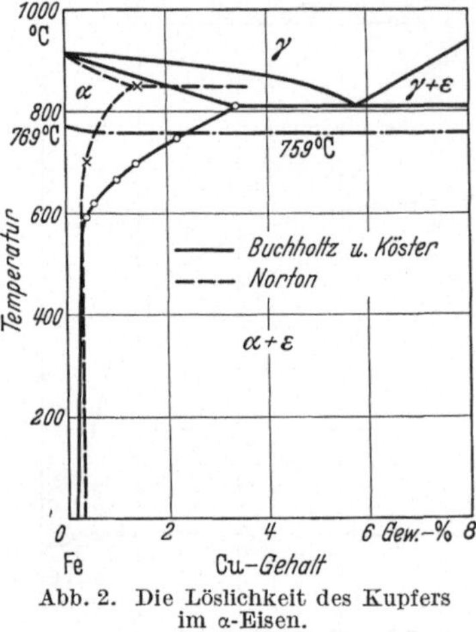

Abb. 2. Die Löslichkeit des Kupfers im α-Eisen.

(1440 bis 1600°, $^{1}/_{2}$-stündiges Halten der Temperatur), scheint es jetzt berechtigt, die bisher umstrittene Mischungslücke im flüssigen Zustand unterhalb 1600° nicht mehr in das Zustandsschaubild Eisen-Kupfer aufzunehmen.

Die Kupferseite des Systems Eisen-Kupfer wurde in der von M. Hansen angegebenen Form unverändert übernommen. Die peritektische Konzentration und höchste Löslichkeit des Eisens im Kupfer[2,3] liegt bei 1094° bei etwa 3,8 bis 4,0%. Die Löslichkeit sinkt mit fallender Temperatur rasch auf weniger als 0,2% bei 600° ab und ist bei Raumtemperatur außerordentlich klein. (Nach neuen röntgenographischen Untersuchungen sind mindestens 2,5% Fe im festen Kupfer bei hoher Temperatur löslich[4].)

Da der Verlauf der magnetischen Umwandlung des Eisens aus den Abb. 1 und 2 nicht genau zu ersehen ist, sei darauf hingewiesen, daß sie im Bereich des homogenen α-Mischkristalls von 769° auf 759° erniedrigt wird und in α + ε-Feld unabhängig vom Kupfergehalt bei der letzteren Temperatur liegt.

Im Gefüge der Eisen-Kupfer-Legierungen mit Kupfergehalten bis zur größten Lösungsfähigkeit des α-Mischkristalls bei 850° tritt nur bei sehr langsamer Abkühlung die ε-Phase auf, und zwar entweder als Netzwerk oder in feinkörniger Form. Auch bei höheren Kupfergehalten und nach ebenfalls äußerst langsamer Abkühlung ist die ε-Phase zumeist so fein, daß sie mikroskopisch nur schwer nachweisbar ist. Eine eutektoidische Anordnung von α- und ε-Mischkristall ist bisher anscheinend noch nicht mikroskopisch beobachtet worden. Erst bei hohen Kupfergehalten tritt der ε-Mischkristall in größeren Einheiten auf. In Abb. 3 ist das Guß-

[1] Iwasé, K., M. Okamoto u. T. Amemiya: Sci. Rep. Tôhoku Univ. **26**, 618 (1937).

[2] Hansen, D. u. G. W. Ford: J. Inst. Met., Lond. **32**, 335 (1924).

[3] Tammann, G. u. W. Oelsen: Z. anorg.Chem. **186**, 267 (1930).

[4] Bradley, A. J. u. H. J. Goldschmidt: J. Inst. Met., Lond. **65** (1939) (Advance Copy).

gefüge einer Legierung mit 50% Cu und 50% Fe, in Abb. 4 das Schmiedegefüge der gleichen Legierung wiedergegeben[1]. Der helle Gefügebestandteil ist der α-Eisenmischkristall, der dunkel geätzte der kupferreiche

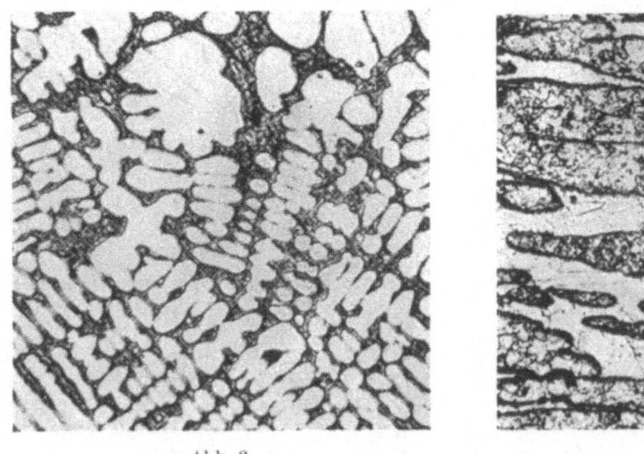
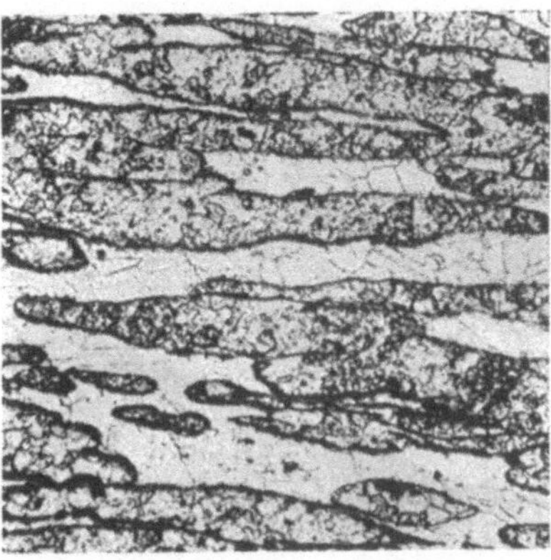

Abb. 3.   Abb. 4.

Abb. 3 und 4. Gefüge einer Legierung mit 50% Cu und 50% Fe im gegossenen (Abb. 3) und geschmiedeten Zustand (Abb. 4). $V = 200$ (Schuhmacher und Souden).

ε-Mischkristall. Als Ätzmittel ist eine ammoniakalische Wasserstoffsuperoxydlösung allein (Abb. 3) oder nach voraufgegangener Ätzung mit 1%iger alkoholischer Salpetersäure (Abb. 4) geeignet.

2. Der Aufbau der Kupferstähle.

Das Dreistoffsystem Eisen-Kupfer-Kohlenstoff wurde von T. Ishiwara und Mitarbeitern[2] bis zu 30% Cu und 5% C untersucht. Sie entwarfen ein vollständiges Zustandsschaubild Fe-Fe$_3$C-Cu, das in Abb. 5 wiedergegeben ist. Da das zugrunde gelegte Randsystem Fe-Cu von der nach heutiger Auffassung wahrscheinlich zutreffenden Form beträchtlich abweicht, und außerdem der benutzte quasibinäre Schnitt Fe$_3$C-Cu rein hypothetisch ist, dürfte ein näheres Eingehen auf die Abb. 5 nicht erforderlich sein. Eine neuere Untersuchung über das gesamte Dreistoffsystem Fe-Cu-C liegt anscheinend nicht vor, wohl aber eine eingehende Arbeit von Iwasé[3] über die isothermen Gleichgewichte dieses Systems im flüssigen Zustand bei 1450 und 1540°. Die Ergebnisse enthalten die Abb. 6 und 7. Während reine, binäre Eisen-Kupfer-Legierungen nur eine flüssige Phase aufweisen, tritt nach Abb. 6 und 7 im System Fe-Cu-C eine Mischungslücke im flüssigen Zustand auf. Bei mittleren Kupfergehalten genügen schon Kohlenstoffgehalte von wenig über 0,02—0,03%

[1] Schuhmacher, E. E. u. A. G. Souden: Metals & Alloys 7, 95 (1936).

[2] Ishiwara, T., T. Yonekura u. T. Ishigaki: Sci. Rep. Tôhoku Univ. 15, 81 (1926).

[3] Zit. S. 4.

um die Trennung in zwei Schmelzen zu bewirken. Je höher der Eisengehalt ist, um so höhere C-Gehalte sind erforderlich zur Bildung zweier flüssiger Phasen. Bei 15% Cu tritt bei 1450° erst oberhalb 1,7% C eine

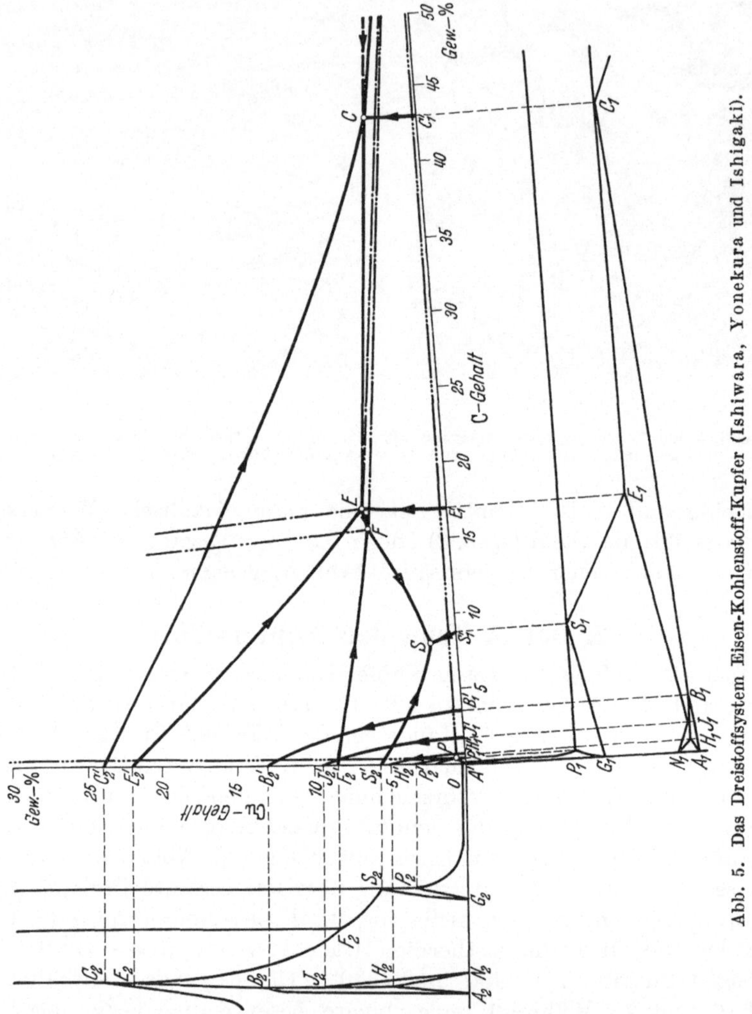

Abb. 5. Das Dreistoffsystem Eisen-Kohlenstoff-Kupfer (Ishiwara, Yonekura und Ishigaki).

Entmischung ein. Alle kupferlegierten, ternären Stähle mit weniger als 15% Cu bestehen demnach im flüssigen Zustand aus nur einer Phase. Nach K. M. Simpson und R. T. Banister[1] erweitern Zusätze von Kohlenstoff die Mischungslücke im flüssigen Zustand nach tieferen Temperaturen, so daß sie z. B. bei 0,15% C die Liquidusfläche schneidet.

[1] Simpson, K. M. u. R. T. Banister: Metals & Alloys **7**, 88 (1936).

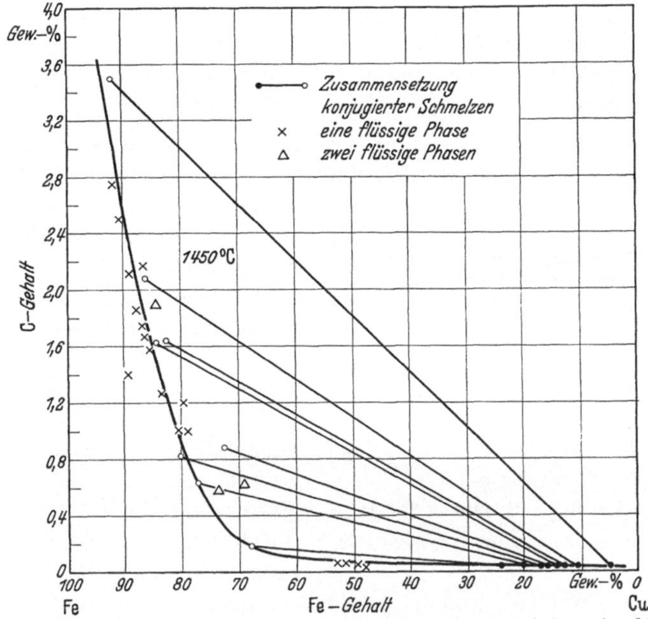

Abb. 6. Gleichgewicht des Fe-Cu-C-Systems im flüssigen Zustand bei 1450° (Iwasé und Mitarbeiter).

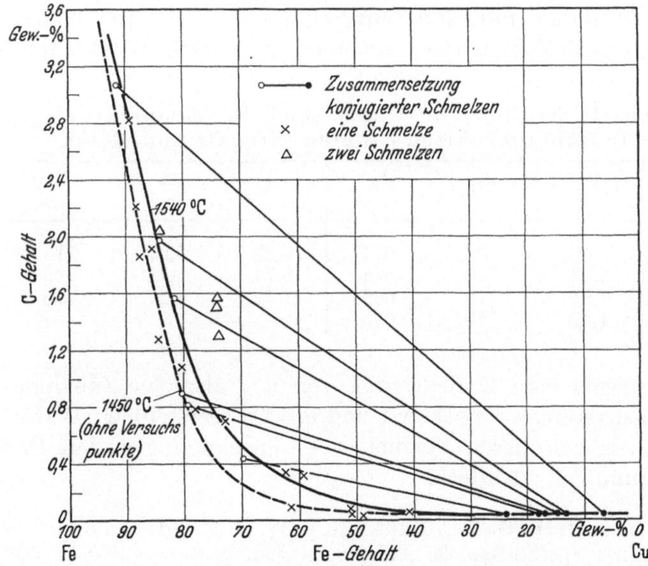

Abb. 7. Gleichgewicht des Fe-Cu-C-Systems im flüssigen Zustand bei 1540° (Iwasé und Mitarbeiter).

Es sei noch darauf hingewiesen, daß die Anwesenheit von je 1% Al, Ni, Pb, Sn oder Zn in äußerst kohlenstoffarmen Legierungen mit 50% Cu und 49% Fe nicht zur Ausbildung von zwei flüssigen Phasen führt.

Einen Vertikalschnitt durch das flüssige System Fe-Cu-C bis 5% Cu
bei 0,4% C zeigt Abb. 8[1]. Die Erhöhung der $\gamma \rightleftharpoons \delta$-Umwandlung von
Eisen-Kohlenstoff-Legierungen durch Kupferzusätze geht auch aus dieser
Abbildung hervor.

Die Perlitumwandlung und die $\alpha \rightleftharpoons \gamma$-Umwandlung von Eisen-
Kohlenstoff-Legierungen werden durch Kupfer erniedrigt, und zwar in
geringerem Maße als durch Nickel
oder Mangan[2]. Der Perlitpunkt
wird durch 3% Cu erheblich zu
niedrigeren Kohlenstoffgehalten
verschoben. In neuerer Zeit wurden nur wenig Bestimmungen
der Haltepunkte reiner Eisen-
Kohlenstoff - Kupfer - Legierungen
ausgeführt. Insbesondere fehlen
zuverlässige Angaben über die Beeinflussung der A_3-Umwandlung
durch Kupfer. Die A_1-Umwand-
lung wird nach W. Rädecker[3]

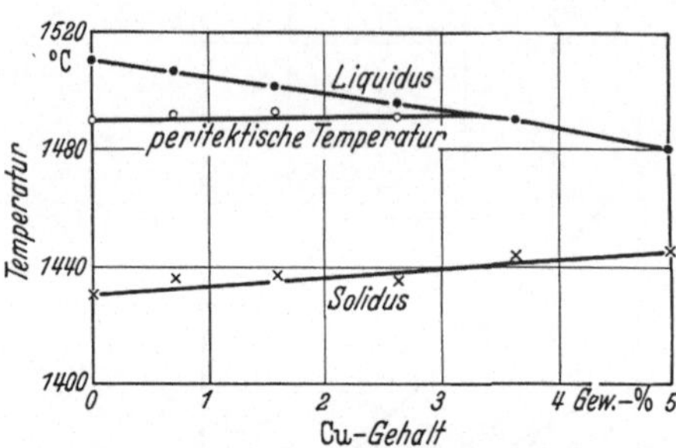

Abb. 8. Schnitt durch das flüssige System
Fe-Cu-C bei 0,4% C
(Andrew, Bottomley, Maddocks, Percival).

durch 1% Cu um 10° erniedrigt. Diese Angabe beruht auf Messungen
an drei Stählen mit unterschiedlichem Mangangehalt (Zahlentafel 2)
und dürfte daher nur näherungsweise zutreffen. Bei höhergekohlten
Stählen ist nach Zahlentafel 1 ein eindeutiger Einfluß des Kupfers auf A_{c_1}

Zahlentafel 1. Einfluß von Kupfer auf die Temperaturlage von A_1
in höhergekohlten Stählen (Stogoff und Messkin).

C %	Cu %	A_{c_1} °C	A_{r_1} °C	C %	Cu %	A_{c_1} °C	A_{r_1} °C
0,87	1,19	722	675	1,03	5,07	715	660
0,76	3,03	730	678	0,74	1,41	725	665
0,69	4,81	715	665	1,22	1,27	715	690
1,11	1,42	720	685				

nicht, dagegen eine Erniedrigung von A_{r_1}, also eine Zunahme der Um-
wandlungshysteresis zwischen 1 und 5% Cu feststellbar. Wahrscheinlich
haben auch bei diesen Versuchen Verunreinigungen den Einfluß von
Kupfer zum Teil überdeckt.

---

[1] Andrew, J. H., G. T. C. Bottomley, W. R. Maddocks u. R. T. Percival:
Iron Steel Inst. Special Rep. 23. Third Steel Castings Report 1938. Section II, S. 5.

[2] Breuil, P.: C. r. Acad. Sci. Paris 143, 346 und 377 (1906). — Sahmen, R.:
Z. anorg. Chem. 57, 1 (1908).

[3] Rädecker, W.: Mitt. Forsch.-Inst. Ver. Stahlwerke, Dortmund 3, Lieferung 7,
174 (1933). Hier ältere Angaben über den Einfluß von Kupfer auf die Umwandlungstemperaturen.

Die kritischen Temperaturen von Stählen, die neben Kupfer noch
weitere Zusätze enthalten, sind eingehender untersucht worden. Nach
W. Rädecker wird der Einfluß von Kupfer auf A_1 durch Nickel und
anscheinend auch durch Kobalt verstärkt. Chrom, Molybdän und Vanadin
erhöhen die A_1-Temperatur von Kupferstählen etwas. Dilatometrisch
gemessene Umwandlungstemperaturen derart mehrfach legierter Stähle
enthält Zahlentafel 2.

Zahlentafel 2. Umwandlungstemperaturen einiger binärer und ternärer
Kupferstähle (Rädeker).

Zusammensetzung in %					Temperatur in °C			Hysteresis für A_3 in °C
C	Mn	Cu	Ni	Sonstige	A_{c_1}	A_{c_3}	A_{r_3}	
0,24	0,89	0,50			717	795	727	68
0,08	0,41	1,01			712	837	782	55
0,08	0,81	1,52			708	837	764	73
0,13	0,57	0,64	0,48		702	828	762	66
0,11	0,80	1,05	1,34		690	785	690	95
0,29	0,89	0,84	1,96		687	752	637	115
0,09	0,64	1,08	2,36		687	787	669	118
0,12	0,68	0,95	3,00		682	762	649	113
0,17	0,85	0,88	0,06	0,54 Cr	718	810	726	84
0,18	0,95	0,84		0,56 Cr	722	815	729	86
0,13	0,54	1,10		0,33 Mo	720	829	756	73
0,10	0,35	1,22		0,29 V	722	892	817	75
0,15	0,50	1,00		1,27 Co	709	820	767	53
0,15	0,58	0,96		1,42 Co	712	817	754	63
0,16	0,71	0,87		{0,86 Ti / 0,53 Si}		992	932	60

Die Wirkung von Kupfer auf die Umwandlungstemperaturen von
Chromstählen verschiedenen Kohlenstoffgehaltes, von Manganstählen,
Nickelstählen und Nickel-Chrom-Stählen gibt die Zahlentafel 3 in umfassender Weise nach Versuchen von R. Harrison[1] wieder. Hiernach
wird in kohlenstoffarmen Stählen mit 0,5% Cr (Nr. 1 bis 4) die Temperatur der magnetischen Umwandlung durch eine Steigerung des Kupfergehaltes von 1,6 auf 4% in Übereinstimmung mit dem Verhalten der
binären Eisen-Kupfer-Legierungen praktisch nicht beeinflußt, während
die Temperatur der A_3-Umwandlung schwach erniedrigt wird. Bei den
Stählen mit ebenfalls 0,5% Cr aber mit 0,2 bis 0,3% C (Nr. 6 bis 9) ist
ein Einfluß von Kupfer auf A_{c_1} nicht, wohl dagegen in geringem Maße
auf A_{r_1} festzustellen. Der Einfluß des Kupfers auf A_3 ist durch den
unterschiedlichen Kohlenstoffgehalt verdeckt. Die Angaben über die
Umwandlungstemperaturen der Chrom-Nickel-Kupfer-Stähle (Nr. 22
bis 25) zeigen, daß Kupfer A_1 und A_3 chromhaltiger Stähle weit schwächer
erniedrigt als Nickel. 1% Cu bewirkt in Kohlenstoff-, Nickel-, Nickel-

---

[1] Harrison, R.: J. Iron. Steel. Inst. 137 I, 285 (1938). Vgl. auch Faure, M. L.:
Rev. Métall. Mém. 33, 331 (1936).

Chrom und Mangan-Stählen mit etwa 0,3 C (Nr. 26 bis 33) nur geringfügige Änderungen der kritischen Temperaturen.

Das Gefüge von Kohlenstoffstahl und von niedriglegierten Stählen wird durch niedrige Kupferzusätze nicht wesentlich verändert. Auch wenn der Kupfergehalt die größte Löslichkeit des Kupfers im α-Eisen überschreitet, so ist die ε-Phase ebenso schwierig mikroskopisch nachzuweisen wie bei den Eisen-Kupfer-Legierungen, da die sehr feinen

Zahlentafel 3. Einfluß von Kupfer auf die Umwandlungstemperaturen einiger legierter Stähle (Harrison).

Stahl Nr.	Zusammensetzung in %					A_{c_2} °C	A_{c_3} Ende °C	A_{r_3} Max. °C	A_{r_2} °C
	C	Mn	Ni	Cr	Cu				
1	0,05	0,3	—	0,5	1,62	752	880	819/812	746
2	0,04	0,3	—	0,5	2,13	754	876	815/810	748
3	0,05	0,4	—	0,5	3,14	758	876	807	748
4	0,04	0,4	—	0,5	4,02	757	867	799	750

Stahl Nr.	C	Mn	Ni	Cr	Cu	A_{c_1} Beginn	A_{c_1} Max.	A_{c_3} Ende	A_{r_3} Max.	A_{r_1} Max.
6	0,29	0,40	—	0,5	1,54	734	744	832	732	679
7	0,28	0,47	—	0,5	2,06	737	746	—	734	684
8	0,23	0,32	—	0,5	3,15	736	748	837	741	679
9	0,20	0,43	—	0,5	4,15	733	744	819	728	666
22	0,30	0,44	3,5	0,9	—	710	722	765	612	—
23	0,27	0,38	2,55	0,8	1,0	704	719	786	638	601
24	0,26	0,44	1,55	0,85	2,0	718	731	788	658	635
25	0,27	0,43	—	0,85	3,4	738	746	813	715	676
26	0,30	0,45	—	—	—	733	739	828	777	686
27	0,27	0,60	—	—	1,06	732	736	832	750	662
28	0,26	0,62	1,40	—	—	719	726	815	721	648
29	0,26	0,72	1,49	—	1,00	705	713	804	683	615
30	0,27	0,66	1,54	0,61	—	722	731	792	683	651
31	0,31	0,70	1,36	0,48	1,02	717	724	792	671	640
32	0,30	1,21	—	—	—	721	728	820	723	651
33	0,27	1,48	—	—	1,05	716	721	812	689	623

Nr. 1 bis 9: Erhitzungsgeschwindigkeit bei $A_{c_1} = 6$ bis 7°/min, Abkühlungsgeschwindigkeit bei $A_{r_3} = 5^1/_2$ bis 4%/min.

Nr. 22 bis 33: Erhitzungsgeschwindigkeit bei $A_{c_1} = 7^1/_2$ bis $9^1/_2$°/min, Abkühlungsgeschwindigkeit bei $A_{r_3} = 8^1/_2$ bis $6^1/_2$°/min.

ε-Ausscheidungen nur ein sehr geringes Ballungsvermögen besitzen. Am besten gelingt es in Silizium-Stählen durch langzeitiges Glühen bei 600° die ε-Phase zu mikroskopisch sichtbaren Teilchen zusammenzuballen. Ferrit, Perlit, Sorbit, Martensit usw. treten wie bei Kohlenstoffstahl auf.

Zu den festen Phasen δ-Mischkristall, γ-Mischkristall, eisenreicher α-Mischkristall, kupferreicher ε-Mischkristall und Fe_3C, die in Eisen-Kupfer-Kohlenstoff-Legierungen auftreten können, tritt bei verhältnismäßig hohen Kohlenstoff- und Kupfergehalten noch Graphit hinzu, da Kupfer die Graphitbildung begünstigt. Stogoff und Messkin[1] stellten eine Neigung zur Graphitbildung an kupferlegierten Stählen mit etwa 1,1% C bei der Warmbehandlung fest.

Im Hinblick auf die Entwicklung von hochwertigen Dauermagnetwerkstoffen mit verminderter Devisenbelastung hat W. Dannöhl[2] das System Eisen-Kupfer-Molybdän bis zu Gehalten von je 25% Cu und Mo untersucht. Drei Schnitte bei konstanten Kupfergehalten durch das

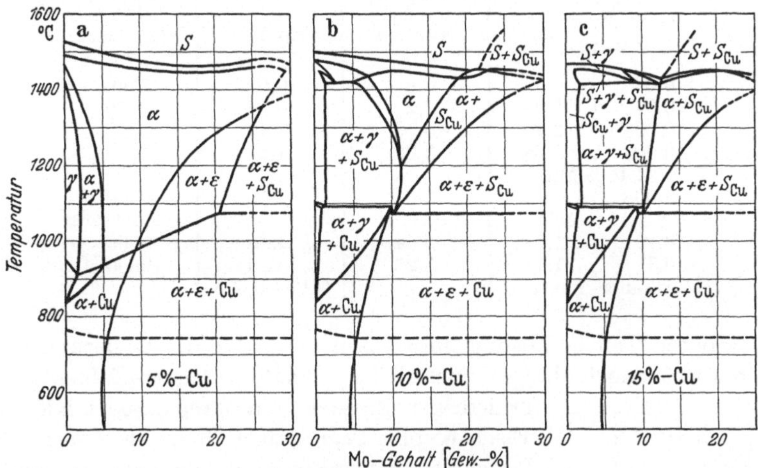

Abb. 9a bis c. Schnitte durch das Dreistoffsystem Eisen-Kupfer-Molybdän bei gleichbleibendem Kupfergehalt (Dannöhl).

System zeigen die Abb. 9a bis c. Über die technische Bedeutung der Legierungen dieses Systems liegen zur Zeit noch keine Unterlagen vor.

Angaben über weitere Systeme von Eisen und Kupfer mit einem dritten Element finden sich, soweit Unterlagen vorhanden sind, bei der Besprechung der betreffenden Legierungen.

III. Physikalische Eigenschaften.

Das spezifische Gewicht, das beim reinen Eisen 7,876 g/cm³ beträgt, wird durch Kupfer erniedrigt. Es liegt für einen Stahl mit 0,04% C und 5% Cu bei 7,860 g/cm³, wenn durch eine Glühung bei 600° die Ausscheidung des ε-Mischkristalls herbeigeführt wird, und bei 7,852 g/cm³, wenn der lösliche Teil des Kupfergehaltes durch Abschreckung von 825° in fester α-Lösung gehalten wird[3].

Die elektrische Leitfähigkeit des Eisens wird durch Kupferzusatz erniedrigt. Die in Zahlentafel 4[4] angegebenen Werte beziehen sich auf

[1] Stogoff, A. F. u. W. S. Messkin: Arch. Eisenhüttenw. 2, 321 (1928/29).
[2] Dannöhl, W.: Wiss. Veröff. Siemens-Werk 17, H. 2, 1 (1938).
[3] Buchholtz, H. u. W. Köster: Stahl u. Eisen 50, 687 (1930).
[4] Eilender, W., A. Fry u. A. Gottwald: Stahl u. Eisen 54, 554 (1934).

Legierungen, die von 900° an Luft abgekühlt wurden. Da sich das Kupfer nur sehr träge aus der festen Lösung ausscheidet, lag es in den luftgekühlten Versuchsproben ganz oder bei den höheren Kupfergehalten

Zahlentafel 4. Elektrische Leitfähigkeit, Koerzitivkraft und Remanenz von Eisen-Kupfer-Legierungen (nach Eilender, Fry und Gottwald).

Zusammensetzung in %		Elektrische Leitfähigkeit $m/\Omega\ mm^2$	Koerzitivkraft Oersted	Remanenz Gauß
C	Cu	900°/Luft	900°/Luft	900°/Luft
0,008	0,6	7,8	0,67	6750
0,01	1,03	7,2	0,75	8150
0,008	2,40	6,59	2,45	8250
0,008	1,58	3,62	4,21	6100
2,46% Mn				
0,008	1,72	3,61	4,50	6200
1,12% Ni				
0,13	1,71	5,54	4,40	9050
0,31	1,75	5,25	6,25	9800
Reines Eisen			0,17—0,375	

zum größten Teil in Lösung im α-Eisen vor. Wie die Legierungen, die neben Kupfer noch Mangan oder Nickel enthalten, zeigen (Zahlentafel 4),

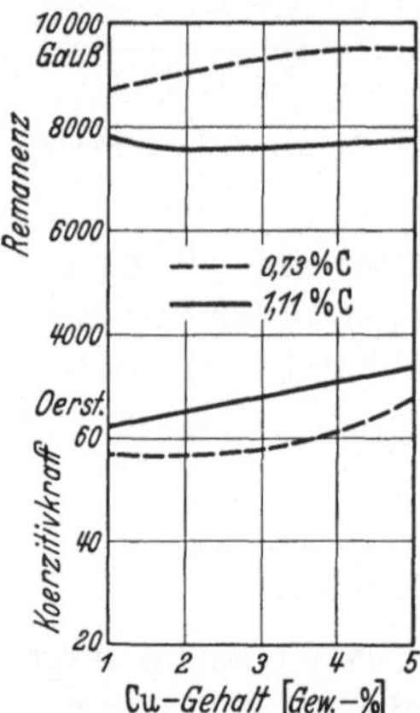

Abb. 10. Remanenz und Koerzitivkraft von Stählen mit 0,7 und 1,1% C nach Abschrecken von 800° in Wasser in Abhängigkeit vom Kupfergehalt (Stogoff und Messkin).

erniedrigen Zusätze von Mangan oder Nickel zu Eisen-Kupfer-Legierungen deren elektrische Leitfähigkeit weit stärker als ein entsprechend erhöhter Kupfergehalt. Dies ist mit darauf zurückzuführen, daß die angegebenen Mangan- und Nickelzusätze noch vollständig von dem kupferhaltigen α-Mischkristall in Lösung genommen werden, was für den etwa 1,5% übersteigenden Teil des Kupfergehaltes nicht mehr der Fall ist. Die elektrische Leitfähigkeit von Stählen mit 0,13% bzw. 0,31% C und 1,7% Cu ist ebenfalls in Zahlentafel 4 angegeben. Über das Ausmaß der Erniedrigung der Wärmeleitfähigkeit des Eisens durch Kupfer liegen anscheinend keine Angaben vor.

Die Koerzitivkraft und Remanenz nach dem Glühen bei 900° in Luft abgekühlter Eisen-Kupfer-Legierungen, auch mit Zusätzen von Mangan und Nickel, sowie Kohlenstoff sind ebenfalls in Zahlentafel 4 angegeben. In Stählen mit höheren Kohlenstoffgehalten (0,7 bzw. 1,1%), die von 800° in Wasser abgeschreckt wurden, bewirkt Kupfer nach Abb. 10 eine Erhöhung der Koerzitivkraft, ohne daß die Remanenz absinkt (Stogoff und Messkin, zit. S. 11). Die Verwendung von Stählen mit etwa 1% C und 5% Cu für Dauermagnete wäre demnach denkbar.

Für die Verwendung von Kupfer als Legierungselement in Baustählen für Teile elektrischer Maschinen, die eine möglichst hohe Induktion bereits bei geringen Feldstärken (z. B. Rotorkörper) neben Festigkeitsmindestwerten aufweisen sollen, ist es wichtig, daß das Kupfer auch bei niedrigen Feldstärken die Magnetisierbarkeit ähnlich geringfügig wie Mangan und Chrom und schwächer als Silizium, Molybdän und besonders Kohlenstoff erniedrigt. Den Einfluß von Kupfer, Silizium, Molybdän und Kohlenstoff auf die Magnetisierbarkeit von weichem Stahl zeigt Abb. 11[1] in Abhängigkeit von der Feldstärke, die in Amperewindungen/cm ausgedrückt ist.

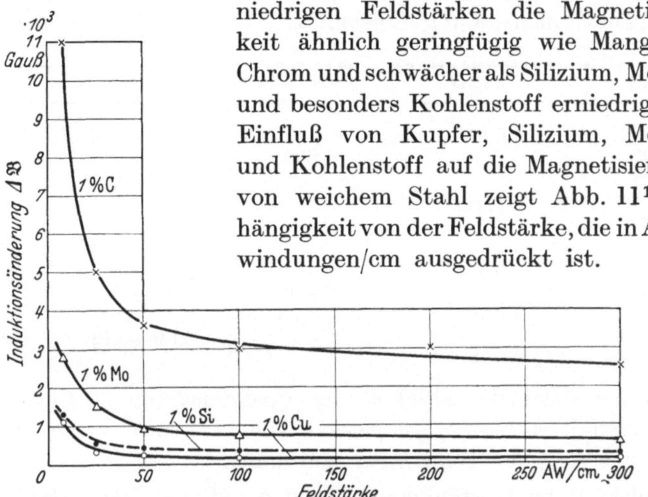

Abb. 11. Einfluß von Kohlenstoff, Molybdän, Silizium und Kupfer auf die Magnetisierbarkeit von weichem Stahl (Gerold).

Die mittleren thermischen Ausdehnungsbeiwerte eines Stahls mit 0,25% C, 0,06% Mn, 0,012% P, 0,035% S und 2% Cu[2] bei 25 bis 100°: $11,1 \cdot 10^{-6}$, bei 25 bis 300°: $12,5 \cdot 10^{-6}$ und bei 25 bis 600°: $14,3 \cdot 10^{-6}$ cm/cm°C stimmen mit denen eines entsprechenden kupferfreien Stahls weitgehend überein. Die thermische Ausdehnung des Stahls wird demnach durch Kupfer nicht merklich verändert.

Nachfolgend werden noch einige physikalische Eigenschaften einer Legierung mit 50% Fe und 50% Cu angegeben[3]. Zum Vergleich werden auch die entsprechenden Werte für Eisen und Kupfer mitgeteilt. Nach der folgenden Aufstellung liegt die Wärmeausdehnung der geschmiedeten Eisen-Kupferlegierung mit 50% Cu bei wenig erhöhten Temperaturen näher bei der des Kupfers als des Eisens:

Werkstoff	Kupfer	50 Cu-50 Fe	Eisen
20° bis 100°	$19,2 \cdot 10^{-6}$	$18,5 \cdot 10^{-6}$	12 bis $13 \cdot 10^{-6}$
20° bis 400°	$18,4 \cdot 10^{-6}$	$16,5 \cdot 10^{-6}$	—
20° bis 600°	—	$16,7 \cdot 10^{-6}$	$14,7 \cdot 10^{-6}$
20° bis 700°	$19,4 \cdot 10^{-6}$	—	—
20° bis 900°	$20,1 \cdot 10^{-6}$	$15,0 \cdot 10^{-6}$	—

[1] Gerold, E.: Stahl u. Eisen 51, 613 (1931).
[2] Souder, W. u. P. Hidnert: Sci. Pap Bur. Stand. 17, 611 (1922).
[3] Simpson, K. M. u. R. T. Banister: Metals & Alloys 7, 88 (1936).

Aber im Gegensatz sowohl zum Kupfer wie auch zum Eisen nimmt der mittlere Wärmeausdehnungsbeiwert der Legierung mit steigender Temperatur ab, und nähert sich dabei mehr dem Wert des Eisen.

Über die Wärmeleitfähigkeit (cal cm/sec · cm² · ° C) gibt die nachfolgende Zusammenstellung Aufschluß:

Werkstoff	Kupfer	50 Cu-50 Fe	Eisen	1 % C-Stahl
18°	0,918	—	0,13—0,16	0,11
94°	—	0,292	—	—
100°	—	—	0,125—0,15	—
100°—197°	1,043	—	—	—
205°	—	0,299	—	—
300°	—	—	0,120—0,140	—
100°—330°	0,931	—	—	—
315°	—	0,309	—	—
100°—541°	0,902	—	—	—
600°	—	—	0,09—0,12	—

Auch die Wärmeleitfähigkeit der geschmiedeten 50 Cu-50 Fe-Legierung verhält sich entgegengesetzt wie die von Kupfer und Eisen, da sie mit steigender Temperatur zunimmt.

Die elektrische Leitfähigkeit, bezogen auf die gleich 100% gesetzte Leitfähigkeit des reinen Kupfers, und der elektrische Widerstand in Mikroohm/cm³ haben für Kupfer, Eisen und die 50 Fe-50 Cu-Legierung folgende Werte:

Werkstoff	Kupfer	50 Cu-50 Fe	Eisen, sehr rein
Elektrische Leitfähigkeit . .	100%	25,4* 23,7** 23,6***	17,9
Elektrischer Leitwiderstand.	1,587	6,26* 6,7** 6,73***	8,85

* Kaltgezogener Draht, bei 600° geglüht. ** Kaltgezogener Draht, bei 820° geglüht. *** Kaltgezogener Draht, bei 990° geglüht.

Die elektrischen Eigenschaften der Legierung entsprechen mehr denen des Eisens als des Kupfers. Nach dem Kaltziehen weichgeglühte und dann erneut um 77 bis 98% kaltgezogene Drähte der 50 Fe-50 Cu-Legierungen hatten 22,2 bis 21,5% der Leitfähigkeit des reinen Kupfers. Geringe Zusätze von Mangan und Nickel verschlechtern die elektrischen Eigenschaften der 50 Fe-50 Cu-Legierung. Kaltgezogene Drähte mit Zusätzen von 0,5% Mn, 1% Mn und 0,5% Mn + 1,0% Ni hatten einen elektrischen Leitwiderstand von 6,6, 9,4 und 13,1 Mikroohm/cm³ bei einer Zugfestigkeit bis zu 155 kg/mm². Mit fallendem Kupfergehalt, nimmt der Leitwiderstand Werte an, die über dem des weichen, reinen Eisens liegen:

Zusammensetzung (kaltgezogener Draht)	Zugfestigkeit kg/mm²	Elektrischer Widerstand Mikroohm/cm³
25% Cu, 0,4% Mn	140	10,6
25% Cu, 0,7% Mn	147	12,9
25% Cu, 0,4% Mn, 2,5% Ni	154	15,6

Auf die Abhängigkeit einiger physikalischer Eigenschaften von kupferhaltigen Eisenlegierungen von der Vorbehandlung wird im Abschnitt VI noch näher eingegangen.

IV. Vorkommen von Kupfer im technischen Eisen.

Der größte Teil des heute hergestellten Roheisens und Stahls weist merkliche, nicht absichtlich zugesetzte Kupfergehalte auf, und zwar im allgemeinen bis 0,15%[1], in selteneren Fällen noch mehr. Das Kupfer gehört demnach wie unter anderem Schwefel, Phosphor, Kohlenstoff, Silizium, Mangan, Sauerstoff, Stickstoff und Wasserstoff zu den fast stets vorhandenen Begleitelementen des technischen Eisens. Andererseits wird das Kupfer diesem zur Beeinflussung seiner Eigenschaften absichtlich zugesetzt.

Der Kupfergehalt des technischen Eisens, der nicht auf einem absichtlichen Zusatz beruht, ist darauf zurückzuführen, daß das Kupfer edler als das Eisen und seine gebräuchlichen Begleit- und Legierungselemente ist. Dies geht aus den in Zahlentafel 5 wiedergegebenen Bildungswärmen einiger Oxyde

Zahlentafel 5. Bildungswärmen einiger Metalloxyde (Röntgen).

Metalloxyde	kcal/g Mol berechnet aus der Einheit	
	Verbindung	Sauerstoff
Al_2O_3	375,8	125,3
SiO_2	191,0	95,5
CoO	68,1	68,1
Fe_2O_3	197,7	65,9
FeO	65,7	65,7
NiO	54,2	54,2
Cu_2O	43,8	43,8
CuO	35,0	35,0

nach P. Röntgen[2] hervor. Bei der Roheisenherstellung geht das Kupfer auf Grund seines edlen Charakters aus kupferhaltigen Eisenerzen restlos in das Roheisen über und gelangt hiermit in den Stahl, aus dem es in den zur Zeit bekannten Stahlherstellungsverfahren nicht entfernt werden kann. Mit der Rückkehr derartigen Stahls als Schrott in die Stahlherstellungsöfen geht das Kupfer auch in den Stahl über, der unter Verwendung von Roheisen aus kupferfreien Erzen hergestellt wird. Durch die Verwendung weiterhin von kupferhaltigem Roheisen neben bereits kupferhaltigem Stahlschrott, vor allem von Schrott kupferlegierter Stähle bei der Stahlerzeugung, sowie infolge des hierbei eintretenden Eisenabbrandes muß der Kupfergehalt des Stahls ohne absichtlichen Zusatz

---

[1] Sullivan, J. D. u. R. A. Witchey: Metals & Alloys 8, 99 (1937).

[2] Röntgen, P.: Über den gegenwärtigen Stand des Metallhüttenwesens und seine voraussichtliche Weiterentwicklung. S. 7. Düsseldorf 1938.

mit der Zeit allmählich ansteigen, was auch beobachtet wird und in ähnlicher Weise beispielsweise auch für den Nickelgehalt zutrifft.

Von den Eisenerzen enthalten vor allem die Spateisensteine häufig Kupfer, so die Siegerländer Spate im ungerösteten Zustand 0,20 bis 0,25%. Die in Französisch-Nordafrika vorkommenden Roteisenerze enthalten zum Teil (Quenza, Campanit) etwa 0,1% Cu, die griechischen (Thebes) etwa 0,3% Cu. Das kupferreichste Brauneisenerz ist mit 0,16% Cu das nordafrikanische Djerissa-Erz. Der durchschnittliche Kupfergehalt der hier nicht genannten, in Europa verhütteten Eisenerze liegt bei 0,02 bis 0,08%.

Bei der Schwimmaufbereitung der Siegerländer Kupfererze erhält man Abgänge, die etwa 75% der aufbereiteten Erzmenge ausmachen und wegen ihres Mangangehaltes sehr wertvoll sind. Diese Abgänge enthalten etwa 0,35% Cu[1]. Die bei der Röstung und Laugung von Kupferkiesen anfallenden Kiesabbrände, die in großem Ausmaß im Hochofen verarbeitet werden, enthalten je nach dem Wirkungsgrad der Kupferentziehung noch bis zu 0,25% Cu.

Da der gesamte Kupfergehalt der Eisenerze bei der Roheisenherstellung in das Roheisen geht, läßt sich dessen Kupfergehalt angenähert aus der Zusammensetzung des Möllers vorausberechnen. Entsprechendes gilt für die direkte Stahlherstellung.

V. Einfluß von Kupfer auf die Weiterverarbeitung und die Eigenschaften des Stahls.

1. Herstellung, Blockseigerung.

Die Herstellung von kupferlegiertem Stahl unterscheidet sich nicht von der der gewöhnlichen Kohlenstoffstähle. Der Zusatz des Kupfers kann zu irgendeinem Zeitpunkt der Stahlherstellung geschehen, da Kupfer nicht abbrennt. Aus dem gleichen Grunde kann es dem Stahlbad in beliebiger Form zugesetzt werden, auch als Späne, Drahtabfälle usw. Da das im Kupfer etwa enthaltene Kupferoxydul das Eisen oder seine Begleitelemente oxydiert, ist als Legierungszusatz zum Stahl möglichst reines, sauerstoffarmes Kupfer geeignet[2].

Der Einfluß des Kupfers auf die Gießbarkeit des Stahls wird im Abschnitt VII, 4a „Stahlguß" behandelt.

Kupfer bewirkt im Stahl weder eine starke Blockseigerung noch eine ausgeprägte Dendritenbildung[3]. W. Herwig[4] stellte in einem unberuhigten Stahlblock mit 0,08% C und einem mittleren Kupfergehalt

---

[1] Gleichmann, H.: Stahl u. Eisen **57**, 289 (1937).

[2] Matuschka, B. u. F. Cless: Stahl u. Eisen **56**, 763 (1936).

[3] Samorujew, G. M. u. I. N. Samorujewa: Metallurg **10**, Nr 4, 3 u. Nr 5, 17 (1935).

[4] Herwig, W.: Stahl u. Eisen **47**, 491 (1927).

von 0,44% am Blockrand 0,37 und in der Blockmitte 0,48% Cu fest. Auch in einem weiteren unberuhigten Block mit 0,06% C schwankten die örtlichen Kupfergehalte über die Blockhöhe und den Blockquerschnitt zwischen 0,28 und 0,36%, bei einem mittleren Kupfergehalt von 0,32%. Neuerdings wurden Untersuchungen über die Kupferseigerung in schweren Blökken aus weichem, unberuhigten Stahl mit verschiedenen niedrigen Kupfergehalten ausgeführt[1]. Die Ergebnisse von Analysen aus der Mittelzone des äußeren Randblasenkranzes und aus der Blockmitte, jeweils dem Blockfuß und Blockkopf entnommen, lassen nur eine ähnlich geringfügige Blockseigerung des Kupfers erkennen, wie sie beispielsweise auch für Mangan bekannt ist. Im Blockfuß tritt im Gegensatz zum Blockkopf überhaupt keine Kupferseigerung auf. Die in den verschiedenen Zonen der schweren Blöcke festgestellten Kupfergehalte gibt Zahlentafel 6 wieder.

Zahlentafel 6. Verteilung von Kupfer in Blöcken aus unberuhigtem Stahl (Holley und Washburn).

Block Nr.	Probe aus	Kupfergehalt %	
		Rand	Mitte
1	Kopf	0,04	0,05
	Fuß	0,04	0,04
2	Kopf	0,08	0,10
	Fuß	0,08	0,08
3	Kopf	0,12	0,11
	Fuß	0,12	0,12
4	Kopf	0,15	0,20
	Fuß	0,15	0,15
5	Kopf	0,18	0,24
	Fuß	0,18	0,18

Beobachtungen über die Blockseigerung des Kupfers in höhergekohlten Stählen sind nur in einer älteren Arbeit für Versuchsblöcke mitgeteilt worden[2]. Hiernach lagen im Fuß von Stahlblöckchen mit 0,3 bis 0,4% C und bis 16% Cu bzw. 0,44 bis 0,6% C und bis 4,5% Cu höhere Kupfergehalte als im Blockkopf vor.

2. Warmverformung.

Kupfer gehört, wie z. B. die Metalloide Schwefel und Sauerstoff zu den Elementen, die die Warmverformbarkeit des Stahls durch ihre unter bestimmten Bedingungen rotbrucherzeugende Wirkung beeinträchtigen können. Bei der Entstehung des Rotbruches durch Kupfer hat man zwei Fälle zu unterscheiden:

a) Das Kupfer steht mit der Stahloberfläche in Berührung.

b) Das Kupfer ist im Stahl selbst enthalten.

Die im Falle a) eintretende Rotbrüchigkeit wird als Lötbrüchigkeit bezeichnet. Von den neueren Arbeiten, die sich mit der Klärung dieser

---

[1] Halley, I. W. u. T. S. Washburn.: Amer. Inst. min. metallurg. Engrs. Metals Techn. 5, Nr 2, Techn. Publ. 898 (1938).

[2] Clevenger, G. H. u. Bhupendranath Ray: Bull. Amer. Inst. min. Engrs. Nr 82, 2437 (1913).

Erscheinung befaßt haben, soll die von H. Schottky, K. Schichtel und R. Stolle[1] erörtert werden, da sie zugleich aufschlußreich für die Klärung der rotbrucherzeugenden Wirkung des Kupfers im technisch wichtigeren Falle b) ist. Bei den Versuchen von Schottky und Mitarbeitern wurden Stahlstäbe verschiedenen Kohlenstoffgehaltes im Salzbad auf Versuchstemperatur gebracht, in ein Metallbad von gleicher Temperatur eingetaucht und anschließend gebogen. Bestand das Metallbad aus Kupfer oder seinen Legierungen mit Zinn oder Zink, so trat

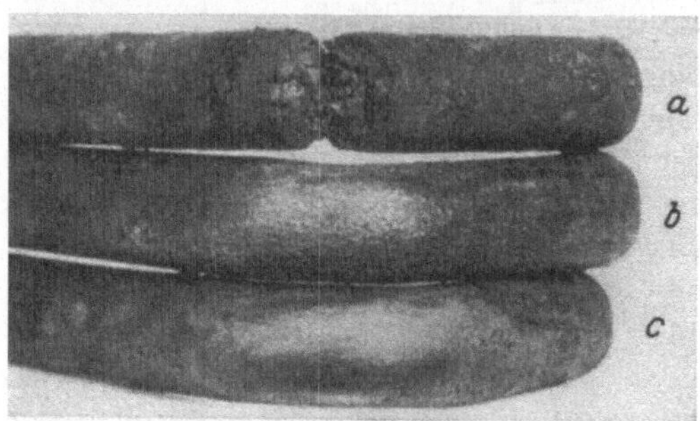

Abb. 12. Verkupferte Stäbe ober- und unterhalb des Kupferschmelzpunktes gebogen; Stahl mit 0,1 % C. *a* bei 1125° gebogen, *b* bei 1090° gebogen, *c* bei 1075° gebogen (Schottky, Schichtel und Stolle).

Rotbruch ein, wenn die Biegetemperatur oberhalb des Schmelzpunktes des Kupfers (1083°) bzw. oberhalb des Schmelzbeginns seiner Legierungen lag. So wurde Lötbrüchigkeit durch Kupfer ab 1090°, durch Messing und zinnarme Bronze ab 850 bis 910° und durch zinnreiche Bronze schon ab 735 bis 800° hervorgerufen. Die spezifisch rotbrucherzeugende Wirkung des Kupfers und seiner Legierungen geht daraus hervor, daß die Metalle Zinn, Antimon und Aluminium unterhalb 1000°, also weit über ihrem Schmelzpunkt noch keinen Rotbruch erzeugen[2]. Bei Biegetemperaturen unterhalb der beginnenden Verflüssigung der Metalle trat keine Lötbrüchigkeit ein. Die erste Bedingung für das Auftreten von Lötbrüchigkeit, nämlich die, daß das Kupfer, (oder ein anderes Metall, das in Eisen löslich ist oder selbst eine Löslichkeit für Eisen besitzt), das mit dem Stahl in Berührung steht, in flüssiger Form vorliegen muß, wird durch Abb. 12 veranschaulicht. Die zweite Bedingung fordert, daß an der vom Kupfer benetzten Stahloberfläche eine genügend hohe Zugspannung herrscht, wie sie beim Biegen beispielsweise auftritt.

Der Lötbrüchigkeitsgrad nimmt mit steigender Temperatur zu und ist bei Kohlenstoffstählen unabhängig von der Höhe des Kohlenstoffgehaltes. In Abb. 13 ist ein Riß wiedergegeben, der die Entstehung der Lötbrüchigkeit erkennen läßt: Das flüssige Kupfer dringt an den unter

---

[1] Schottky, H., K. Schichtel u. R. Stolle: Arch. Eisenhüttenw. 4, 541 (1930/31).

[2] Nach L. J. G. van Ewijk: J. Inst. Met., Lond. 56 (1935), W. E. Goodrich: J. Iron Steel Inst. 132 II, 4 (1935) und G. Wesley Austin: J. Inst. Met., Lond. 58, 173 (1936) tritt Lötbrüchigkeit von Stahl jedoch schon bei den Schmelztemperaturen von Weichloten auf. Sn-, Pb-, Zn-, Cd-, Pb-Sn-Lote und sogar eine bei etwa 60° schmelzende Sn-Pb-Bi-Cd-Legierung erzeugen bei niedrigen Temperaturen Lötbrüchigkeit.

genügenden Zugspannungen stehenden Stellen in die Korngrenzen des Stahls ein.

Der Nachweis, daß tatsächlich das Eindringen des Metalls in die Korngrenzen des Stahls die Lötbrüchigkeit hervorruft, wird durch Abb. 14 erbracht. Der Manganstahl ist bei der Versuchstemperatur von 850° austenitisch und wird durch Abschrecken auch bei Raumtemperatur in diesem Zustand erhalten. Die Korngrenzen, die durch metallographische Prüfung bei Raumtemperatur festgestellt werden, sind also die gleichen, die bei der Prüftemperatur von 850° vorlagen. Die in Abb. 14 wiedergegebene Zerstörung des Werkstoffzusammenhanges ist rein interkristallin.

Daß Diffusionsvorgänge vor dem Einsetzen der Verformung an dem Entstehen der Lötbrüchigkeit nicht maßgeblich beteiligt sind, geht daraus hervor, daß nach einer Benetzungsdauer von nur einer Sekunde eine gleich starke Lötbrüchigkeit wie nach 10-minutigem Eintauchen des Stahls in flüssiges Kupfer auftritt. Die rotbrucherzeugende Wirkung des Kupfers beginnt demnach erst, wenn der Stahl gebogen oder durch eine andere Art der Verformung unter Zugspannung gesetzt wird. Über den Mechanismus des raschen Eindringens des Kupfers in die Korngrenzen sind noch keine eindeutigen Vorstellungen vorhanden.

Die Frage, ob der bei der Verformungstemperatur mit flüssigem Kupfer benetzte Stahl ein kubischraumzentriertes oder flächenzentriertes Gitter aufweist, ist für seine Lötbruchanfälligkeit nicht ausschlaggebend. Doch ist das oben für Kohlenstoffstähle Mitgeteilte nicht uneingeschränkt auf legierte Stähle übertragbar; vielmehr zeigen legierte Stähle ein abweichendes Verhalten. Ein Stahl mit 4% Si (Transformatorenstahl) zeigte einen mit steigender Temperatur abnehmenden Lötbrüchigkeitsgrad. Bei 1200° trat keine Lötbrüchigkeit durch Bronze

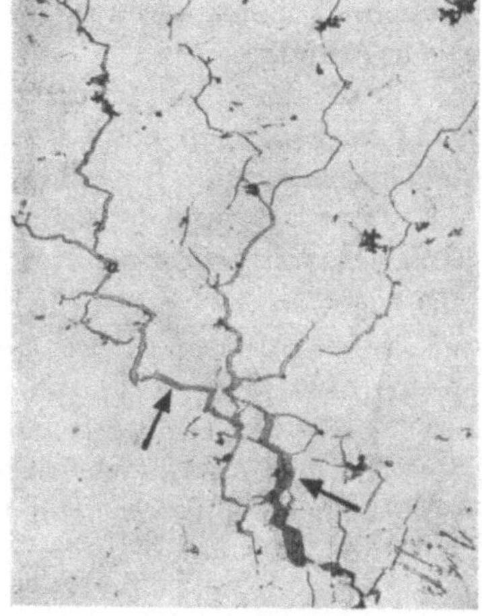

Abb. 13. Unterer Teil eines Risses infolge Rotbruch durch Kupfer. (Die Zwischenräume der durch die Risse getrennten Körner sind mit Kupfer gefüllt) (Schottky, Schichtel und Stolle).

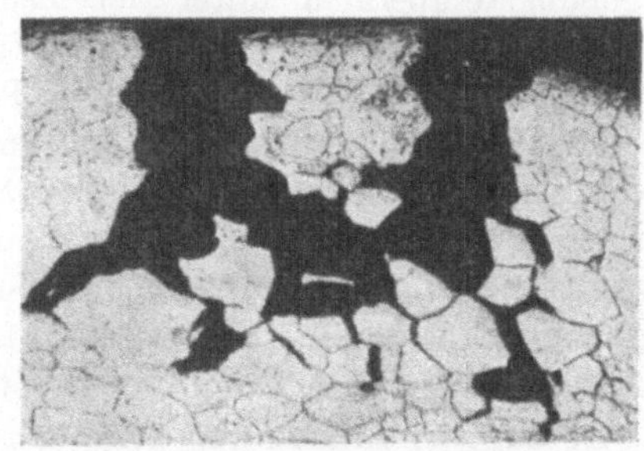

Abb. 14. Rotbruch durch Bronze bei 850°. Stab mit 1,2% C und 3,4% Mn nach dem Biegen in Wasser abgeschreckt; Bruch in den Korngrenzen des Austenits (Schottky, Schichtel und Stolle).

mehr ein, und es war auch mikroskopisch kein Eindringen von Bronze in die Korngrenzen mehr feststellbar. Zwei Chromstähle mit 0,09% C und 22% Cr bzw. 0,3% C und 32% Cr waren gegenüber den bei Kohlenstoffstählen stark lötbrucherzeugenden Kupferlegierungen völlig unempfindlich. Der an zweiter Stelle genannte Stahl war auch beständig gegen Antimon.

Für die durch Kupfer erzeugte Lötbrüchigkeit und den durch einen im Stahl vorhandenen Kupfergehalt bei der Warmverformung unter Umständen erzeugten Rotbruch sind die gleichen Ursachen maßgebend. Mit anderen Worten: Auch der bei der Warmformgebung auftretende Rotbruch von kupferlegierten Stählen ist gebunden an das Vorhandensein von flüssigem Kupfer und von genügend hohen Zugspannungen an der Stahloberfläche. (Dies gilt allerdings nur für Stähle mit nicht zu hohen, etwa 3 bis 4% nicht überschreitenden Kupfergehalten. Die Brüchigkeit von Stählen mit höheren Kupfergehalten bei der Warmformgebung hat andere Ursachen und tritt schon bei Temperaturen unter dem Kupferschmelzpunkt ein. Hierauf wird weiter unten noch einzugehen sein.) Das Entstehen von Zugbeanspruchungen des Stahls durch die Warmformgebung ist ohne weiteres verständlich. Die Bildung eines Kupferfilmes auf der Stahloberfläche andererseits wird ermöglicht durch die unterschiedliche Affinität von Eisen und Kupfer zum Sauerstoff. Bei der Verzunderung des Stahls wird das Eisen oxydiert, während das Kupfer sich unter dem Zunder auf der Stahloberfläche ansammelt[1], da die Diffusion des Kupfers in den Stahl hinein gegenüber der Verzunderung der langsamer verlaufende Vorgang ist. Bleibt die Warmformgebungstemperatur unter der Temperatur des Kupferschmelzpunktes, so übt das Kupfer keine ungünstige Wirkung auf die Verformbarkeit des Stahls aus. Wird dagegen die Temperatur von 1083° beim Schmieden oder Walzen überschritten, was im allgemeinen der Fall ist, so bildet das Kupfer zwischen der Stahloberfläche und dem Zunder einen zusammenhängenden flüssigen Film, wie aus Abb. 15 nach F. Nehl[1] zu entnehmen ist, und dringt an den Stellen der Stahloberfläche, an denen genügend hohe Zuspannungen auftreten, entlang den Korngrenzen in den Stahl ein (vgl. Abb. 15). Der hierdurch entstehende Rotbruch tritt bevorzugt an Stellen mit den höchsten Zugspannungen, z. B. an Blechkanten, ein. Die Bedingungen für das Eintreten von Kupferrotbruch sind außerdem besonders bei den Warmformgebungsverfahren gegeben, die eine starke Zugbeanspruchung der Stahloberfläche bewirken, wie z. B. das Rohrwalzen. Mit steigender Verformungstemperatur nimmt der Rotbruchgrad zu. Es wurde besonders von F. Nehl darauf hingewiesen, daß die Abhängigkeit des Rotbruches durch Kupfer vom Kupfer-

---

[1] Vgl. u. a. Daeves, K. u. G. Tichy: Stahl u. Eisen **49**, 1379 (1929). — Nehl, F.: Stahl u. Eisen **53**, 773 (1933). — Scheil, E. u. K. Kiwit: Arch. Eisenhüttenw. **9**, 405 (1935/36).

gehalt des Stahls, von der Art und dem Grad der Warmverformung, von der Zeitdauer des Anwärmens (Grad der Verzunderung) und vor allem von der Verformungstemperatur geeignet ist, die zahlreichen Widersprüche über den Rotbruch von Kupferstählen im älteren Schrifttum verständlich zu machen.

Bezüglich des zum Rotbruch führenden Kupfergehaltes stellte F. Nehl folgendes fest: Ein zusammenhängender Kupferfilm entsteht oberhalb 1083° auf Stahl bei Kupfergehalten über 0,5%. Unter diesem

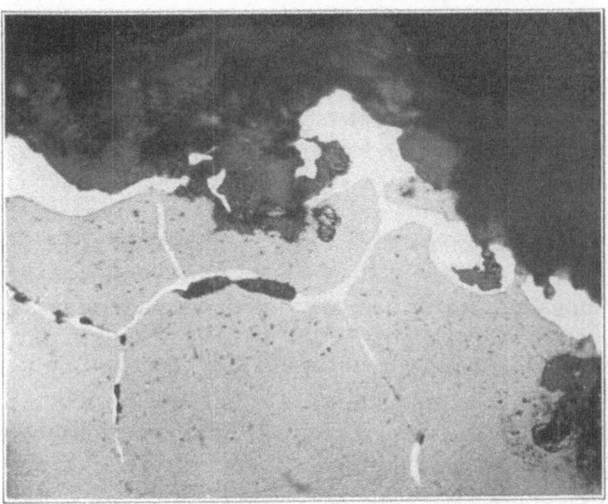

Abb. 15. Kupferschicht (weiß) zwischen Zunder und Metalloberfläche eines Kupferstahls (Nehl).

Kupfergehalt wurde auch unter schweren Verformungsbedingungen kein Rotbruch durch Kupfer mehr beobachtet. Diese Feststellung, die sich auf Stähle mit niedrigem Kohlenstoffgehalt bezieht, ist von H. Bennek[1] bestätigt worden. Nach ihm tritt ebenfalls erst oberhalb 0,5% Cu unter sehr scharfen Verformungsbedingungen (Rohr- und Drahtwalzen u. a.) Rotbruch auf. Sind die Verformungsbedingungen leichter, so sind wesentlich höhere Kupfergehalte noch nicht schädlich. Die Grenze von 0,5% Cu gilt nach Bennek auch für höher gekohlte Stähle mit etwa 0,9% C. Es ist demnach festzustellen daß die im Stahl unbeabsichtigt auftretenden Kupfergehalte von etwa 0,08 bis 0,25% keinen Rotbruch erzeugen.

Von den älteren Schrifttumshinweisen auf die Höhe des zum Rotbruch führenden Kupfergehaltes sollen hier nur zwei angeführt werden, um das Ausmaß der früher aufgetretenen Meinungsverschiedenheiten zu kennzeichnen. J. R. Cain[2] hält einen Kupferzusatz für geeignet, eine

---

[1] Bennek, H.: Stahl u. Eisen **55**, 160 (1935).

[2] Nach W. Rädecker: Mitt. Forsch.-Inst. Ver. Stahlwerke, Dortmund **3**, 173 (1933).

vorhandene Rotbruchneigung von Stahl zu vermindern, während E. und L. T. Richardson[1] die Rotbrüchigkeit von Eisen mit nur 0,04% Cu eben auf diesen Kupfergehalt zurückführen. Die Tatsache, daß die Versuchswerkstoffe von Richardson bei niedriger und bei hoher Temperatur schmiedbar und nur in einem Zwischengebiet nicht rißfrei schmiedbar waren, führen zu dem Schluß, daß dem Kupfer eine rotbrucherzeugende Wirkung zugeschrieben wurde, die in Wirklichkeit durch andere Elemente, Schwefel oder Sauerstoff oder beide zusammen, bedingt war.

Aus den Erkenntnissen über die Ursachen der Rotbrüchigkeit durch Kupfer ergeben sich zunächst zwei Wege zu ihrer Vermeidung: 1. Warmverformung unter 1083° (Kupferschmelzpunkt), 2. Vermeidung einer Verzunderung und damit der Entstehung von metallischem Kupfer auf der Stahloberfläche. Der erste Weg ist betrieblich gangbar, der zweite dagegen nicht. Versuche, der rotbrucherzeugenden Wirkung des Kupfers durch weitere Zusätze zum Stahl zu begegnen und so die Warmverformung kupferlegierter Stähle ohne die störenden Einschränkungen hinsichtlich der Verformungstemperatur oder der Verzunderung ausführen zu können, sind mit Erfolg gemacht worden. Der günstige Einfluß von Nickel geht schon aus Versuchen von L. Grenet[2] hervor, der feststellte, daß Chrom-Nickel-Kupfer-Vergütungsstähle mit 4% Cu schlecht schmiedbar waren, wenn der Nickelgehalt unter 5% lag. In gleicher Richtung liegen auch Erfahrungen von W. Oertel und R. W. Leveringhaus[3] vor. Eingehende Untersuchungen über die Beeinflussung des Kupferrotbruches durch Nickelzusätze haben F. Nehl (zit. S. 20) und W. Rädeker (zit. S. 8) ausgeführt. Hiernach wird die rotbrucherzeugende Wirkung des Kupfers durch genügend hohe Nickel-Zusätze zum Stahl aufgehoben[4]. Von den in Zahlentafel 7 nach F. Nehl wiedergegebenen Kupfer-Nickel-Stählen zeigte nur der Stahl I mit 0,18% Ni noch einen geringen, die übrigen Stähle keinen Rotbruch mehr. Der Nickelgehalt muß demnach etwas mehr als 50% des Kupfergehaltes betragen, um Rotbruch durch Kupfer zu vermeiden. Aus derart zusammengesetzten Stählen lassen sich auch nahtlose Rohre und Trommeln ohne Oberflächenfehler herstellen. Der günstige Einfluß des Nickels auf die Warmverformbarkeit der kupferlegierten Stähle geht auch aus der Abb. 16 nach W. Rädeker hervor. Die Ursachen der Wirkung des Nickels sieht F. Nehl darin, daß dieses Metall sich bei der Verzunderung des Stahls wie das Kupfer verhält und infolgedessen an der Oberfläche von Kupfer-Nickel-Stahl

---

[1] Richardson, E. u. L. T.: Chem. metall. Engng. **24**, 565 (1921).

[2] Grenet, L.: J. Iron Steel Inst. **45 I**, 107 (1917).

[3] Oertel, W. u. R. W. Leveringhaus: Ber. Werkstoffaussch. Ver. dtsch. Eisenhüttenleute, Düsseldorf **1923**, Nr 35.

[4] Siehe hierzu neuerdings auch: Tadayoshi Fujiwara u. Shinroku Yamashita: Tetsu to Hagane **25**, 376 (1939). Dem Verfasser nicht zugänglich.

unter dem Zunder ein Kupfer-Nickel-Mischkristall entsteht, dessen Schmelzbeginn höher liegt als die üblichen Warmformgebungstemperaturen des Stahls. Da aber nach H. Schottky[1] die Rotbrüchigkeit

Zahlentafel 7. Zusammensetzung der auf Rotbruch geprüften Kupfer-Nickel-Stähle (Nehl).

Stahl %	C %	Si %	Mn %	Cu %	Ni %	Cu:Ni
I	0,16	0,30	0,71	0,80	0,18	1 : 0,22
II	0,17	0,32	0,70	0,81	0,40	1 : 0,5
III	0,16	0,34	0,88	0,80	0,5	1 : 0,6
IV	0,19	0,21	0,73	1,08	0,72	1 : 0,66
V	0,07	0,20	0,66	0,89	1,12	1 : 1,25
VI	0,09	0,23	0,64	0,88	2,36	1 : 2,70
VII	0,18	0,22	0,68	0,95	3,0	1 : 3,1

von Kupferstählen auch durch Zusätze von Mangan und Molybdän vermindert wird, obwohl Mangan eine höhere Affinität zum Sauerstoff als Eisen aufweist und Molybdän keine Mischkristalle mit Kupfer bildet,

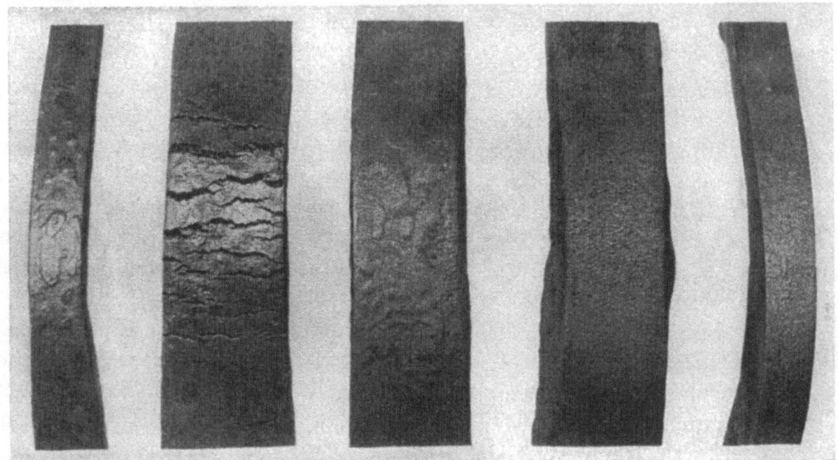

Abb. 16. Kupfer- und Kupfer-Nickel-Stähle, 24 Stunden auf 1200° C erhitzt und gebogen (Rädeker). 0,5% Cu. 1,0% Cu. 0,8% Cu; 0,5% Ni. 1,0% Cu; 3,0 % Ni. 1,0%Cu; 2,4% Ni.

ist die Erklärung von Nehl nicht zur befriedigenden Deutung der rotbruchvermindernden Wirkung von Legierungszusätzen, insbesondere Nickel, geeignet. So weisen W. Rädeker (zit. S. 8) und M. L. Faure[2] darauf hin, daß bei einem Stahl mit 0,94% Cu und 0,4% Ni bei der Verzunderung die Bildung von Kupfer-Nickel-Mischkristallen mit einem Verhältnis $\frac{Cu}{Ni} = 2{,}35$ zu erwarten ist, die bei etwa 1200° schmelzen.

---

[1] Schottky, H.: Stahl u. Eisen 53, 778 (1933).
[2] Faure, M. L.: Rev. Métall. 33 Mém., 331 (1936).

Der Stahl ließ sich aber auch noch bei 1300° unter scharfen Verformungsbedingungen rißfrei verarbeiten. Hiernach scheinen Nickelzusätze die Widerstandsfähigkeit der Korngrenzen von Stahl gegen das Eindringen flüssiger Metalle (und auch des Sauerstoffs) zu erhöhen und so den Rotbruch von Kupferstählen zu beseitigen.

Eine ähnliche, umfassendere Auffassung wurde bereits früher von W. Rädeker[1] vertreten. Nach seinen Angaben wird der Rotbruch durch Kupfer nur unwesentlich vermindert, wenn man dem Kupferstahl 0,3% Mo, 1,3% Co, 0,3% V oder 0,9% Ti zusetzt. Ein Zusatz von 1,3% Ti führte dagegen zur Beseitigung des Rotbruches, obgleich an der Stahloberfläche unter der Zunderhaut große Mengen metallischen Kupfers vorlagen. W. Rädeker nimmt daher zur Erklärung der Rotbrucherscheinungen neben der Wirkung des flüssigen Kupfers eine zusätzliche Wirkung des Sauerstoffs derart an, daß der Sauerstoff die ersten Anrisse auf den Korngrenzen, das Kupfer ihre Vertiefung hervorruft. Demnach genügt die Anwesenheit von flüssigem Kupfer und von Zugspannungen allein nicht zur Entstehung von Rotbruch; vielmehr muß der Sauerstoff bereits eine vorbereitende Wirkung ausgeübt haben. Man hat also den Einfluß von Legierungszusätzen, die die Rotbruchneigung von Kupferstählen herabsetzen oder aufheben (Nickel), vor allem in einer Stabilisierung der Korngrenzen des Stahls gegen den Angriff von Sauerstoff und von flüssigem Kupfer zu sehen. Wie diese Schutzwirkung zustande kommt, darüber sind zur Zeit erst Vermutungen möglich.

Neben den Rotbrucherscheinungen bei niedrigen Kupfergehalten und Verformungstemperaturen oberhalb des Kupferschmelzpunktes ist auch eine beeinträchtigte Warmverformbarkeit von Kupferstählen bei Kupfergehalten ab etwa 3 bis 4% und Verformungstemperaturen unterhalb des Kupferschmelzpunktes beobachtet worden. In den älteren Berichten hierüber fehlen im allgemeinen genaue Angaben über die Verformungstemperaturen und über die in den Legierungen enthaltenen Verunreinigungen. Hier werden daher nur einige Ergebnisse aus neuerer Zeit angeführt. Nach W. Eilender, A. Fry und A. Gottwald (zit. S. 11) ließ sich eine reine Eisen-Kupfer-Legierung mit 4,9% Cu (0,01% C, 0,004% N_2) bei 900 bis 850° nicht rißfrei verschmieden. In Stählen mit 0,05% C und 0,5% Cr, sowie mit etwa 0,3% C und 0,5 bis 1,5% Cr trat bei Einhaltung einer oberen Formgebungstemperatur von 1050° bei 5 bzw. 4% Cu Rotbruch bereits beim ersten Walzstich ein[2]. Die Chromstähle mit niedrigen Kupfergehalten ließen sich anstandslos verarbeiten, desgleichen Stähle mit etwa 0,3% C und entweder 1,5 bis 2,3% Ni oder 1,2 bis 1,9% Mn oder 0,5 bis 0,9% Cr + 1,4 bis 2,6% Ni neben 0,5 bis 5% Cu. Demnach scheinen Mangan- und Nickelzusätze zu Kupfer-

---

[1] Rädeker, W.: Mitt. Forsch.-Inst. Ver. Stahlwerke, Dortmund **3**, 173 (1933).
[2] Harrison, R.: Zit. S. 9.

stählen auch die Rotbruchneigung unterhalb 1083° günstig zu beeinflussen. In Übereinstimmung hiermit war Stahl mit 5 bis 20% Cu rot-
brüchig, nach Zusatz von 20 bis 50% Ni aber gut schmiedbar[1]. Nach
K. M. Simpson und R. T. Banister[2] sind selbst nickelfreie Legierungen
mit 15% Cu und 85% Fe bis 85% Cu und 15% Fe und Zusätzen von
0,5% Mn und 0,3% Si gut schmiedbar, wenn beim Erschmelzen auf eine
möglichst weitgehende Sauerstofffreiheit des Bades geachtet wird. Es
war z. B. möglich, aus einer näher untersuchten Legierung mit 50% Fe
und 50% Cu warm- und kalt-
gewalzte Bleche und Drähte und
nahtlose Rohre herzustellen. Die
Bleche waren gut tiefziehbar. Das
Gefüge dieser Legierung zeigen
die Abb. 3 und 4.

In austenitischen Chrom-Man-
gan-Stählen mit 8% Mn und 18%
Cr entsteht bei etwa 3% Cu[3], in
Stählen mit 16% Mn und 14% Cr
bei 2,5 bis 4% Cu Rotbrüchigkeit[4].

Der Rotbruchfrage kommt in
Zusammenhang mit der Warmformgebung der Kupferstähle die
größte Bedeutung zu. Auf einige
weitere Beobachtungen soll daher
nur noch kurz eingegangen werden. Nach H. Bennek (zit.
S. 21) nimmt die Randentkohlung

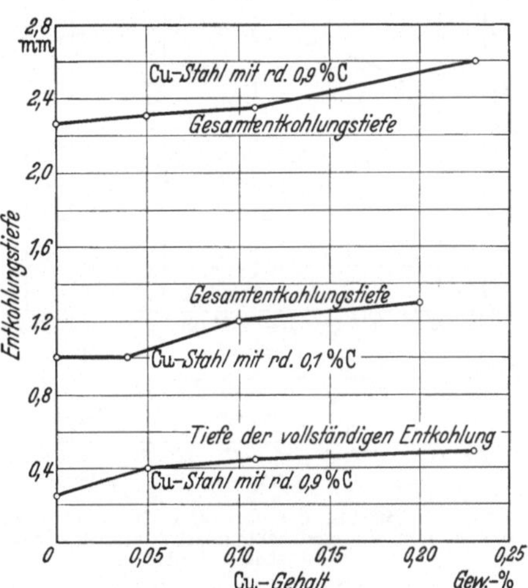

Abb. 17. Randentkohlung in oxydierender Atmosphäre bei 1250° C. (Glühdauer 1 Stunde.)
(Bennek.)

gekupferter Stähle bei 1250° mit dem Kupfergehalt (Abb. 17), schwach
und praktisch belanglos zu. Die gleiche Feststellung machten S. Epstein
und C. H. Lorig[5] an aufgekohlten Stahlproben mit 0 bis 4% Cu, die
bei 870° eine Stunde in Luft geglüht wurden.

Nach englischen Untersuchungen und Betriebsbeobachtungen[6] macht
sich ein Kupfergehalt bis 0,5% in der Verarbeitung des Stahles nicht
bemerkbar. Von anderer Seite wird dagegen hervorgehoben, daß Kupfergehalte in dieser Höhe zu einer fest haftenden Zunderhaut und im
Zusammenhang hiermit zu einer rauhen Oberfläche warmgewalzten
Gutes führen. C. H. Lorig[7], nach dem die rauhe Oberfläche oberhalb

[1] Clamer: J. Iron Steel Inst. 1910 II, 515.
[2] Simpson, K. M. u. R. T. Banister: Metals & Alloys 7, 88 (1936).
[3] Becket, F. M.: Yearb. Amer. Iron Steel Inst. 1930, 173.
[4] Legat, H.: Arch. Eisenhüttenw. 11, 337 (1937/38).
[5] Epstein, S. u. C. H. Lorig: Metals & Alloys 6, 91 (1935).
[6] Vgl. Stahl u. Eisen 53, 836 (1933).
[7] Lorig, C. H.: Trans. Amer. Inst. min. Engrs. Iron and Steel Division 105,
165 (1933).

einer Walztemperatur von 1100° auftritt, empfiehlt als Abhilfe Nickelzusätze von $^1/_3$ des Kupfergehaltes. C. E. Williams[1] weist darauf hin,
daß höhere Kupfergehalte der Anlaß zum Kleben des Walzzunders sein
können. In Amerika liege jedoch bei vielen Werken bei einem natürlichen (unbeabsichtigten) Kupfergehalt von 0,1 bis 0,2% gleichzeitig ein
natürlicher Nickelgehalt von 0,03 bis 0,06% vor, so daß bei den Stählen
mit natürlichem Kupfergehalt nicht dieser, sondern vermutlich ein Zinn

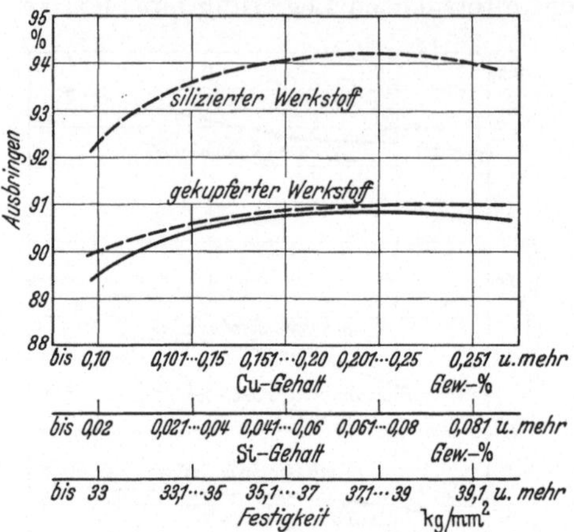

Abb. 18. Einfluß des Cu- und Si-Gehaltes auf das Kleben (ausgedrückt durch das Ausbringen) von Feinblechen (Andrieu).

gehalt des Stahls die Ursache
für das Kleben des Zunders sei.
Bleche aus einem besonders weichen, phosphorarmen, gekupferten Stahl sollen sich durch eine
glatte Oberfläche auszeichnen[2].

Das Haften des Zunders von
Kupferstählen macht sich jedoch beim Beizen schon bei geringen Kupfergehalten bemerkbar. Die Entfernung des Zunders durch Beizen ist um so
schwieriger, je höher der Kohlenstoffgehalt ist. Die Schwierigkeit
läßt sich durch Verwendung geeigneter Beizen beheben. Zahlenangaben über die Verminderung
der Beizfähigkeit des Stahls durch Kupferzusätze hat W. Herwig (zit.
S. 16) gemacht. Hiernach nahm für Blechstreifen aus S.M.-Stahl die
Beizfähigkeit zwischen 0,02 und 0,36% Cu von 1 auf 0,7 bei Raumtemperatur und von 1 auf 0,6 bei 50° ab. Aus Versuchen in 10%-iger H_2SO_4
schließt E. Herzog[3], daß gekupferte Stähle durch Wasserstoffaufnahme
beim Beizen weniger geschädigt werden als kupferfreie Stähle, da erstere
1. weniger Wasserstoff aufnehmen und 2. infolge geringerer Säurelöslichkeit auch weniger Wasserstoff entwickelt wird.

Zur Verminderung des Klebens der Feinbleche beim Doppeln werden
auf Grund der zutreffenden Voraussetzung, daß der reinste Stahl am
stärksten zum Kleben neigt, Zusätze von Silizium, Mangan, Phosphor und
Kupfer (0,3%) zum Stahl empfohlen. Nach W. Titze[4] soll für Bleche
unter 0,55 mm Dicke auf jeden Fall ein gekupferter Stahl verwendet
werden. Indessen ist auf Grund von Großzahluntersuchungen von
O. Andrieu[5] der Einfluß eines Kupfergehaltes auf die Klebeneigung von

[1] Williams, C. E.: Nach Stahl u. Eisen **55**, 340 (1935).
[2] Seigle, J.: Stahl u. Eisen **47**, 1300 (1927).
[3] Herzog, E.: Aciers spéciaux **9**, 364 (1934).
[4] Titze, W.: Stahl u. Eisen **49**, 897 (1929).
[5] Andrieu, O.: Stahl u. Eisen **55**, 925 (1935).

0,51 mm dicken Feinblechen, die in Abb. 18 durch das Ausbringen ausgedrückt ist, sehr klein. Die Verminderung der Klebrigkeit durch 0,36% Cu war bei weitem nicht so deutlich wie durch nur 0,02% Si.

3. Kaltverformung und Zerspanung.

Dem natürlichen Kupfergehalt des Stahls wird zuweilen eine Beeinträchtigung der Kaltverformbarkeit, besonders der Tiefziehfähigkeit zugeschrieben. W. Herwig (zit. S. 16) machte für unbefriedigende Tiefziehbarkeit von Stahlblechen den Kupfergehalt von 0,2 bis 0,46% verantwortlich. Andererseits findet man durchweg die Ansicht vertreten, daß zum mindesten Kupfergehalte unter 0,5% sich in der Kaltverformbarkeit des Stahls nicht auswirken. Planmäßige Versuche über den Zusammenhang zwischen dem Kupfergehalt und der Tiefziehbarkeit von Stahlblechen liegen anscheinend im Schrifttum noch nicht vor. Lediglich C. E. Williams und C. H. Lorig[1] haben nachgewiesen, daß selbst Kupfergehalte von 1,5% die Tiefziehbarkeit von Stählen mit 1% Cr und 0,1% C nicht wesentlich verringern (vgl. Abb. 100). Die Ziehfähigkeit von Stahldrähten mit 0,05 bis 0,16% C wird nach K. Daeves durch Kupfergehalte bis 0,3% nicht eindeutig beeinflußt.

Bei hohen Schnittgeschwindigkeiten und geringer Schnittiefe verändert Kupfer die Zerspanbarkeit des Stahls nicht[2]. Weitere zuverlässige Angaben über die Zerspanbarkeit liegen noch für kupferlegierte austenitische Stähle (siehe weiter unten) vor.

4. Verzinnung und Verzinkung.

Der natürliche Kupfergehalt des Stahls ist ohne Bedeutung für sein Verhalten bei der Verzinnung oder Verzinkung. Bei der Feuerverzinkung scheint ein höherer Kupfergehalt wie ein Kohlenstoffgehalt des Stahls dahin zu wirken, daß das Entstehen einer den Stahl vor dem Angriff des Zinks schützenden Haut aus $FeZn_3$ unterhalb bestimmter Temperaturen verhindert wird. Der Angriff des Stahls durch das flüssige Zink erfolgt durch Bildung eines nicht schützenden, lockeren Überzuges aus $FeZn_7$. Bei hohen Temperaturen bildet sich jedoch auf jeden Fall eine schützende Haut aus $FeZn_3$. Der Angriff von kupferlegiertem Stahl durch flüssiges Zink nimmt daher mit steigender Temperatur zunächst zu ($FeZn_7$) und dann wieder ab ($FeZn_3$).

5. Festigkeitseigenschaften bei Raum- und erhöhter Temperatur.

a) Kupferstähle. Von Bedeutung ist die Kenntnis des Einflusses von Kupfergehalten in der Höhe der natürlichen Kupferbeimengungen

---

[1] Williams, C. E. u. C. H. Lorig: Metals & Alloys 7, 57 (1936).
[2] Iron Age 124, 1663 (1929).

auf die Festigkeitseigenschaften des Stahls. Diese Frage wurde von H. Bennek (zit. S. 21) an normalisierten Stählen mit 0,1 und 0,9% C und 0 bis 0,23% Cu untersucht. Die Ergebnisse zeigen die Abb. 19 und 20. Hiernach werden bei 0,1% C die Härte, Streckgrenze und Zugfestigkeit durch die geringen Kupfergehalte etwas erhöht, während die Bruchdehnung und Einschnürung unverändert bleiben. Etwas stärker wirken die geringen Kupfergehalte in den Stählen mit 0,9% C. Nach Weichglühen

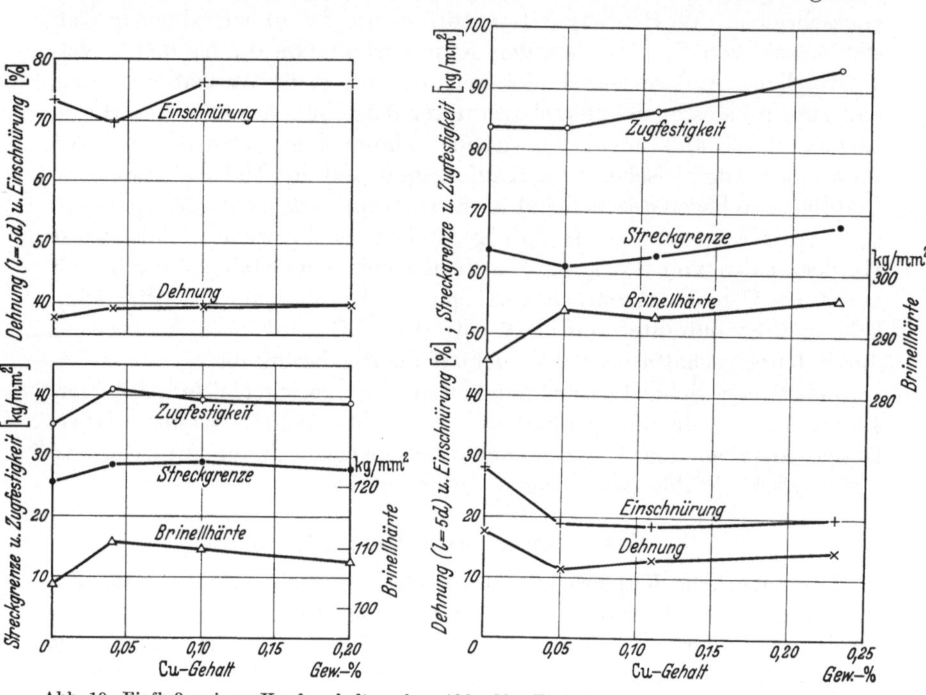

Abb. 19. Einfluß geringer Kupfergehalte auf die Festigkeitseigenschaften normalisierter Stähle mit rund 0,1% C. (1 Stunde bei 930° geglüht, Luftabkühlung.) (Bennek.)

Abb. 20. Einfluß geringer Kupfergehalte auf die Festigkeitseigenschaften normalisierter Stähle mit rund 0,9% C. (1 Stunde bei 750° geglüht, Luftabkühlung.) (Bennek.)

ist der Einfluß auch bei diesen Stählen gering und für beide Stahlarten in allen Fällen praktisch bedeutungslos.

Kupfergehalte von mehr als 0,5% beeinflussen dagegen die Festigkeitseigenschaften des Stahls erheblich. In Stählen mit 0,1% C ruft 1% Cu etwa die gleiche Festigkeitssteigerung hervor wie 0,12% C, doch ist der Einfluß von Kupfer auf die Streckgrenze günstiger als der von Kohlenstoff. Die Formänderungsfähigkeit, gemessen an Bruchdehnung und Einschnürung, wird durch Kupferzusätze zum Stahl erniedrigt. Die Kupferstähle besitzen ein hohes Streckgrenzenverhältnis und eine nur geringe Abhängigkeit der Festigkeitseigenschaften von der Wandstärke von Walzerzeugnissen. Während das Streckgrenzenverhältnis bei gleicher

Festigkeit für Kohlenstoffstahl bei 0,52 bis 0,60 liegt, ist es für Kupferstahl größer als 0,65 entsprechend Zahlentafel 8 nach F. Nehl[1]. Diese Zahlentafel enthält für einen Stahl mit 0,12% C, 0,65% Mn, 0,16% Si und 0,85% Cu auch die Festigkeitseigenschaften von Blechen verschiedener Dicke, sowie unterschiedlicher Vorbehandlung, ausschließlich einer Ausscheidungshärtung. Aus den wiedergegebenen Kerbschlagwerten ist zu entnehmen, daß die Alterungsempfindlichkeit geringer ist als bei unlegiertem Stahl. Sie nimmt mit der Blechstärke zu.

Die Ergebnisse einer umfassenden Untersuchung über die Festigkeitseigenschaften von normalisierten Stählen mit 0,02, 0,11 bis 0,17 und 0,37 bis 0,43% C bei Kupfergehalten von 0 bis 4% zeigen die Abb. 21 bis 23[2]. Bei allen Kohlenstoffgehalten tritt ein Maximum der Streckgrenze und

[1] Nehl, F.: Stahl u. Eisen **50**, 678 (1930).

[2] Williams, C. E. u. C. H. Lorig: Metals & Alloys **7**, 57 (1936).

Zahlentafel 8. Festigkeitseigenschaften von Blechen aus Kupferstahl mit 0,12% C und 0,85% Cu (Nehl).

Eigenschaften	Walzzustand			Walzzustand und bei 650° geglüht			Normalisiert			Normalisiert und bei 650° geglüht		
Blechstärke in mm	10	15	20	10	15	20	10	15	20	10	15	20
Streckgrenze kg/mm²	31,7	30,9	30,6	32,8	32,8	32,2	32,7	32,7	33,4	31,8	30,7	33,2
Zugfestigkeit kg/mm²	47,4	46,3	45,6	44,2	43,2	43,1	47,9	47,2	47,4	44,6	42,8	44,1
$\frac{\text{Streckgrenze}}{\text{Zugfestigkeit}} \cdot 100\%$	67	67	67	74	76	73	68	69	70	71	72	75
Bruchdehnung %	23,0	26,0	26,9	23,1	24,3	23,4	23,4	22,9	24,9	22,3	24,3	26,5
Einschnürung %	55,0	60,7	58,3	60,4	63,4	61,9	61,9	56,3	62,8	65,2	66,1	65,7
Kerbzähigkeit* in mkg/cm²												
Walzzustand	19,8	20,3	16,7	24,3	22,9	20,2	23,9	22,7	21,2	24,4	24,0	24,3
Gealtert: 10% gereckt, 250° angelassen	14,5	11,0	1,8	18,4	11,2	8,0	16,4	12,7	11,6	18,0	13,6	13,6
Abnahme %	27	46	89	24	51	60	31	44	45	26	48	44

* Kerbschlagprobe: 20 mm Blech: 15 × 15 mm Schlagquerschnitt; 15 mm „ 15 × 15 mm; 10 mm „ 15 × 10 mm.

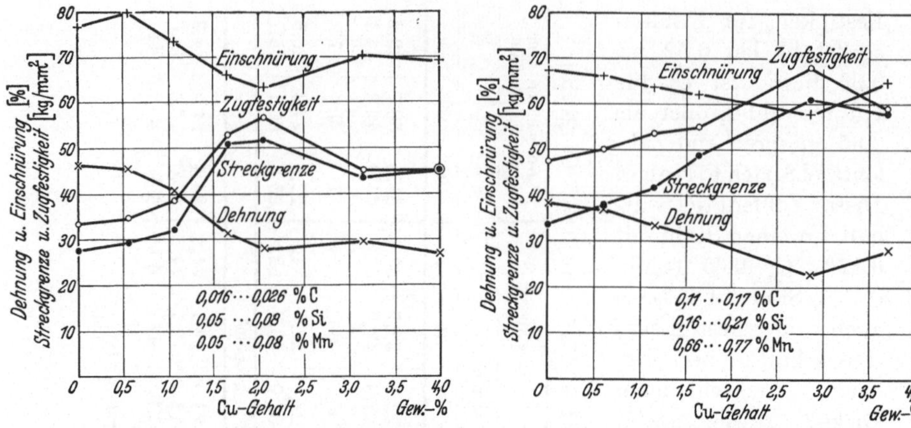

Abb. 21. Einfluß von Kupfer auf die Festigkeitseigenschaften von Weicheisen im normalgeglühten Zustand (Williams und Lorig).

Abb. 22. Einfluß von Kupfer auf die Festigkeitseigenschaften von niedriggekohltem Stahl im normalgeglühten Zustand (Williams und Lorig).

Zugfestigkeit in Abhängigkeit vom Kupfergehalt auf. Oberhalb 3% Cu wird ein außerordentlich hohes Streckgrenzenverhältnis erreicht. Bei niedrigen Kohlenstoffgehalten und hohen Kupfergehalten fällt die Streckgrenze nahezu mit der Zugfestigkeit zusammen. Bei hohen Festigkeiten ist

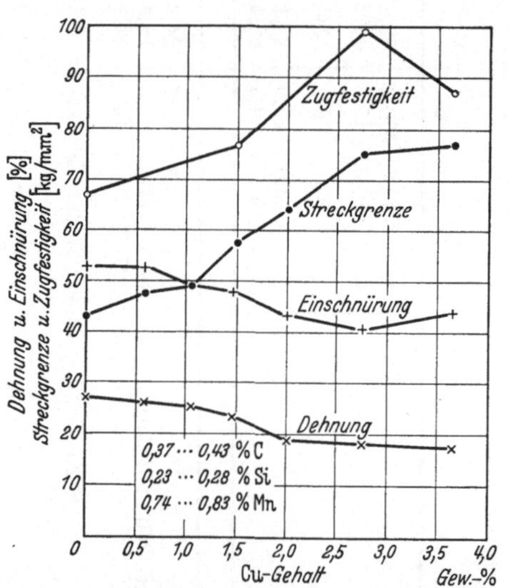

Abb. 23. Einfluß von Kupfer auf die Festigkeitseigenschaften von Stahl mit 0,4% C im normalgeglühten Zustand (Williams und Lorig).

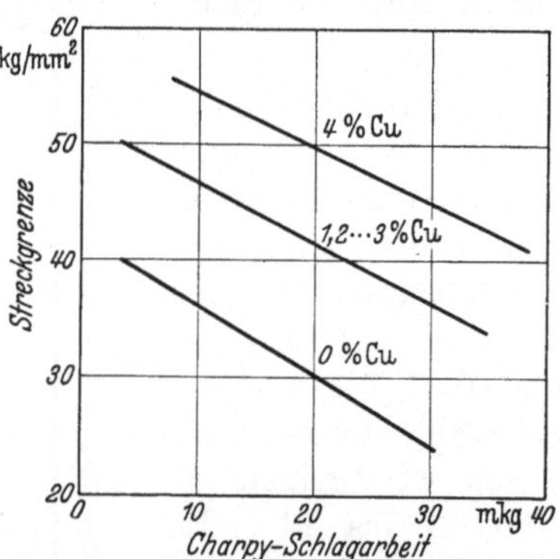

Abb. 24. Beziehung zwischen Streckgrenze und Charpy-Schlagarbeit bei weichgeglühten Stählen mit 0,02 bis 0,43% C und 0 bis 4% Cu (Williams und Lorig).

der normalisierte Stahl mit 1 bis 2% Cu einem Kohlenstoffstahl gleicher Festigkeit auch in der Kerbschlagzähigkeit überlegen. In Abb. 24 sind für weichgeglühte Stähle mit 0 bis 4% Cu die Beziehungen zwischen der Streckgrenze und der im Kerbschlagbiegeversuch ermittelten Schlag-

arbeit dargestellt. Der günstige Einfluß des Kupfers auf die Kerbschlagzähigkeit der weichgeglühten Stähle mit 0,02 bis 0,4% C geht hieraus
hervor.

Nachstehend sind die Eigenschaften eines Kohlenstoffstahls und je
eines Kupferstahls mit 1 und 2% Cu gegenübergestellt:

	Stahl mit 0,47% C	Stahl mit 0,33% C und 1% Cu	Stahl mit 0,20% C und 2% Cu
Zugfestigkeit in kg/mm² . .	70	70	70
Streckgrenze kg/mm² . . .	42,2	47,0	56,3
Brinellhärte in kg/mm² . . .	188	195	196
Dehnung (δ_5) in %	26	28	28
Einschnürung in %	47	54	61

Die Vorteile eines Kupferzusatzes, hohes Streckgrenzenverhältnis, hohe Bruchdehnung und Einschnürung, hebt der Vergleich dieser
Stähle gleicher Festig-keit deutlich hervor.

Den Einfluß ver-schiedener Vorbehand-lung auf die Festigkeits-eigenschaften von Stahl
mit 0,37% C ohne Kup-fer und mit 0,86% Cu gibt die Abb. 25 nach älteren Untersuchungen
wieder[1]. Trotz höherer Streckgrenze und Fe-stigkeit in allen Behand-lungszuständen hat der
kupferlegierte Stahl die gleiche Dehnung und eine höhere Kerbschlag-zähigkeit als der unlegierte Stahl.

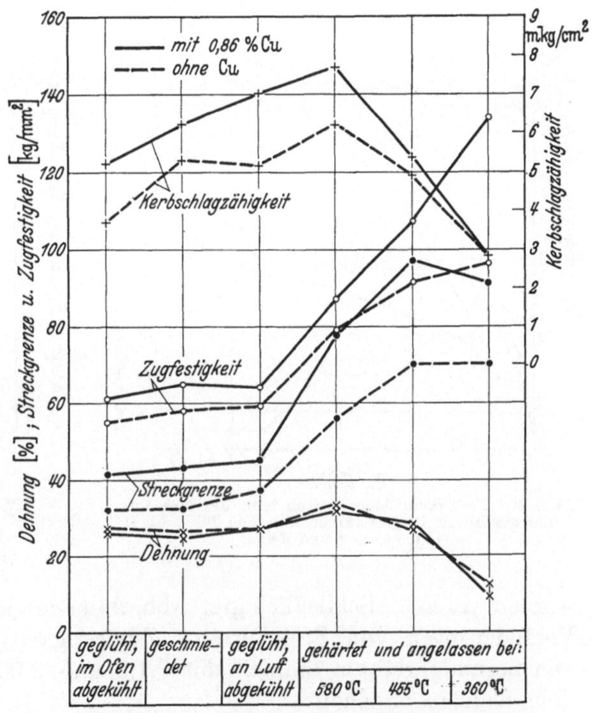

Abb. 25. Einfluß verschiedener Vorbehandlung auf die Festigkeitseigenschaften von Stahl mit 0,37% C ohne und mit 0,86% Cu
(Hayward und Johnston).

Die Festigkeitseigen-
schaften von Stählen mit 0,44 bis 0,6% C, 0,4% Mn, 0,06 Si und 0 bis
4,5% Cu, die mit Aluminium beruhigt und im geschmiedeten und geglühten Zustand geprüft wurden, enthält Abb. 26 nach G. H. Clevenger

---

[1] Hayward, C. R. u. A. B. Johnston: Bull. Amer. Inst. min. Engrs. 1918,
Nr 133, 159.

und B. Ray[1]. Die Elastizitätsgrenze steigt klar mit dem Kupfergehalt an, während Zugfestigkeit und Dehnung ziemlich stark streuen, mitbedingt durch den unterschiedlichen Kohlenstoffgehalt der Versuchsstähle. Im Glühzustand nimmt die Bruchdehnung mit steigendem Kupfergehalt nur wenig ab.

In Abb. 27 sind noch die Festigkeitswerte für Stähle mit rund 1,1 % C und 1 bis 4 % Cu dargestellt, die auf Perlit und körnigen Zementit geglüht

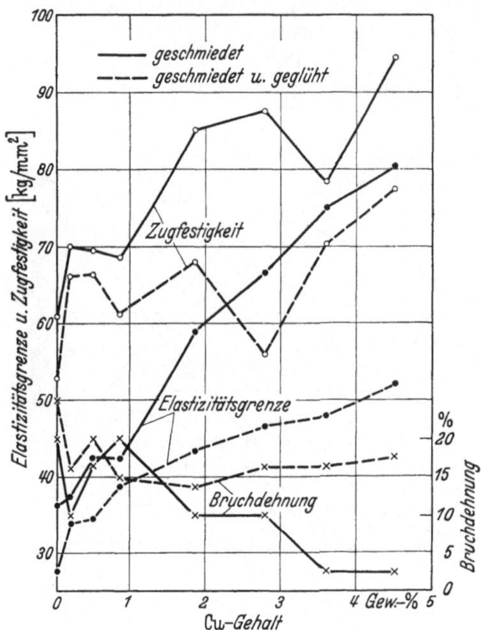

Abb. 26. Festigkeitseigenschaften von geschmiedeten und geglühten Kupferstählen mit 0,44 bis 0,6 % C (Clevenger und Ray).

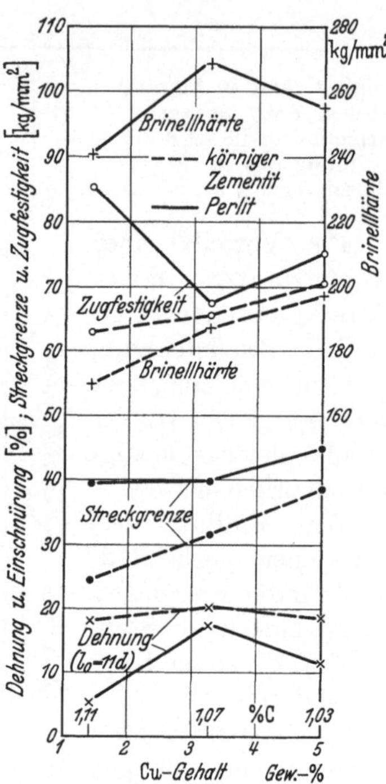

Abb. 27. Festigkeitseigenschaften von Stählen mit 1,1 % C in Abhängigkeit vom Kupfergehalt (Stogoff und Messkin).

worden waren[2]. Schließlich gibt Abb. 28 noch einen Überblick über die Veränderungen von Streckgrenze, Zugfestigkeit, Dehnung und Härte von normalgeglühten Stählen mit 0,1,0 und 2,0 % Cu in Abhängigkeit vom Kohlenstoffgehalt.

Zusammenfassend ist festzustellen, daß das Kupfer die statischen Festigkeitseigenschaften, vor allem das Streckgrenzenverhältnis von Kohlenstoffstahl bei Raumtemperatur günstig beeinflußt. Einige Angaben über Wechselfestigkeitswerte enthalten der folgende Abschnitt und der Abschnitt „Baustähle".

---

[1] Clevenger, C. H. u. B. Ray: Bull. Amer. Inst. min. Engrs. 1913, Nr 82, 2437.

[2] Stogoff, A. F. u. W. S. Messkin: Arch. Eisenhüttenw. 2, 321 (1928/29).

Die Korrosionsermüdungsfestigkeit von unlegierten und niedriglegierten Stählen ist weitgehend unabhängig von der chemischen Zusammensetzung und den Festigkeitseigenschaften der Stähle. Nach Versuchen von D. J. McAdam[1] zeigten ein vergüteter Kohlenstoffstahl mit 0,46% C, ein geglühter und ein vergüteter Nickelstahl mit 0,28% C und 3,7% Ni, zwei geglühte und vergütete Chrom-NickelStähle mit 0,28 bzw. 0,43% C, 1,51 bzw. 2,16% Ni und 0,73 bzw.

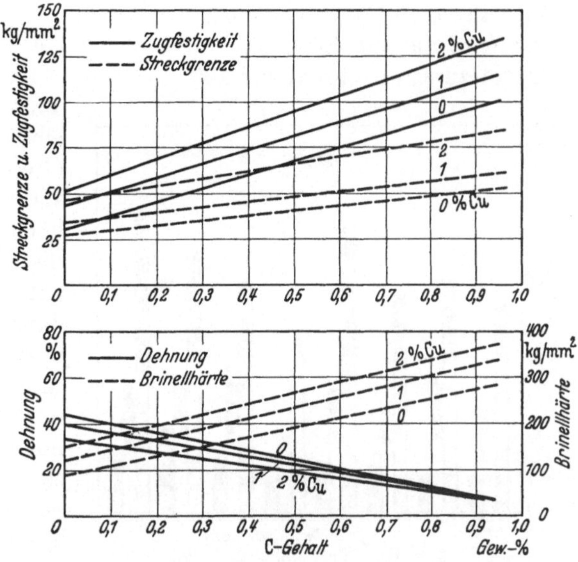

Abb. 28. Festigkeitseigenschaften von Stählen mit 0,1 und 2% Cu in Abhängigkeit vom Kohlenstoffgehalt (Williams und Lorig).

0,95% Cr, sowie ein von 870° in Wasser abgeschreckter und bei 480° angelassener Kupferstahl mit 0,27%C und 0,82% Cu ein praktisch übereinstimmendes Ergebnis bei der Korrosions-Ermüdungsprüfung. Erwartungsgemäß ist demnach ein Kupfergehalt ohne Einfluß auf die Korrosions-Ermüdungsfestigkeit von Kohlenstoffstahl.

Das günstige Streckgrenzenverhältnis der Kupferstähle bleibt nach Abb. 29 auch bei Warmzerreißversuchen erhalten. Streckgrenze und Zugfestigkeit eines Kupferstahls mit 0,11% C und 0,85% Cu bei erhöhten Temperaturen liegen höher als für einen Kohlenstoffstahl mit 0,29% C mit gleicher Festigkeit bei Raumtemperatur.

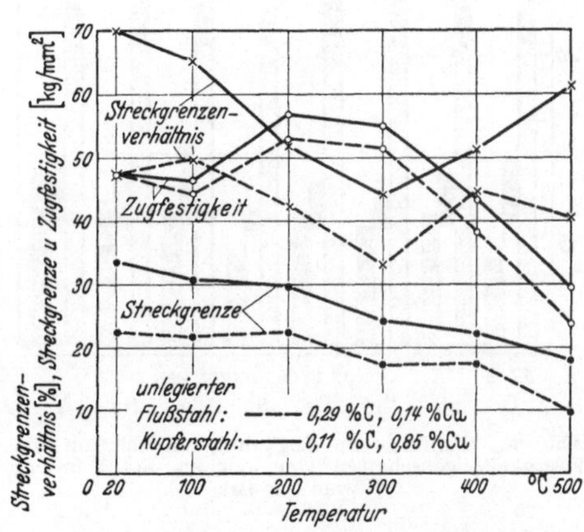

Abb. 29. Festigkeitseigenschaften geglühter 20 mm-Bleche bei höheren Temperaturen (Nehl).

Für Temperaturen oberhalb etwa 300 bis 350° ist für technische Zwecke weniger die Warmfestigkeit oder Streckgrenze als die Dauerstandfestigkeit maßgebend. Den

---

[1] McAdam, D. J.: Proc. Amer. Soc. Test. Mater. **29 II**, 250 (1929).

Einfluß von 0,1% C, von 0,5% Cu und 0,5% einiger anderer Legierungselemente auf die Streckgrenze, Zugfestigkeit und Dauerstandfestigkeit (Abkürzungsverfahren) bei 400 und 500°[1] gibt die Abb. 30 wieder. Bei 400° besitzt der Kupferstahl eine höhere Streckgrenze (0,2-Grenze) als alle Vergleichsstähle und außerdem das höchste Streckgrenzenverhältnis. Die Dauerstandfestigkeit entspricht etwa der des Molybdänstahls und liegt nur wenig unter der des Vanadinstahls. Auch bei 500° zeichnet sich der Kupferstahl durch seine hochliegende Streckgrenze und sein günstiges Streckgrenzenverhältnis aus. Bei dieser Temperatur ruft Molybdän die weitaus stärkste Erhöhung der Dauerstandfestigkeit hervor. Dann folgen Vanadin, und mit nur wenig schwächerer Wirkung Kupfer und Chrom. Die Verwendung von Stählen mit Kupferzusätzen für Zwecke, die eine Dauerstandbeanspruchung einschließen, ist vor allem dann berechtigt, wenn die Betriebstemperaturen nicht wesentlich über 400° liegen.

Wie bei den übrigen niedriglegierten Stählen ist auch bei den kupferlegierten Stählen ein Gefüge mit gut ausgebildetem (streifigen) Perlit mit dem besten Dauerstandverhalten verknüpft. Kupferhaltige Kesselbaustähle, die auf Grobkorn erschmolzen wurden, sind hinsichtlich ihres Dauerstandverhaltens gleich zusammengesetzten Feinkornstählen überlegen. Den gleichen Zusammenhang findet man auch bei kupferfreien Kesselbaustählen[2].

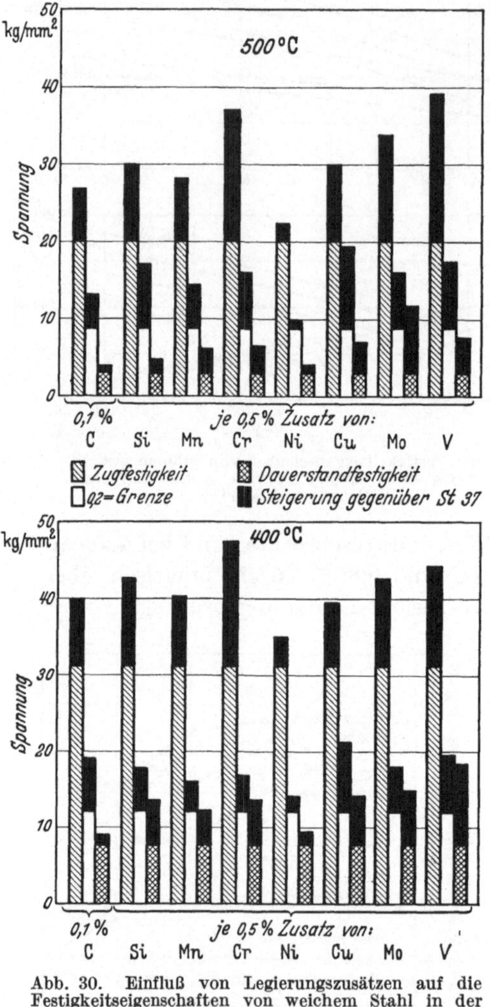

Abb. 30. Einfluß von Legierungszusätzen auf die Festigkeitseigenschaften von weichem Stahl in der Wärme (Grün).

---

[1] Grün, P.: Arch. Eisenhüttenw. 8, 205 (1934/35).
[2] Vgl. u. a. H. Buchholtz: Stahl u. Eisen 59, 331 (1939).

b) Kupferstähle mit weiteren Legierungszusätzen. Zu den niedriglegierten Stählen, die neben weiteren Legierungselementen auch Kupfer enthalten, gehört eine große Zahl von gebräuchlichen Baustählen mit hoher Festigkeit, die nicht hier, sondern im Abschnitt „Baustähle" besprochen werden. Im folgenden soll im wesentlichen zunächst nur auf Versuche zur Erforschung der Wirkung von Kupfergehalten in mehrfach legierten Stählen auf deren Festigkeitseigenschaften eingegangen werden, nicht aber auf bereits eingeführte Stähle.

Der Einfluß des Kupfers auf die Festigkeitseigenschaften mehrfach legierter Stähle ist ähnlich dem, den es auf unlegierte Kohlenstoffstähle ausübt. Zur Kennzeichnung genügt es, nur einige neuere Arbeiten heranzuziehen, die die Ergebnisse älterer Arbeiten mit einschließen. Aus der umfangreichen Untersuchung von R. H. Harrison (zit. S. 9) über die Wirkung von Kupfer auf die Festigkeitseigenschaften von verschieden legierten Stählen mit 0,3% C und Zusätzen von 0,5 bis 5% Cu geben die Zahlentafeln 9, die die Zusammensetzung einiger Versuchsstähle ohne und mit 1% Cu enthält, und 10, die die Festigkeitseigenschaften enthält, einen Auszug wieder. Die Stähle wurden im gewalzten, normalgeglühten und angelassenen (ausgehärteten), sowie im vergüteten Zustand geprüft. Die Zugfestigkeitseigenschaften für die beiden letzteren Zustände enthält die Zahlentafel 10. Der Kupferzusatz ergab in allen Warmbehandlungszuständen eine beträchtliche Erhöhung der Proportionalitätsgrenze, der Streckgrenze und Zugfestigkeit, sowie einen Abfall der Bruchdehnung, Einschnürung und Kerbschlagzähigkeit; letztere wies auch ungleichmäßige Werte, besonders im geglühten und angelassenen Zustand auf. In Stählen mit 0,05% C und 0,5% Cr war die Wirkung des Kupfers auf die Festigkeitseigenschaften weniger ausgeprägt[1].

---

[1] Bogdanow, S. G.: Metallurgie **11**, Nr 8, 77/78 (1936). Festigkeitseigenschaften von Stählen mit 0,31 bis 0,40% C, 0,4 bis 1,53% Mn, 0,23 bis 1,58% Si; 0,007 bis 0,022% P, 0,008 bis 0,011% S; 0,16 bis 2,34% Cr,

Zahlentafel 9. Zusammensetzung verschieden legierter Stähle mit 1% Cu (Harrison).

Stahl	Zusammensetzung in %					Stahl	Zusammensetzung in %				
	C	Mn	Ni	Cr	Cu		C	Mn	Ni	Cr	Cu
1	0,30	0,45	—	—	—	33	0,31	0,70	1,36	0,48	1,02
11	0,27	0,60	—	—	1,06	4	0,30	1,21	—	—	—
2	0,26	0,62	1,40	—	—	44	0,27	1,48	—	—	1,05
22	0,26	0,72	1,49	—	1,00	444	0,29	1,90	—	—	1,00
3	0,27	0,66	1,54	0,61	—						

Zahlentafel 10. Festigkeitseigenschaften verschieden

Stahl Nr.	Wärmebehandlung*	Probenlage **	Proportionalitätsgrenze kg/mm²	Streckgrenze kg/mm²
1		K	17,3	25,2
		R	23,6	26,8
11		K	47,3	50,4
		R	52,0	54,3
2		K	33,1	37,8
		R	34,6	37,8
22		K	50,0	52,3
	Von 850° in Luft ab-gekühlt, 2 Stunden bei 500° angelassen (Aus-härtung)	R	56,7	58,3
3		K	41,0	44,1
		R	44,1	46,2
33		K	58,3	63,8
		R	64,6	66,2
4		K	33,9	37.8
		R	38,6	39,4
44		K	55,9	58,3
		R	56,7	60,6
444		K	58,3	63,0
		R	65,4	67,7
1		K	26,8	33,3
		R	34,7	36,2
11		K	47,3	50,4
		R	47,3	50,0
2		K	36,2	37,8
		R	39,4	41,0
22		K	52,7	55,2
	Von 850° in Öl abge-schreckt, 2 Stunden bei 600° angelassen (Ver-gütung)	R	55,2	57,2
3		K	48,8	52,0
		R	52,0	57,4
33		K	60,6	65,4
		R	67,7	70,1
4		K	37,8	40,2
		R	42,5	43,4
44		K	52,7	54,3
		R	53,5	56,7
444		K	60,6	67,4
		R	67,7	72,5

* An Proben von 83 mm Durchmesser.   ** K = Probenkern, R = Probenrand.

Versuche über die Ersetzbarkeit von Nickel durch Kupfer in Chrom-Nickel-Stählen hatten folgendes Ergebnis: Die hohe Zähigkeit der Chrom-Nickel-Stähle wird durch nickelfreie Chrom-Kupfer-Stähle, die

bis 0,47% Mo, bis 1,86% Cu. Untersuchung bei Temperaturen von — 60 bis + 1200°. Dem Verfasser nicht zugänglich (russisch).

legierter Stähle mit 1% Cu (Harrison).

Zugfestigkeit kg/mm²		Streckgrenzen-verhältnis		Dehnung [***] %		Einschnürung %		Kerbschlag-zähigkeit [†] mkg/cm²	
47,7		0,53		35		55		5,4	
	48,8		0,55		36		58		5,0
66,6		0,76		29		51		3,3	
	68,5		0,79		27		51		2,9
55,3		0,68		35		58		9,3	
	56,1		0,67		37		58		8,7
68,7		0,76		29		52		5,2	
	71,0		0,82		30		53		5,4
67,1		0,66		31		58		7,4	
	67,9		0,68		31		60		8,5
82,2		0,78		24		51		3,3	
	82,5		0,80		27		53		3,1
58,4		0,65		37		58		8,3	
	59,5		0,64		35		60		7,4
75,4		0,77		28		51		5,7	
	76,7		0,79		28		51		4,8
87,4		0,72		21		43		2,9	
	86,8		0,78		25		51		3,6
51,7		0,64		34		62		10,2	
	53,8		0,67		36		65		8,8
66,0		0,76		25		51		5,2	
	67,7		0,74		21		55		6,6
57,4		0,66		32		64		11,3	
	58,7		0,70		35		64		11,3
69,0		0,85		31		58		6,9	
	70,3		0,81		30		57		6,9
71,3		0,73		24		55		6,9	
	74,1		0,78		27		55		8,3
82,3		0,80		22		49		6,1	
	83,4		0,84		22		53		5,2
59,5		0,68		34		62		8,0	
	60,8		0,71		34		60		7,8
70,0		0,78		25		49		5,0	
	71,4		0,79		21		55		5,4
83,7		0,80		18		43		2,6	
	86,1		0,84		24		45		3,5

[***] Meßlänge $= 4 \cdot \sqrt{\text{Querschnitt}}$.　　[†] Izod-Probe.

sich durch eine hohe Feinkörnigkeit auszeichnen, nicht erreicht. Nach
W. Oertel und R. W. Leveringhaus[1] sind die geringen, natürlichen
Kupfergehalte im Chrom-Nickel-Stahl unschädlich. Höhere Kupfer-
gehalte führen im vergüteten Zustand zwar zu erhöhter Streckgrenze

---

[1] Bericht Nr. 35 des Werkstoffausschusses des VDEh, Düsseldorf.

und Zugfestigkeit, aber auch zu verminderter Zähigkeit. Ein höherer Kupferzusatz zu Cr-Ni-Stahl (0,4 % C, 4,4 % Ni und 1,0 % Cr) oder gar ein teilweiser Ersatz von Nickel durch Kupfer wird nicht als günstig angesehen.

W. L. Collins und J. T. Dolan[1] haben vergleichende Untersuchungen an einem Kohlenstoffstahl, einem Silizium-Mangan-Chrom-Stahl und drei kupferhaltigen Stählen mit einem besonders in einigen amerikanischen „Low-alloy high-strength steels" üblichen, erhöhten Phosphorgehalt durchgeführt. Die Stähle waren durch folgende Gehalte gekennzeichnet:

```
O)  0,21 % C
A)  0,08 % C,  0,8  % Si,   0,41  % Cu,   1,0  % Cr,   0,145 % P
B)  0,08 % C,  1,07 % Cu,   0,104 % P,    0,54 % Ni
C)  0,22 % C,  0,92 % Cu,   0,045 % P,    1,98 % Ni
D)  0,37 % C,  0,84 % Si,   1,14  % Mn,   0,50 % Cr.
```

Alle fünf Stähle wiesen eine ausgeprägte Streckgrenze auf. Den größten Dehnbetrag an der Streckgrenze hatte der Stahl A, den geringsten die Stähle C und D. Das Streckgrenzenverhältnis war für die Stähle A und B mit 77 bis 79 % größer als für die Stähle C, D und O mit 69, 65 bzw. 64 %.

Die in der Bruchdehnung und Einschnürung zum Ausdruck kommende Formänderungsfähigkeit der Versuchsstähle war bei den Stählen A und B etwa gleich der von Stahl O. Die Zähigkeit von Stahl C und D war kleiner. Die Bruchdehnung von Stahl O war 30 %, die von Stahl D 15 %.

Die Elastizitätsgrenze von Stahl C betrug 84 % der Streckgrenze. Bei den übrigen Stählen lag die E-Grenze unmittelbar unter der Streckgrenze. Alle Stähle hatten den nahezu gleichen Elastizitätsmodul für Zug von rund 21 000 kg/mm^2.

Beim Schlagzugversuch an Probestäben mit 0,125 mm tiefen Kerben zeigten alle Stäbe eine nahezu gleich große, beträchtliche Abnahme der Bruchdehnung. Mit 0,06 mm Kerbtiefe hatte der Kohlenstoffstahl O die größte, der Stahl D die geringste Dehnungsabnahme beim Schlagzugversuch aufzuweisen. An glatten Proben mit $l_0 = 10$ d ergab sich beim Schlagzugversuch eine etwas höhere Bruchdehnung aller Stähle als beim statischen Zugversuch mit größerer Meßlänge ($l_0 = 16$ d).

Die Biegewechselfestigkeit glatter Stäbe aus den Stählen A und B betrug 0,7, des Stahls C 0,6 der Zugfestigkeit. Der Faktor für Stahl O und D lag bei 0,50. Bei den kupferhaltigen Stählen liegt demnach die Dauerfestigkeit im Verhältnis zur Zugfestigkeit hoch, worauf früher im deutschen Schrifttum schon mehrfach hingewiesen wurde. Die Verminderung der Dauerfestigkeit durch Kerben betrug 50 % und deutet auf eine ziemlich große Kerbempfindlichkeit hin.

---

[1] Collins, W. L. u. J. T. Dolan: Amer. Soc. Test. Mat. Preprint, Juni **1938**.

Die Korrosions-Zeitfestigkeit bei wechselnder Biegung gekerbter Stäbe der niedriglegierten Stähle betrug bei Einwirkung von Leitungswasser $\pm$ 7,8 bis 12,6 kg/mm², während glatte Proben ohne Korrosionseinflüsse eine Dauerfestigkeit von $\pm$ 35 bis 44,5 kg/mm² besaßen.

Bezüglich der Warmfestigkeit weist Harrison darauf hin, daß es zwecklos ist, den Kupfergehalt von Chrom-Kupfer-Stählen auf mehr als 1,5% zu erhöhen, da von diesem Gehalt ab die Warmfestigkeit nicht mehr mit dem Kupferzusatz ansteigt.

Es wurde bereits erwähnt, daß man bevorzugt in Amerika dem Zusatz von Phosphor zu den billigen, niedriglegierten Stählen mit hoher Streckgrenze viel Interesse entgegengebracht hat[1]. Da die Anwesenheit von mehr als 0,06% P neben Kupfer die Witterungsbeständigkeit verbessert, und Kupfer stark erhöhend auf die Streckgrenze von Phosphor-Stählen wirkt, sind die mechanischen Eigenschaften von Phosphor-Kupfer-Stählen, auch mit Zusätzen weiterer Legierungselemente, ausführlich untersucht worden. Zahlentafel 11 gibt Ergebnisse von C. H. Lorig und D. E. Krause[2] an niedriggekohlten Stählen in verschiedenen Warmbehandlungszuständen wieder. Dem Anstieg der Streckgrenze und Zugfestigkeit mit steigendem Phosphorgehalt steht bei den Phosphorstählen ein Abfall der Dehnung, Einschnürung und Kerbschlagzähigkeit gegenüber. Bei den mit Kupfer, bzw. mit Kupfer und Chrom oder Molybdän oder Vanadin legierten Stählen erniedrigen geringe Phosphor-

Zahlentafel 11. Mechanische Eigenschaften von Phosphorstählen mit und ohne Zusätze von Kupfer, Molybdän, Chrom und Vanadin (Lorig und Krause).

Nr.	Warm-behand-lung *	Zusammensetzung ** in %			Zug-festig-keit	Streck-grenze	Deh-nung δ_5	Ein-schnü-rung	Brinell-härte	Charpy-Schlag-arbeit
		P	Cu	Andere	kg/mm²		%		kg/mm²	mkg
1	1	0,03			35,3	26	47	77	103	4,25
	2	0,03			35,5	25,7	47	77	99	4,20
	3	0,03			32,0	21,2	49	78	92	3,82
	4	0,03			34,0	24,8	46	79	99	4,12
2	1	0,27			50,0	34,7	36	63	149	2,30
	2	0,27			52,1	33,5	38	64	143	2,00
	3	0,27			45,2	30,0	37	62	137	0,43
	4	0,27			46,2	31,6	36	69	140	2,25
3	2	0,60			53,2	40,7	15	13,5	179	0,11
	2	0,60			52,5	36,3	35	61	174	0,07
	3	0,60			44,8	34,5	7	6	159	0,07
	4	0,60			52,2	35,2	40	66	170	0,08

* Warmbehandlung: 1 = Walzzustand, 2 = 900°/Luft. 3 = 900°/Ofen. 4 = 675°/4 Stunden/Luft.
** 0,06 bis 0,10% C; 0,4 bis 0,6% Mn; 0,02 bis 0,06% Si.

[1] Gillet, H. W.: Metals & Alloys 6, 280 und 307 (1935).
[2] Lorig, C. H. u. D. E. Krause: Metals & Alloys 7, 9, 51, 69 u. 107 (1936).

Zahlentafel 11. (Fortsetzung.)

Nr.	Warm-behand-lung	Zusammensetzung in %			Zug-festig-keit	Streck-grenze	Deh-nung δ_5	Ein-schnü-rung	Brinell-härte	Charpy Schlag-arbeit
		P	Cu	Andere	kg/mm²		%		kg/mm²	mkg
4	1	0,03	1,5		47,3	39,8	37	73	143	3,60
	2	0,03	1,5		48,0	40,1	39	70	143	3,75
	3	0,03	1,5		44,2	36,8	38	70	131	3,40
	4	0,03	1,5		43,9	38,0	40	77	137	4,05
5	1	0,26	1,4		57,0	46,4	27	63	179	1,52
	2	0,26	1,4		56,4	44,6	35	65	167	2,02
	3	0,26	1,4		52,3	39,2	34	65	156	1,80
	4	0,26	1,4		50,1	39,6	38	73	152	3,02
6	1	0,60	1,5		68,1	58,8	30	56	229	0,72
	2	0,60	1,5		65,0	51,7	29	52	207	0,13
	3	0,60	1,5		59,0	45,9	32	55	192	0,22
	4	0,60	1,5		62,3	52,8	33	61	201	0,22
7	1	0,03	1,5	0,35 Mo	58,0	50,1	32	66	179	3,25
	2	0,03	1,5	0,35 Mo	55,3	41,1	36	72	156	3,82
	3	0,03	1,5	0,35 Mo	45,6	37,2	38	68	131	2,67
	4	0,03	1,5	0,35 Mo	50,3	45,5	35	75	156	3,75
8	1	0,25	1,5	0,26 Mo	69,9	56,0	28	55	212	2,02
	2	0,25	1,5	0,26 Mo	60,0	44,0	30	57	192	1,52
	3	0,25	1,5	0,26 Mo	57,0	42,6	32	58	170	1,58
	4	0,25	1,5	0,26 Mo	59,4	52,0	30	46	183	2,17
9	1	0,60	1,5	0,35 Mo	76,0	62,6	30	56	229	0,79
	2	0,60	1,5	0,35 Mo	76,0	51,9	28	48	217	0,14
	3	0,60	1,5	0,35 Mo	64,2	49,2	27	52	207	0,11
	4	0,60	1,5	0,35 Mo	66,7	55,4	30	58	217	1,00
10	1	0,02	1,5	0,60 Cr	52,9	43,3	33	72	163	3,68
	2	0,02	1,5	0,60 Cr	46,8	38,7	40	77	140	4,26
	3	0,02	1,5	0,60 Cr	45,6	37,8	39	74	137	4,05
	4	0,02	1,5	0,60 Cr	46,9	39,3	36	79	143	4,25
11	1	0,27	1,5	0,54 Cr	60,6	52,7	30	63	187	2,31
	2	0,27	1,5	0,54 Cr	52,3	44,0	34	67	170	2,02
	3	0,27	1,5	0,54 Cr	52,7	39,7	35	64	159	2,52
	4	0,27	1,5	0,54 Cr	52,3	40,4	36	71	159	3,25
12	1	0,60	1,5	0,60 Cr	70,3	60,1	29	58	223	0,79
	2	0,60	1,5	0,60 Cr	66,1	51,6	29	57	212	0,09
	3	0,60	1,5	0,60 Cr	63,4	47,0	35	57	192	0,50
	4	0,60	1,5	0,60 Cr	65,2	46,0	30	59	201	0,79
13	1	0,03	1,5	0,15 V	60,0	54,2	28	64	187	2,80
	2	0,03	1,5	0,15 V	52,0	42,6	35	69	159	2,80
	3	0,03	1,5	0,15 V	49,6	40,0	32	69	149	2,38
	4	0,03	1,5	0,15 V	54,5	48,3	26	75	174	3,83
14	1	0,25	1,5	0,19 V	65,2	58,7	29	62	207	2,45
	2	0,25	1,5	0,19 V	55,6	44,6	35	67	170	2,23
	3	0,25	1,5	0,19 V	60,3	43,8	32	67	174	2,16
	4	0,25	1,5	0,19 V	55,3	45,5	33	74	167	3,18
15	1	0,64	1,5	0,15 V	68,5	60,3	31	59	241	0,11
	2	0,64	1,5	0,15 V	64,3	50,7	27	59	207	0,09
	3	0,64	1,5	0,15 V	61,6	49,2	33	60	197	0,11
	4	0,64	1,5	0,15 V	65,0	55,0	32	63	217	0,33

gehalte die Dehnung und Einschnürung nur wenig; hohe Phosphorgehalte verringern aber auch bei diesen Stählen wesentlich die Kerbschlagzähigkeit. Die Kerbschlagzähigkeit ist vor allem bei 0,6% P bei allen Stählen auch nach zweckmäßiger Wärmebehandlung sehr klein. Bei 0,3% P dagegen haben Dehnung, Einschnürung und Kerbschlagzähigkeit unter Berücksichtigung der Höhe der Zugfestigkeit noch hohe Werte. Der Einfluß von Legierungselementen auf die Formänderungsfähigkeit von Stählen mit hohen Phosphorgehalten wurde über den in Zahlentafel 11 wiedergegebenen Umfang hinaus von Lorig und Krause untersucht und folgendes festgestellt:

Kohlenstoff und Silizium verstärken den ungünstigen Einfluß des Phosphors auf die Kerbschlagzähigkeit. Mangan oder Kupfer (1%) haben entweder keine Wirkung oder vermindern sogar die unerwünschte Wirkung des Phosphors. Ausgesprochen günstig wirken Nickel, Chrom (1%) und geringe Vanadingehalte. Im Gegensatz zu Lorig und Krause fand J. A. Jones[1] daß 1% Kupfer eine ungünstige Wirkung, etwa wie Silizium, ausübt. Die höchstzulässigen Phosphorgehalte von Baustählen mit verschiedenen Legierungszusätzen gibt Zahlentafel 12 nach Jones

Zahlentafel 12. Höchstzulässige Phosphorgehalte von Baustählen bei verschiedenen Legierungszusätzen (Jones).

Stahl mit 0,1% C		Stahl mit 0,15% C		Stahl mit 0,25% C	
Legierungs-zusatz %	Höchster zulässiger Phosphorgehalt %	Legierungs-zusatz %	Höchster zulässiger Phosphorgehalt %	Legierungs-zusatz %	Höchster zulässiger Phosphorgehalt %
nichts	etwas über 0,20	nichts	etwa 0,1	nichts	etwa 0,07
0,4 Cu	etwas über 0,20	0,4 Cu	etwa 0,1	0,4 Cu	etwa 0,07
1,0 Cu	etwas unter 0,20	1,0 Cr	etwa 0,14	1,0 Cr	etwa 0,07
1,0 Cr	etwas unter 0,30	0,2 Mo	etwa 0,10		
0,5 Si	etwas unter 0,20				
0,2 Mo	etwas unter 0,25				
0,4 Mo	etwas unter 0,25				

wieder. H. C. Cross und D. E. Krause[2] halten einen Phosphorgehalt des Stahls von 0,2% und mehr bei gleichzeitiger Anwesenheit von Chrom, Molybdän und Kupfer für geeignet, um erhöhte Warmfestigkeit und Dauerstandfestigkeit zu erzielen. Weitere Versuche in dieser Richtung sind abzuwarten[3].

c) Hochlegierte Stähle. In rostbeständigen und hitzebeständigen Chromstählen, in rostfreien Chrom-Nickel- und Chrom-Manganstählen

---

[1] Jones, J. A.: Iron Steel Inst., Frühjahrsvers. 1937. Vgl. Stahl u. Eisen **57**, 665 (1937).

[2] Cross, H. C. u. D. E. Krause: Metals & Alloys 8, 53 (1937).

[3] Über die Festigkeitseigenschaften und die Korrosionsbeständigkeit von Stählen mit 0,1% C, 0,2% P und 0,5 bis 0,9% Cu oder 1% Cu und 0,5% Ni oder 0,6% Cu und 1% Cr liegen dem Verfasser nicht zugängliche Versuche vor von M. Braun und A. Karelina: Stal 8, Nr 6, 43 (1938).

ist ein Kupferzusatz für bestimmte Beanspruchungszwecke von technischer Bedeutung. Hierauf wird weiter unten näher eingegangen.

Bei Stählen mit 12 bis 15% Cr bewirkt ein Kupferzusatz von 1% keine wesentlichen Änderungen der Festigkeitseigenschaften, wie Zahlentafel 13 zeigt[1]. Über die Änderung der Festigkeitseigenschaften der Stähle

Zahlentafel 13. Festigkeitseigenschaften von 13%igem Chromstahl ohne und mit Kupferzusatz.

Zusammensetzung in %					Proportio-nalitäts-grenze	Zugfestig-keit	Dehnung	Ein-schnürung
C	Si	Mn	Cr	Cu	kg/mm²	kg/mm²	%	%
0,13	0,37	0,48	13,9	—	50,7	96,9	16,1	63,3
0,16	0,50	0,30	13,2	1,1	60,2	97,3	18,2	62,4

mit 16 bis 20% Cr durch die üblichen Kupferzusätze von etwa 1% wurden keine Angaben vorgefunden. Die Festigkeitseigenschaften von kupferhaltigen, austenitischen Chrom-Nickel-Stählen, auch mit einem Zusatz von Titan bzw. Titan und Molybdän, enthält Zahlentafel 14[2].

Zahlentafel 14. Festigkeitseigenschaften von kupferhaltigen, austenitischen Chrom-Nickel-Stählen (Fried. Krupp, A.G.).

Stahl Nr.	Zusammensetzung in %	Streck-grenze kg/mm²	Zugfestig-keit kg/mm²	Dehnung * %	Kerbschlag-zähigkeit mkg/cm²
1	0,1 C, 18 Cr, 8 Ni, 3 Cu . . .	> 25	60—75	> 40	> 20
2	0,1 C, 18 Cr, 8 Ni, 0,5 Ti, 3 Cu	> 25	60—75	> 35	> 15
3	0,1 C, 18 Cr, 18 Ni, 2 Mo, 0,5 Ti, 2 Cu	> 25	60—75	> 35	> 15

* $l_0 = 10\,d$.

Die mechanischen Eigenschaften dieser Stähle werden durch den 2 bis 3% betragenden Kupferzusatz nicht wesentlich verändert. Ein in Amerika entwickelter 18 Cr-, 8 Ni-Stahl mit Zusätzen von 4 bis 6% Mn und 2 bis 3% Cu weist im weichen Zustand etwa folgende Festigkeitswerte auf: Zugfestigkeit 56 kg/mm²; Bruchdehnung: 50%; Einschnürung: 70%.

Der Einfluß eines Kupferzusatzes auf die in neuester Zeit wieder in den Vordergrund getretenen austenitischen Mangan-Chrom-Stähle wurde schon von F. M. Becket (zit. S. 25) untersucht. Die von ihm mitgeteilten Festigkeitseigenschaften von nicht völlig stabil austenitischen Stählen mit 8 bis 10% Mn, 18% Cr und 0,5 bis 1,6% Cu enthält die Zahlentafel 15. Die Tiefziehfähigkeit der kupferhaltigen Stähle soll besser als die der kupferfreien sein.

---

[1] Yoshihiro Kawakami: Japan Nickel Review 4, 603 (1936).

[2] Der Verfasser dankt der Fried. Krupp A.G., Essen, besonders Herrn Direktor Dipl-Ing. H. Kallen, für die Mitteilung der Analysen und Festigkeitswerte in Zahlentafel 14.

Zahlentafel 15. Festigkeitseigenschaften kupferhaltiger, austenitischer Cr-Mn-Stähle (Becket).

Zusammensetzung in %					Warm-behandlung	σ_{S}[1] kg/mm²	σ_B kg/mm²	δ_5 %	Erichsen-Tiefzieh-stahl
C	Cr	Mn	Si	Cu					
0,12	17,1	8,7	0,9	1,12	1050°/Wasser	37	75	47	11
0,10	17,2	9,8	—	0,52	1150°/Wasser	33	81	40	11
0,18	17,7	8,4	0,3	1,63	1050°/Wasser	36	79	52	12

Auf die Festigkeitseigenschaften austenitischer Stähle mit 0,2% C, 14% Cr und 16% Mn üben Kupferzusätze bis zu 2,2%, die H. Legat[1] untersuchte, nur einen sehr geringen Einfluß aus. Nach Abb. 31 ändern sich Zugfestigkeit, Streckgrenze, Härte und Einschnürung nicht, während die Dehnung, und bei mehr als 1% Cu auch die Kerbschlagzähigkeit leicht absinken. Ab 1% Cu steigt die Bearbeitbarkeit durch spanabhebende Werkzeuge etwas an. Diese Angaben gelten für den geschmiedeten Stahl. Die Eigenschaftsänderungen eines

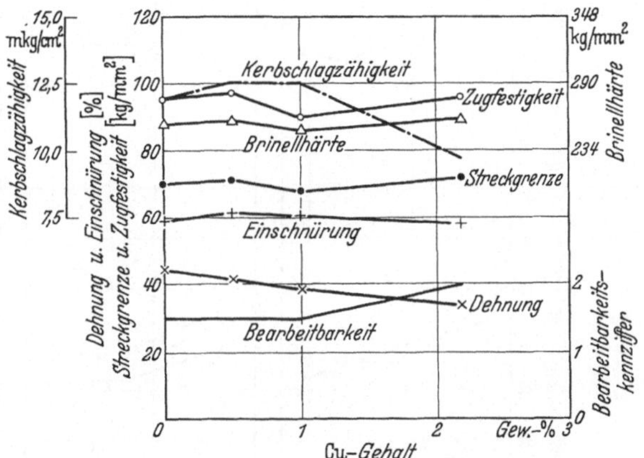

Abb. 31.   Festigkeitseigenschaften und Bearbeitbarkeit austenitischer Chrom-Mangan-Stähle mit Kupferzusätzen (Legat).

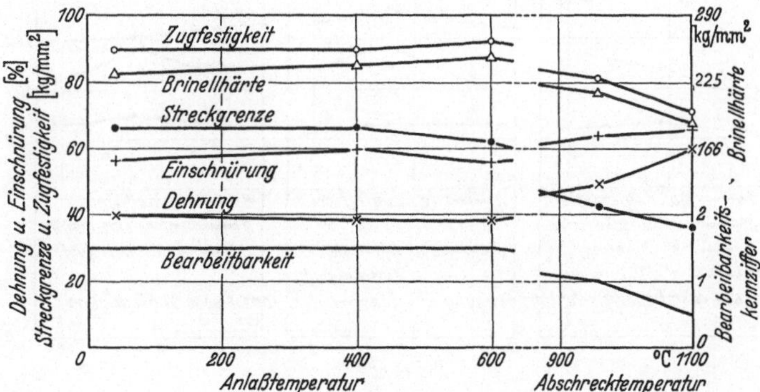

Abb. 32. Einfluß von Anlaß- und Abschreckbehandlungen auf die Festigkeitseigenschaften und die Bearbeitbarkeit von geschmiedetem Chrom-Mangan-Stahl mit 0,2% C, 16% Mn, 14% Cr und 0,94% Cu (Legat).

geschmiedeten Stahls mit 0,2% C, 16% Mn, 14% Cr und 0,94% Cu durch einstündiges Anlassen bis 600° und durch Abschrecken von 960 und 1100°

[1] Legat, H.: Arch. Eisenhüttenw. 11, 337 (1937/38).

in Wasser zeigt die Abb. 32. Im Gegensatz zu den Nickel enthaltenden werden die kupferlegierten Mangan-Chrom-Stähle durch Kaltverformen

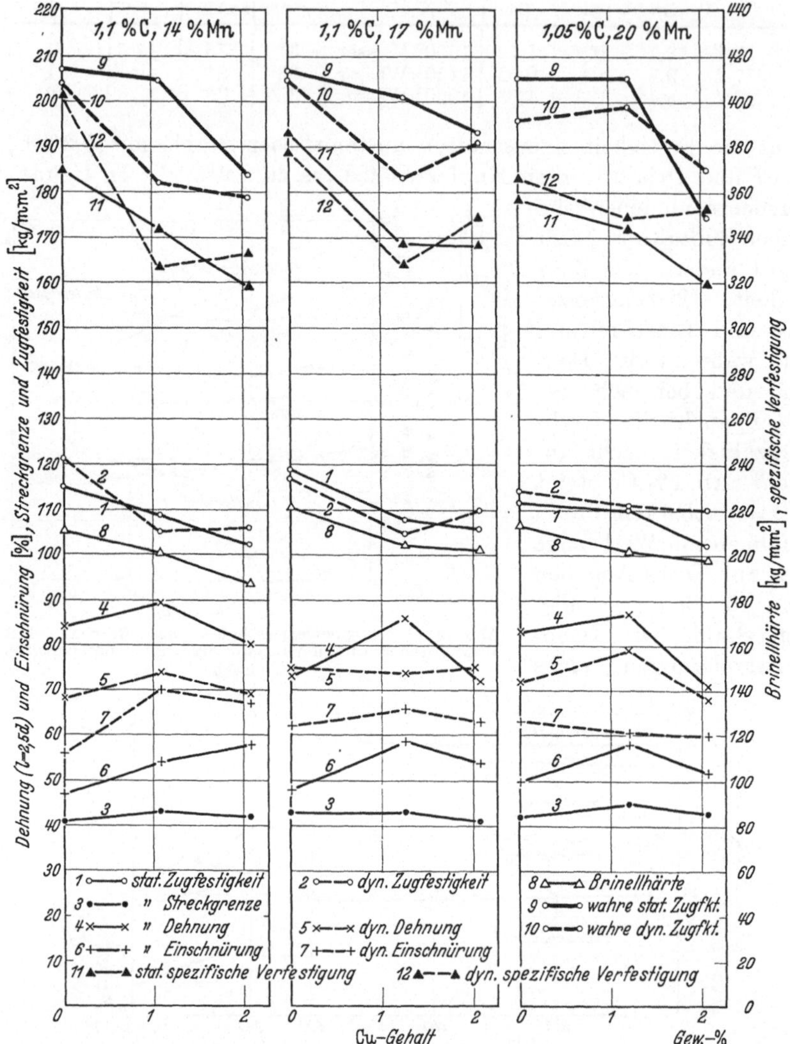

Abb. 33. Einfluß von Kupfer auf die Festigkeitseigenschaften von austenitischen Manganstählen (Krainer).

und Anlassen ferromagnetisch. Weitere Angaben über einen austenitischen Mangan-Chrom-Kupfer- und auch einen Mangan-Chrom-Nickel-Kupfer-Stahl enthält Zahlentafel 16.

Zahlentafel 16. Festigkeitseigenschaften von Mangan-Chrom-Kupfer-
und Mangan-Chrom-Nickel-Kupfer-Stahl (Becket).

Zusammensetzung	0,07% C, 9,48% Mn, 17,9% Cr, 0,8% Cu	0,09% C, 5,4% Mn, 18,9% Cr, 4,4% Ni, 0,84% Cu
Warmbehandlung	1050°/Luft	1150°/Luft
Streckgrenze kg/mm²	37	33
Zugfestigkeit kg/mm²	72	65
Dehnung %	43	54
Einschnürung %	54	70
Tiefziehbarkeit (Erichsen) mm . . .	11,5	11,5
Brinellhärte kg/mm²	15,9	149

H. Krainer[1] hat die in Abb. 33 wiedergegebenen Ergebnisse aus
statischen Zerreißversuchen und Schlagzerreißversuchen an austenitischen Manganhartstählen mit 1,1% C, 14 bis 20% Mn und Kupfergehalten
bis 2% mitgeteilt. Die zu
Stangen von 22 mm Durch-
messer geschmiedeten Stähle
wurden von 1000° in Wasser
abgeschreckt. Der Kupfer-
zusatz ruft fast keine Änderung von Dehnung und
Streckgrenze hervor, senkt
aber die Zugfestigkeit und
die spezifische Verfestigung.
Da auf seiner hohen Ver-
festigungsfähigkeit die wichtigste Eigenschaft des Man-
ganhartstahls, nämlich sein
hoher Verschleißwiderstand
beruht, ist ein höherer
Kupfergehalt als uner-
wünscht anzusehen, wenn
der Stahl als verschleißfester

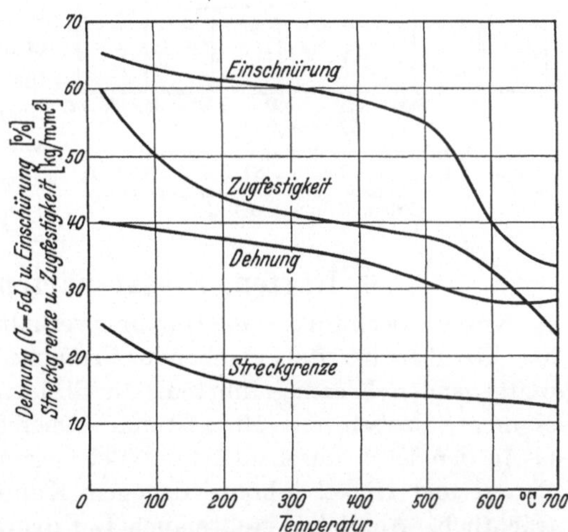

Abb. 34. Festigkeitseigenschaften von austenitischem Stahl
mit 0,1% C, 18% Cr, 8% Ni, 0,5% Ti und 3% Cu in
Abhängigkeit von der Temperatur (Fried. Krupp A.G.).

Werkstoff angewandt werden soll. Nach W. S. Messkin und B. E.
Sonin[2] verbessert Kupfer die Festigkeitseigenschaften von Stahl mit
0,2 bis 1% C und 12 bis 14% Mn, ohne die Bearbeitbarkeit zu verschlechtern.

Über die Warmfestigkeitswerte hochlegierter Stähle mit Kupferzusätzen liegen im Schrifttum kaum Angaben vor. In Abb. 34 und 35
sind die Ergebnisse von Warmzugversuchen[3] an den Stählen Nr. 2 und 3

---

[1] Krainer, H.: Arch. Eisenhüttenw. 11, 279 (1937/38).
[2] Messkin, W. S. u. B. E. Sonin: Nach Stahl u. Eisen 56, 744 (1936).
[3] Nach freundlich zur Verfügung gestellten Ergebnissen der Fried. Krupp A.G.,
Essen.

in Zahlentafel 14 dargestellt. Nach Versuchen von F. Bollenrath, H. Cornelius und W. Bungardt[1] zeichnet sich ein Stahl mit 0,1% C, 17,6% Cr, 15,2% Ni, 2,2% Mo, 1,1% (Ta + Nb) und 1,8% Cu durch eine gegenüber 18 Cr- 8 Ni-Stahl wesentlich erhöhte Dauerstandfestigkeit bei 600 und 700° aus. Hierfür dürfte aber nicht der Kupfergehalt, sondern der Gehalt des Stahls an Molybdän und vor allem an Tantal und Niob verantwortlich sein, zumal ein kupferfreier Stahl mit 0,15% C, 17,6% Cr, 9,1% Ni, 0,8% W und 1,4% (Ta + Nb) eine ähnlich hohe Dauerstandfestigkeit wie der kupferlegierte besitzt. Kupfer dürfte keine wesentliche Erhöhung der Dauerstandfestigkeit austenitischer Stähle hervorrufen.

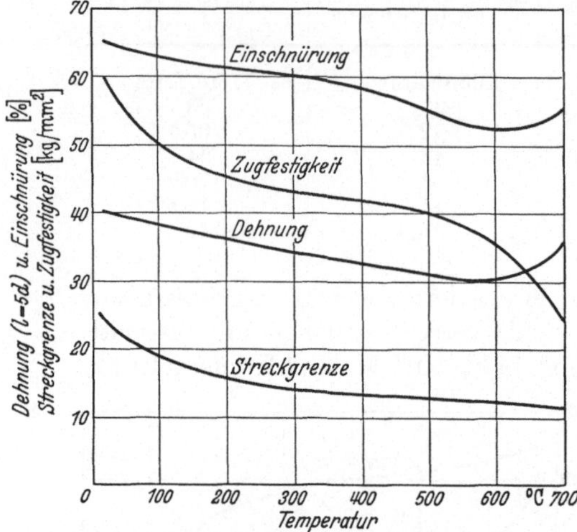

Abb. 35. Festigkeitseigenschaften von austenitischem Stahl mit 0,1% C, 18% Cr, 18% Ni, 2% Mo, 0,5% Ti und 2% Cu in Abhängigkeit von der Temperatur (Fried. Krupp A.G.).

6. Härten, Einsatzhärten, Nitrieren.

Kupfer beeinflußt das Härtungsverhalten des Stahls. L. Grenet[2] hat hierüber bereits eingehende Versuche durchgeführt, die zu einer weitgehenden Klärung führten. In Stählen mit 0,3 bis 0,6% C gelang es nicht, Proben mit 10×10 mm² Querschnitt durch Luftabkühlung bis in den Kern durchzuhärten. Bei Gegenwart von Chrom, sowie von Chrom und Nickel erhöhte dagegen Kupfer die Durchhärtbarkeit beträchtlich. Ähnliches stellte auch L. Persoz[3] fest. Nach Grenet wird die Härteneigung von Vergütungsstählen mit 4% Ni und 1,6% Cr durch Kupfer Chrom-Stähle und Kupfer-Nickel-Chrom-Stähle, z. B. mit 4% Cu, 2,5% Ni und 1,6% Cr, nicht erreicht. Nach Stogoff und Messkin (zit. S. 32) bewirkt Kupfer in Stählen mit 0,6 bis 1,2% C keine verstärkte Durchhärtung. Diese Beobachtung widerspricht den zuverlässigen Feststellungen von Bennek (siehe weiter unten) aus ungeklärten Gründen. R. H. Harrison (zit. S. 9) stellte in neuester Zeit fest, daß in Vergütungsstählen mit 0,3% C und 0,5% Cr bei höheren Normalglühtemperaturen und über 3% Cu Lufthärtung eintritt. Ebenso riefen Kupferzusätze von 1 bis 3% in Chrom-Nickel-Vergütungsstählen Lufthärtung

[1] Bollenrath, F., H. Cornelius u. W. Bungardt: Luftf.-Forschg. 15, 468 (1938).

[2] Grenet, L.: J. Iron Steel Inst. 45, 107 (1917).

[3] Persoz, L.: Aciers spéciaux 3, 259 (1928).

hervor. Bereits früher hat H. Bennek (zit. S. 21) Unterlagen über das Härtungsverhalten kupferhaltiger und kupferlegierter Stähle mitgeteilt. Hiernach wird die Neigung zur Lufthärtung durch den natürlichen Kupfergehalt des Stahls (unter 0,25%) nicht merklich verstärkt. Die Durchhärtung wird dagegen in Stählen mit 0,9% C schon durch niedrige Kupfergehalte (0,04 bis 0,05%) erhöht, und zwar in gleichem Ausmaß wie durch Nickel. Die Vergrößerung der Härtetiefe durch kleine Kupfer- und Nickelgehalte, die Durchhärtung bei höheren Kupfergehalten und den Einfluß der Härtetemperatur veranschaulichen die Abb. 36 und 37. Der Einfluß des natürlichen Kupfergehaltes auf das Härtungsverhalten ist bei Stählen für Werkzeuge mit feinen Schneiden, für die eine geringe Durchhärtung erwünscht ist, zu beachten.

Mit der schon durch kleine Kupferzusätze erhöhten Härtefähigkeit der höhergekohlten Stähle ist die Vergrößerung der Beständigkeit des Austenits im Beständig-

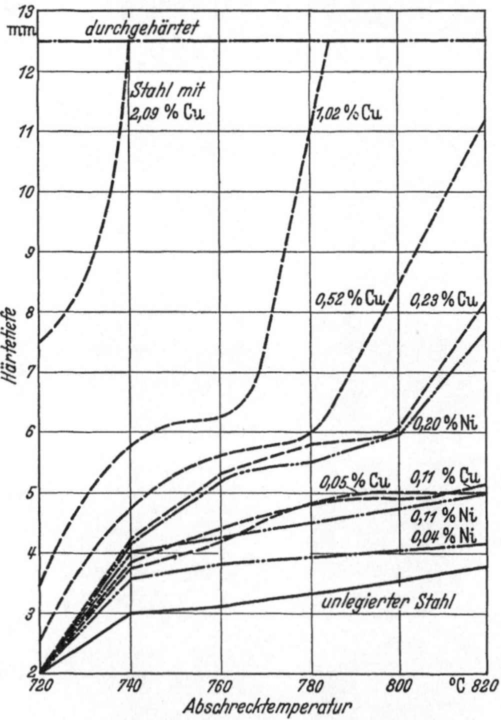

Abb. 36. Erhöhung der Härtetiefe von Stählen mit rund 0,9% C durch Kupfer und Nickel (Bennek).

keitsbereich oberhalb A''_r nach Abb. 38 in Einklang. In dieser Abbildung entspricht dem steileren Kurvenverlauf die höhere Umwandlungsgeschwindigkeit.

Nach Abb. 39 beeinflussen Kupfer- und Nickelgehalte in der Höhe der natürlichen Gehalte den Härtebereich von Werkzeugstahl nicht. Erst oberhalb 0,6 bis 1% Cu sinkt die Temperatur der beginnenden Überhitzung ab, und zwar stärker als die Temperatur einsetzender Härtung. Infolgedessen verengert sich der Härtebereich.

L. Grenet hat bereits darauf hingewiesen, daß Kupfer-Chrom- und Kupfer-Nickel-Chrom-Vergütungsstähle überhitzungsempfindlicher sind als Chrom-Nickel-Stähle.

Die Höhe der Abschreckhärte wird nach Bennek durch Kupfergehalte bis 2% im Werkzeugstahl nicht verändert.

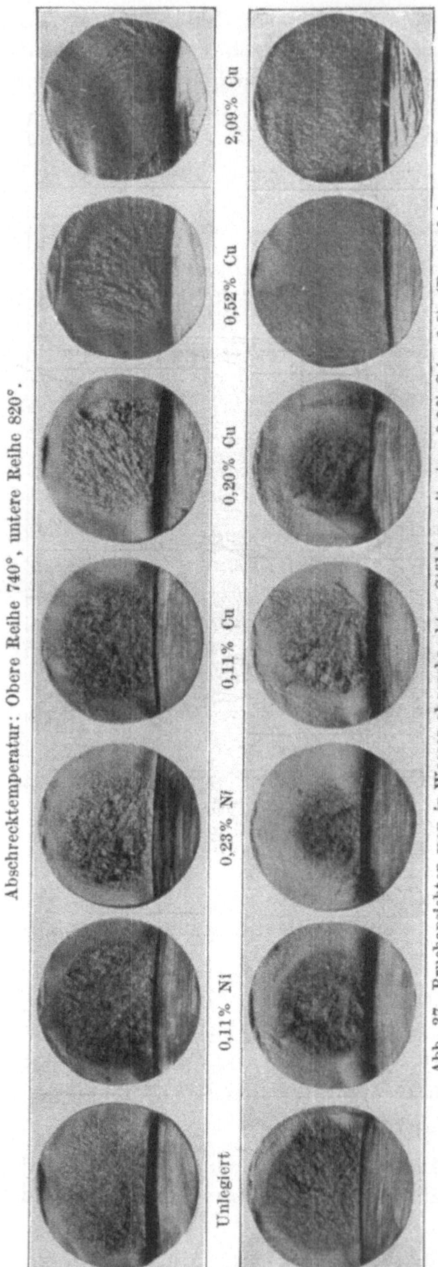

Abschrecktemperatur: Obere Reihe 740°, untere Reihe 820°.

2,09% Cu

0,52% Cu

0,20% Cu

0,11% Cu

0,23% Ni

0,11% Ni

Unlegiert

Abb. 37. Bruchansichten von in Wasser abgeschreckten Stählen mit etwa 0,9% C ($\times$ 0,8). (Bennek.)

Beim Anlassen gehärteter Stähle mit höheren Kupfergehalten überdecken sich die Anlaß- und die Aushärtungswirkung. Hierauf wird im Abschnitt „Aushärtung‟ noch einzugehen sein. R. H. Harrison (zit. S. 9) und W. Oertel und R. W. Leveringhaus (zit. S. 22) stimmen darin überein, daß Kupferzusätze zu Vergütungsstählen deren Anlaßsprödigkeit nicht verstärken bzw. überhaupt nicht beeinflussen.

Im Zusammenhang mit Untersuchungen über das Auftreten von verformungslosen Brüchen an Schrauben, die bei 450° hohe Dauerzugbeanspruchungen erfahren, weisen R. Scherer und H. Kiessler[1] darauf hin, daß Kupferstähle ebenso wie Chrom-Nickel- und Mangan-Stähle zu starker Versprödung bei langzeitigem Anlassen in der Umgebung von 450° neigen.

Das Verhalten kupferlegierter Stähle bei der Zementation haben in neuester Zeit E. Houdremont und H. Schrader[2] und S. Epstein und C. H. Lorig[3] untersucht. Erstere stellten an drei Tiegelstählen mit 0, 1,6 und 3,1% Cu mit 0,16% C folgendes fest: Kupfer setzt den Randkohlenstoffgehalt (höchster C-Gehalt der Randzone) herab. Die Eindringtiefe, gemessen bei 0,3% C, wird ebenfalls erniedrigt, und

---

[1] Scherer, R. u. H. Kiessler: Arch. Eisenhüttenw. **12**, 383 (1938/39).

[2] Houdremont, E. u. H. Schrader: Arch. Eisenhüttenw. **8**, 445 (1934/35).

[3] Epstein, S. u. C. H. Lorig: Metals & Alloys **6**, 91 (1935).

zwar eindeutig bei Zementationsbehandlungen, die eine größere Einsatztiefe hervorrufen. Da Kupfer die Härtbarkeit des Stahls erhöht, wird trotzdem die Einsatzhärtetiefe gegenüber unlegiertem Stahl nicht vermindert, unter Umständen sogar vergrößert. Aus der Beobachtung, daß bei dem Stahl mit 3% Cu noch ein eutektoidisches Gefüge bei Kohlenstoffgehalten beträchtlich unter 0,9% auftritt, ist zu schließen,

daß Kupferzusätze von etwa 3% den eutektoidischen Punkt merklich zu niedrigeren Kohlenstoffgehalten verschieben. Diese Wirkung war bei 1,5% Cu noch nicht feststellbar. Höhere Einsatztemperaturen, die zu einer übereutektoidischen Randzone führten, ergaben ein schwach anomales Gefüge. Epstein und Lorig konnten keine Gefügeanomalität in ihren aufgekohlten

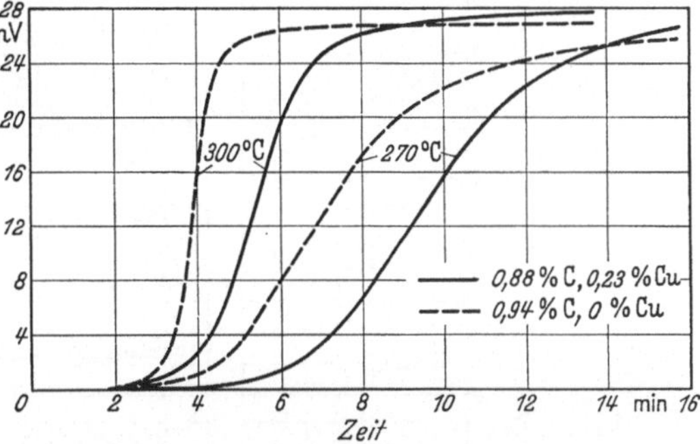

Abb. 38. Einfluß von Kupfer auf die Umwandlungsgeschwindigkeit des Austenits (Zeit-Magnetisierungskurven) bei 270 und 300°.

Kupfer-Einsatzstählen feststellen. Der Einfluß des Kupfers in dieser Hinsicht muß daher unbedeutend sein. Einsetzen bei hohen Temperaturen und langzeitiges Einsetzen bei niedrigen Temperaturen läßt erkennen, daß mit steigendem Kupfergehalt eine wesentliche Verkleinerung der Korngröße eintritt. In Abb. 40 nach Houdremont und Schrader sind deren Versuchsergebnisse an kupferlegierten Stählen zusammengestellt.

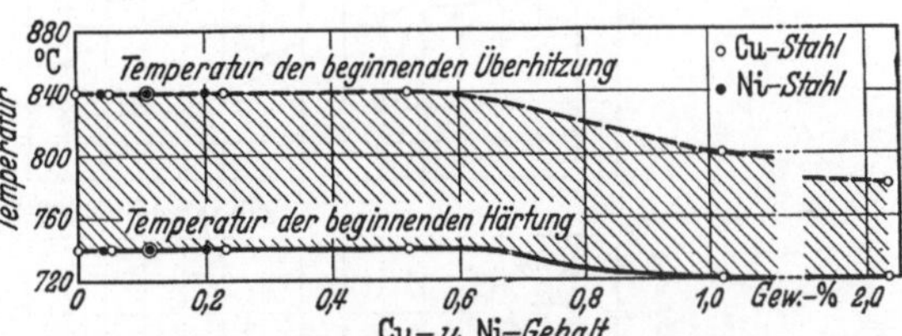

Abb. 39. Veränderung des Härtebereiches von Stählen mit 0,9% C durch Kupfer und Nickel (Bennek).

Epstein und Krause untersuchten eine größere Zahl von kupferlegierten Stählen mit niedrigem und mittlerem Kohlenstoffgehalt und Kupferzusätzen bis 3,8%. Bis zu einem Kupfergehalt von etwa 3% wurde kein Einfluß auf die mikroskopisch bei 0,8% gemessene Eindringtiefe des Kohlenstoffs festgestellt. Bei einer derartigen (mikroskopischen) Meßmethode wird die Verschiebung der Lage des Perlitpunktes durch Kupfer nicht erfaßt. Eine Abnahme der Eindringtiefe kann also unbeobachtet bleiben. Kupfergehalte von mehr als 3% führten nach Zahlentafel 17 zu einer dünnen (ungleichmäßigen) Einsatzschicht. Aus beiden bisher vorliegenden Untersuchungen über die Diffusion von Kohlenstoff in kupferlegierten Stählen ist zu schließen, daß bei den in Baustählen

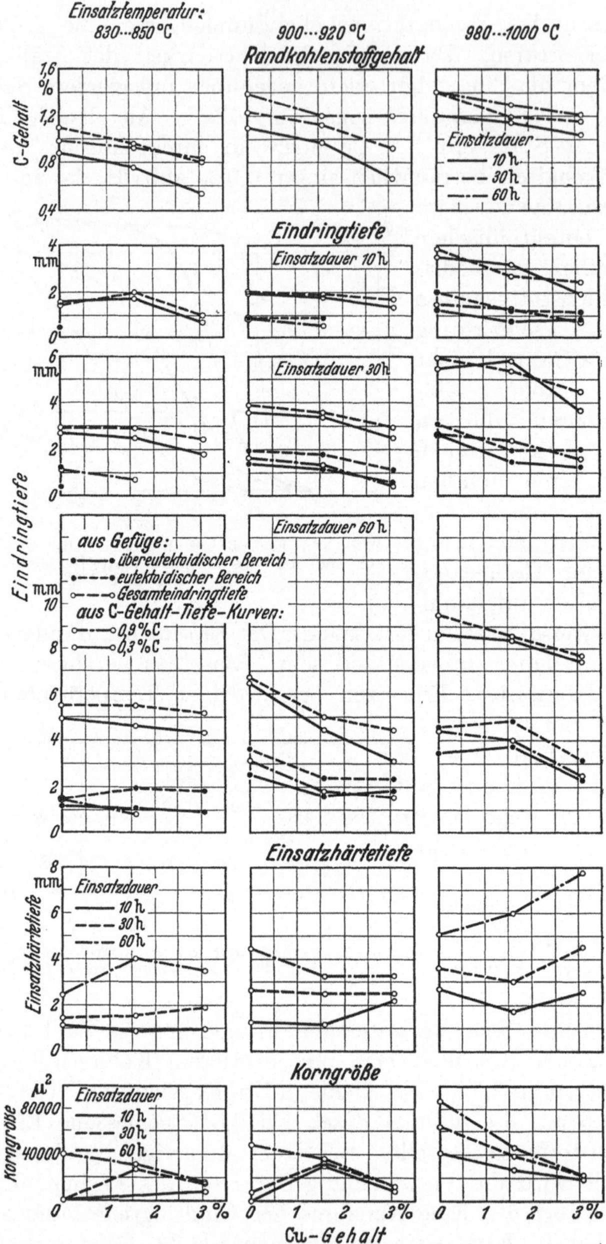

Abb. 40. Einfluß des Kupfers auf die Zementationswirkung (Houdremont und Schrader).

zweckmäßig verwendeten Kupfergehalten von weit unter 3 % das Kupfer keine nachteilige Wirkung auf die Zementation ausübt. Da außerdem die Kernfestigkeitswerte eines Stahls mit 0,15% C und 1% Cu denen teurerer legierter Einsatzstähle etwa entsprechen[1], sind kupferlegierte Stähle als Einsatzstähle brauchbar.

Zahlentafel 17. Bei 0,8% C gemessene Eindringtiefe des Kohlenstoffs in Kupferstählen bei 10-stündigem Glühen bei 940° in einem handelsüblichen Einsatzmittel (Epstein und Lorig).

Cu %	C %	Eindringtiefe mm	Cu %	C %	Eindringtiefe mm
—	0,17	1,37	—	0,27	1,60
0,58	0,15	1,45	0,58	0,30	1,70
1,05	0,16	1,53	1,04	0,30	1,57
1,54	0,13	1,30	1,46	0,27	1,65
2,05	0,09	1,30	1,99	0,26	1,65
2,88	0,13	1,43	2,84	0,28	1,55
3,77	0,11	0,41	3,69	0,28	0,10

Die in Zahlentafel 17 aufgeführten Kupferstähle ergaben nach der Härtung von 800° in Wasser unterhalb 3% Cu unabhängig vom Kupfergehalt eine gleichmäßige Oberflächenhärte von 63 Rockwell-C-Einheiten.

Die bei der Verzunderung von kupferlegierten Stählen entstehende Kupferschicht auf der Stahloberfläche unter dem Zunder verhindert eine gleichmäßige Eindiffusion von Kohlenstoff. Teile aus kupferlegierten Stählen dürfen daher nicht im verzunderten, sondern müssen, wie auch bei anderen Stählen üblich, im bearbeiteten Zustand eingesetzt werden.

Zahlentafel 18. Härtung von kupferhaltigen Stählen durch Nitrieren (Shun-Ichi Satoh).

Stahl Nr.	C	Cr	Cu	Al	Brinellhärte		
	in %				nicht nitriert	nitriert	Änderung
1	0,11	1,07	—	0,58	116	706	+ 590
2	0,1	1,0	0,6	—	144	547	+ 403
3	0,1	1,0	1,2	—	163	154	— 9
4	—		1,2	2,0	288	388	+ 100
5	0,15	1,0	—	2,9	146	654	+ 508

Als Zusatz zu Nitrierstählen ist Kupfer unbrauchbar[2]. Nach Zahlentafel 18 vermindern schon Kupfergehalte von 0,6% die Oberflächenhärtbarkeit des Stahls durch Versticken, während 1,2% Cu sie weitestgehend oder vollständig aufheben. Zahlentafel 18 enthält zum Vergleich auch die Oberflächenhärten nitrierter, kupferfreier Stähle.

---

[1] McMullan, O. W.: Amer. Soc. Met. Preprint Nr. 7. Oktober 1934.
[2] Shun-Ichi Satoh: Trans. Amer. Inst. min. metallurg. Engrs. Iron and Steel Division **90**, 192 (1930).

7. Schweißbarkeit[1].

Die Schrifttumsangaben vor etwa 1914 beziehen sich zumeist auf die Feuerschweißbarkeit (Hammerpreßschweißung). Es ist als sicher anzunehmen, daß 0,9% Cu die Feuerschweißbarkeit nicht beeinträchtigen. Die technisch unwichtige Frage nach der Feuerschweißbarkeit von Stählen mit mehr als 3% Cu ist nicht eindeutig zu beantworten.

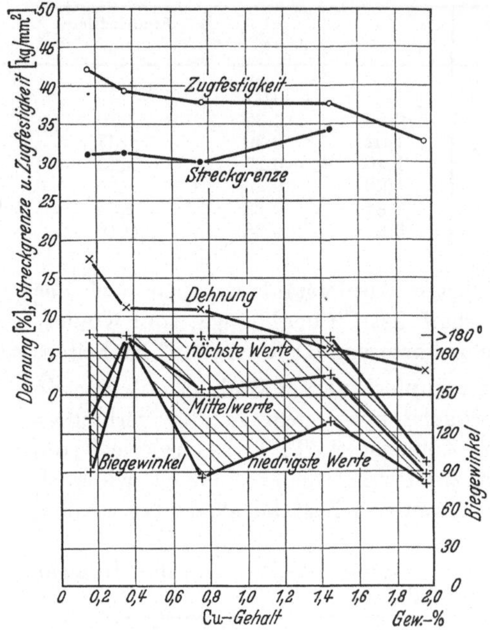

Abb. 41. Festigkeitswerte autogen geschweißter Proben (Zeyen und Mehl).

Die natürlichen Kupfergehalte des Stahls sind für seine Schmelzschweißbarkeit auf jeden Fall belanglos. Überhaupt haben kupferlegierte Stähle nur selten zu Beanstandungen beim Schmelzschweißen geführt, die auf den Kupfergehalt zurückgeführt werden können. Es ist daher auch die Forderung erhoben worden, man solle als Legierungselemente niedriglegierter Baustähle für Schweißzwecke Silizium und Kupfer, statt zu stärkerer Lufthärtung führende Legierungselemente verwenden. Mit geeigneter Flammeneinstellung lassen sich Stähle mit Kupfergehalten bis zu 2% betrieblich mit Azetylen-Sauerstoff schmelzschweißen. Nach H. Harris[2] erhält man fehlerlose Schmelzschweißverbindungen noch in Stählen mit 3%, aber nicht mehr mit 4% Cu, während nach Angaben von anderer Seite gute Azetylen-Schmelzschweißverbindungen in Stahlguß noch bei 10% Kupfergehalt erzielbar sein sollen[3]. Da bereits über 8,5% Cu die kupferreiche, bei 1094° schmelzende ε-Kristallart auftritt, sind nicht weit über diesem Gehalt Schwierigkeiten beim Schmelzschweißen zu erwarten. H. Kemper[4] und K. L. Zeyen

---

[1] Bei der Behandlung dieses Abschnittes hat der Verfasser eine Übersicht über das Weltschrifttum „Welding Copper Steels" von H. Spraragen und G. E. Claussen (Literature Division of the Engineering Foundation-Welding Research Committee, New York) benutzt. Diese Arbeit wird veröffentlicht im J. Amer. Welding Soc. vor Erscheinen dieses Buches. Der Verfasser ist den Herren H. Spraragen und G. E. Claussen für die Überlassung der Handschrift zu größtem Dank verpflichtet.

[2] Harris, H.: Metallic Arc Welding. New York: Longmans 1935.

[3] Sallit, W. B.: Foundry Trade J. 58, 385 (1938).

[4] Kemper, H.: Schmelzschweißg. 11, 156 (1932).

und A. Mehl[1] beobachteten bei der Azetylenschweißung mit unlegiertem Zusatzwerkstoff eine mit zunehmendem Kupfergehalt des Grundwerkstoffs ansteigende Verschlackung, die bei 0,75% Cu die Schweißung behinderte. Aus diesem Grunde erhielten Zeyen und Mehl wahrscheinlich die verhältnismäßig schlechten Festigkeitseigenschaften ihrer Autogenschweißverbindungen. Mit der elektrischen Metall-Lichtbogenschweißung ergab sich bei 0,75% Cu die volle Zugfestigkeit, bei 2,0% Cu 82% der Zugfestigkeit des ungeschweißten Bleches. Nach K. Daeves und E. H. Schulz[2] scheinen für die betriebliche Metall-Lichtbogenschweißung Kupfergehalte von 0,8% nicht nur unschädlich, sondern günstig zu sein. Die elektrische Abschmelz-Stumpfschweißung ist an Stählen mit 0,1% C bis mindestens 2% Cu befriedigend ausführbar.

Es ist zu erwarten, daß der Kupfergehalt von Zusatzwerkstoffen nahezu zu 100% in die Schweißnaht übergeht. Mit umhüllten Elektroden mit 0,22% C, 0,68% Cu und 1,2% Mn wurden Schweißnähte mit 0,65% Cu erzielt[3]. Kupferlegierte Zusatzwerkstoffe ergeben zähe Nähte mit hoher Festigkeit. Die mit unlegierten Zusatzwerkstoffen in kupferlegiertem Stahl geschweißten Nähte nehmen beträchtliche Mengen Kupfer aus dem Grundwerkstoff auf. Eine auf einen Stahl mit 1,38% Cu aufgetragene Raupe enthielt 0,6% Cu bei Verwendung einer nackten, und 0,85% Cu bei Verwendung einer umhüllten, unlegierten Elektrode[4].

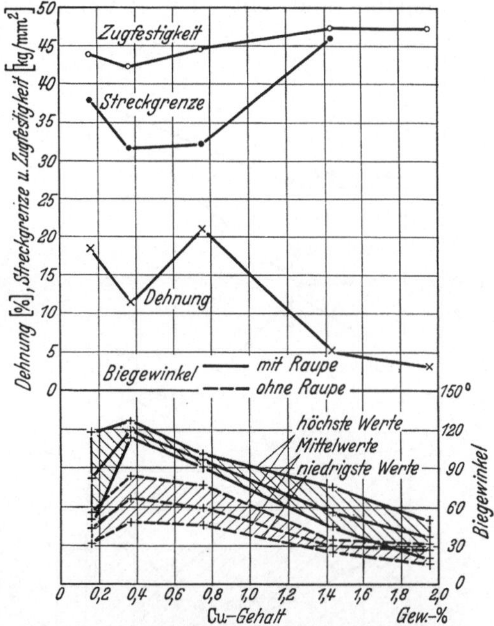

Abb. 42. Festigkeitswerte lichtbogengeschweißter Proben (Zeyen und Mehl).

In den Abb. 41 bis 43 sind die Festigkeitseigenschaften von Stumpfschweißverbindungen kupferlegierter Stähle (0,1% C; 0,05% Si; 0,4 bis 0,7% Mn; 0,17 bis 1,96% Cu) nach Zeyen und Mehl wiedergegeben. Die Schweißungen wurden mit der Azetylenflamme und dem Metall-Lichtbogen mit blankem, unlegiertem Zusatzwerkstoff, sowie durch

---

[1] Zeyen, K. L. u. A. Mehl: Schmelzschweißg. 10, 264 (1931).

[2] Daeves, K. u. E. H. Schulz: Stahlbau 10, 4 (1937).

[3] Lohmann, F. W.: Mitt. Forsch.-Inst. Ver. Stahlwerke, Dortmund 3, 267 (1932/33).

[4] Haardt, E.: Elektroschweißg. 5, 161 (1934).

elektrische Abschmelzschweißung 6 mm dicker Bleche hergestellt. Unter Beachtung der jetzt vorliegenden Erfahrungen und Verwendung geeigneterer Zusatzwerkstoffe werden sich bei den höheren Kupfergehalten bessere Festigkeitswerte als die in den Abb. 41 bis 43 wiedergegebenen erzielen lassen.

Festigkeitswerte von Stumpfschweißverbindungen, die mit Azetylen-Sauerstoff und mit dem Metall-Lichtbogen in Blechen aus niedrig-legierten Baustählen mit 0 bis 1,05% Cu, 0 bis 0,5% Ni, 0 bis 0,4% Cr und bis zu 0,12% P hergestellt wurden[1], sind in Zahlentafel 19 zusammengestellt. Die Festigkeitswerte entsprechen hohen Anforderungen. Als Zusatzwerkstoff wurde bei der Autogenschweißung der jeweilige Grundwerkstoff benutzt.

Kupfer-Chrom-Baustähle mit etwa 50 bis 60 kg/mm² Festigkeit können mit dem Metall-Lichtbogen, der Azetylenflamme und durch elektrische Widerstandsschweißung geschweißt werden. Eine nachträgliche Glühbehandlung zur Beseitigung von Härtungserscheinungen neben der Naht ist nur bei besonders dickwandigen Teilen erforderlich. Die Stähle noch höherer Festigkeit werden zweckmäßig vorgewärmt oder nach dem Schweißen spannungsfrei geglüht[2]. Zahlentafel 20 zeigt

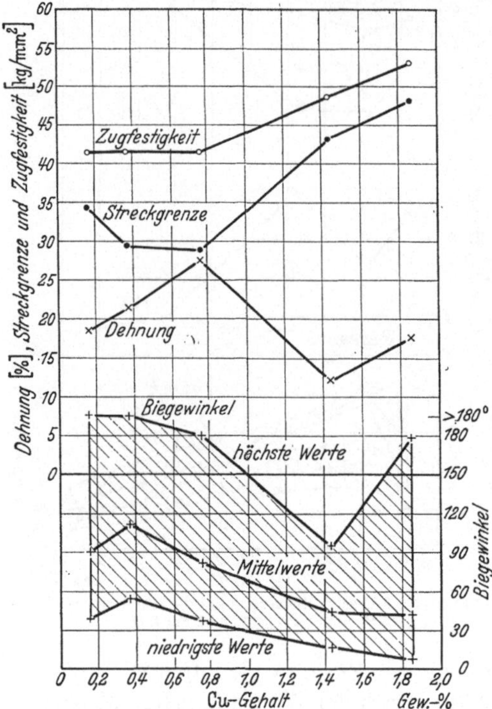

Abb. 43. Festigkeitswerte widerstandsgeschweißter Proben (Zeyen und Mehl).

den Einfluß des Kohlenstoffgehaltes in Mangan-Chrom-Kupfer-Stahl auf die Festigkeitseigenschaften bearbeiteter Stumpfschweißungen in 20 mm dicken Blechen[3]. Der niedriger gekohlte Stahl wird in seinen Festigkeitseigenschaften durch Schweißen nur wenig beeinflußt, während der höher gekohlte im geschweißten Zustand verminderte Festigkeits- und Zähigkeitswerte aufweist, die sich durch Glühen nicht verbessern lassen. Die Dauerfestigkeit bei umlaufender Biegung von

---

[1] Epstein, S., J. H. Nead u. J. W. Halley: Trans. Amer. Inst. min. metallurg. Engrs. **120**, 309 (1936).

[2] Kinzel, A. B. u. W. Crafts: Alloys of Iron and Chromium, New-York 1937 I.

[3] Lohmann, F. W.: Zit. S. 53.

Zahlentafel 19. Festigkeitseigenschaften unbearbeiteter Autogen- und Lichtbogen-Stumpfschweißverbindungen in niedriglegierten Stahlblechen (Epstein, Nead und Halley).

Zusammensetzung in %	Blechdicke mm	Streckgrenze kg/mm²		Zugfestigkeit kg/mm²		Dehnung ($l_0 = 200$ mm) %		Nach Biegen um 180°	
		Autog.	Lichtbog.	Autog.	Lichtbog.	Autog.	Lichtbog.	Autogen	Lichtbogen
0,08 C; 0,12 P; 1,05 Cu; 0,47 Ni	1,5 3,0	48 45	49 47	56 55	55* 54	16 21	12 20	fehlerlos gerissen	schwach angerissen gebrochen
0,08 C; 0,12 P; 1,06 Cu; 0,50 Ni; 0,35 Cr	1,5 3,0	48 46	42 47	57 56	57* 56	21 20	10—19 21	fehlerlos gerissen	schwach angerissen fehlerlos
0,07 C; 0,80 Cu; 0,45 Ni; 0,39 Cr	1,5	43	43	52	52	17	21	schwach angerissen	schwach angerissen
0,08 C; 0,25 Cu	1,5	22,5—29	29	29	35*	29	11—20	fehlerlos	fehlerlos
0,08 C	1,5	29,5	29,5	35	37	9—12	18	fehlerlos	fehlerlos

* Bruch in der Naht, bei den übrigen Proben stets außerhalb der Naht.

Zahlentafel 20. Festigkeitseigenschaften von Rundproben mit 15 mm Durchmesser aus lichtbogengeschweißten, 20 mm dicken Blechen aus Mangan-Chrom-Kupferstahl (Lohmann und Schulz).

Stahl Nr.	Zusammensetzung in %	Streckgrenze kg/mm²			Zugfestigkeit kg/mm²			Dehnung ($l_0 = 10$ mm) %		
		un-geschweißt	geschweißt	geschweißt und geglüht	un-geschweißt	geschweißt	geschweißt und geglüht	un-geschweißt	geschweißt	geschweißt und geglüht
St 52a	0,18 C; 0,4 Si; 1,0 Mn; 0,7 Cu; 0,40 Cr	38	38,5	33,5	59	49	46	25	5	5
St 52b	wie St 52a, aber 0,11 C	38,5	39,5	36	54	54	50,5	29	21	14

Proben mit bearbeiteter Naht aus dem höhergekohlten Stahl betrug $\pm$ 18 kg/mm². Die Abhängigkeit der Streckgrenze und Zugfestigkeit von Stumpfschweißverbindungen der beiden Stähle in Zahlentafel 20 von der Temperatur gibt Abb. 44 wieder. Bei Wahl einer geeigneten Elektrode bleibt die bei Raumtemperatur vorliegende Kerbschlagzähigkeit der Schweißnaht in Chrom - Kupfer - Stahl (0,12% C, 0,75% Cr, 0,5% Cu) bis — 100° erhalten und sinkt erst bei — 120° um 40% ab[1].

K. L. Zeyen[2] erzielte bei Verwendung eines Silizium-Manganhaltigen Zusatzes in 12 mm dicken Blechen mit 0,17% C, 0,45% Si, 0,87% Mn, 0,49% Cu und 0,17% Cr (St 52) einwandfreie Autogen-Stumpfschweißverbindungen.

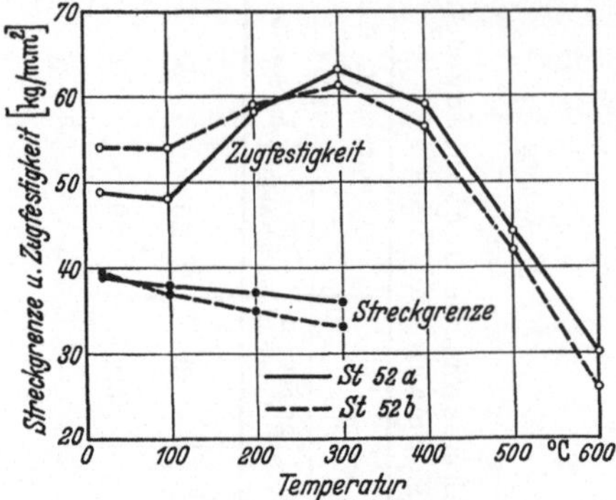

Abb. 44. Streckgrenze und Zugfestigkeit stumpfgeschweißter Proben aus Mangan-Chrom-Kupfer-Stahl (St 52a und b nach Zahlentafel 20) in Abhängigkeit von der Temperatur (Lohmann und Schulz).

F. Nehl[3] untersuchte einen Stahl mit 0,24% C, 0,64 % Cu und geringem Nickelgehalt auf seine Eignung für geschweißte Hochdrucktrommeln. Mit einer Elektrode mit 0,7% Cu und geringem Nickel- und

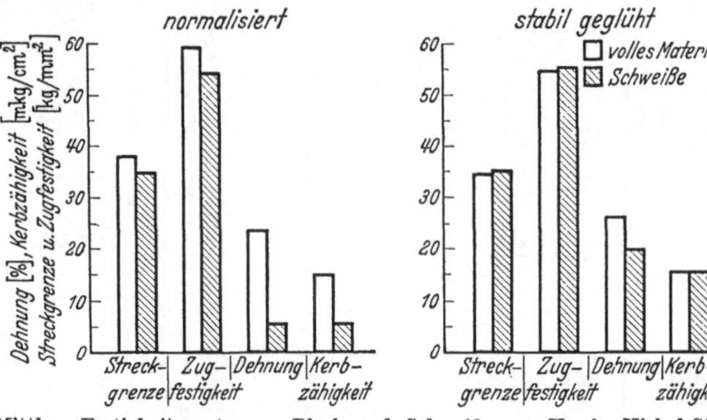

Abb. 45. Mittlere Festigkeitswerte von Blech und Schweiße aus Kupfer-Nickel-Stahl (Nehl).

Molybdängehalt stumpfgeschweißte, 40 mm dicke Bleche ergaben die in Abb. 45 enthaltenen Festigkeitswerte, die im „stabilgeglühten" Zustand (Normalisieren mit Abkühlung auf 500° zur Kornverfeinerung, Weichglühen bei 640 bis 660°) denen des ungeschweißten Bleches gleich-

---

[1] Kinzel, A. B., W. Crafts u. J. J. Egan: Trans. Amer. Inst. min. metallurg. Engrs. **125**, 560 (1937).

[2] Zeyen, K. L.: Techn. Mitt. Krupp **6**, 25 (1938).

[3] Nehl, F.: Elektroschweißg. **7**, 81 (1936).

kommen. Die Schweißverbindungen hatten bei 300 bzw. 500° eine Streckgrenze von 25 bzw. 20 kg/mm², eine Festigkeit von 49 bzw. 50 kg/mm² und eine Dehnung von 20 bzw. 16%. Die Versuche ergaben die Eignung des Stahls für geschweißte Hochdruck-Kesseltrommeln.

Ein in Amerika für Schweißzwecke verwendeter Nickel-Kupfer-Baustahl enthält 0,1 bzw. 0,2% C, 2% Ni und 1% Cu. Die mechanischen Eigenschaften derartiger Stähle[1] enthält Zahlentafel 21 für Stumpfschweißverbindungen, die mit ummantelten Elektroden von der Zusammensetzung des Grundmetalls hergestellt wurden. Die Schweißverbindungen sind von bemerkenswert hoher Festigkeit und Zähigkeit.

Zahlentafel 21. Festigkeitseigenschaften 12,5 mm dicker, stumpfgeschweißter Bleche aus Kupfer-Nickel-Stahl, Metall-Lichtbogenschweißung (Esslinger).

Zusammensetzung von Grund und Zusatzwerkstoff in %	Zustand	Streckgrenze kg/mm²	Zugfestigkeit kg/mm²	Biegewinkel Grad	Bruchdehnung %
0,08 C; 2,0 Ni; 1,0 Cu	geschweißt	40,5	49,5	180	40
	spannungsfreigeglüht	43,0	51,5	180	42
	geglüht	44,0	52,0	180	42
0,20 C; 2,0 Ni; 1,0 Cu	geschweißt	46,5	64,0	45	14
	spannungsfreigeglüht	48,5	64,5	180	31
	geglüht	48,0	63,5	180	32

Zur Vermeidung zu weitgehender Härtung der wärmebeeinflußten Zone des höhergekohlten Stahls (0,2% C) ist Vorwärmen auf 100 bis 150° erforderlich. Der mit Zusatzwerkstoff von genügend hohem Kupfergehalt geschweißte Stahl läßt sich durch Aushärten auf höhere Festigkeit bringen, ohne wesentliche Erniedrigung der Dehnung[2]. Doch wird die Kerbschlagzähigkeit herabgesetzt. Daher wird die Aushärtung von Schweißverbindungen, die bei allen genügend kupferhaltigen Stählen und Zusatzwerkstoffen mit nicht zu hohem Kohlenstoffgehalt möglich ist, bisher technisch kaum verwendet. Der 2% Ni — 1% Cu-Stahl ist auch autogen gut schweißbar[3].

Ein ebenfalls gut schweißbarer Stahl ist ein Baustahl mit 1,5% Cu, 1% Ni, 0,1% Mo und 0,1% C. Der höhergekohlte, sonst gleich zusammengesetzte Stahl neigt ab 0,2% Kohlenstoff zu starker Härtung der wärmebeeinflußten Zone. Schweißverbindungen des niedriggekohlten Stahls erreichen die Festigkeitswerte des ungeschweißten Grundwerkstoffes. Zahlentafel 22 gibt Festigkeitseigenschaften von stumpfgeschweißten, 12 mm dicken Blechen nach W. L. Warner[4] wieder. Die Elektrode

[1] Esslinger, F. J.: J. Amer. Weld. Soc. 15, Nr 1, 18 (1936).
[2] Jennings, C. H.: How to Weld 29 Metals, Westinghouse E. u. M. Co (1937).
[3] Critchett, H. J.: J. Amer. Weld. Soc. 17, Nr 1 Supplement, 8 (1938).
[4] Warner, W. L.: J. Amer. Weld. Soc. 15, Nr 10, Supplement, 2 1(1936).

enthielt 0,5 % Mo und 0,13 % C. Eine Aushärtungsbehandlung bei 510° führt zu verbesserten Festigkeitswerten.

Zahlentafel 22. Festigkeitseigenschaften stumpfgeschweißter, 12,5 mm dicker Bleche aus Kupfer-Nickel-Molybdän-Stahl. Metall-Lichtbogenschweißung (Warner).

Zusammensetzung in %	Zustand	Elastizitätsgrenze kg/mm^2	Zugfestigkeit kg/mm^2	Dehnung ($l_0 = 25$ mm) %
0,09 C; 0,85 Mn; 0,03 Si; 1,08 Ni; 0,1 Mo; 1,60 Cu	gewalzt	29,5	61,0	46,5
	geschweißt	31,5	60,0	32,5
0,23 C; 0,72 Mn; 0,02 Si; 0,79 Ni; 0,15 Mo; 1,56 Cu	gewalzt	41,0	74,0	40,0
	geschweißt	37,5	70,0	22,0

An 50 mm dicken Blechen aus Kesselbaustahl mit 0,16 % C, 0,2 % Si, 0,8 % Mn, 0,33 % Cu, 0,31 % Ni, 0,34 % Mo und 0,2 % Cr, die mit einer X-Naht elektrisch geschweißt und bei 600° geglüht wurden, haben H. Schottky und W. Ruttmann[1] Dauerstandversuche bei 400 bis 550° ausgeführt. Die Beanspruchung war senkrecht zur Schweißnaht. Diese und die wärmebeeinflußte Zone lagen innerhalb der Meßlänge von 100 mm. Die Proben aus dem geschweißten Blech hatten eine 10 bis 20 % höhere Dauerstandfestigkeit als ein ungeschweißter Werkstoff gleicher Art, aber aus einer anderen Schmelzung. Die Dauerstandfestigkeit der Schweißproben (50 h-Versuch) betrug 24,2; 21,0; 15,1 und 7,7 kg/mm^2 bei 400, 450, 500 und 550°.

Stahl mit 0,10 bis 0,15 % C, 0,40 bis 0,50 % Cu, 0,30 bis 0,40 % Cr, 0,1 bis 0,15 % Mo, 0,7 % Mn und 0,2 % Si ist für hochbeanspruchte, geschweißte Bauteile geeignet.

Die Anwesenheit von metallischem Kupfer auf dünnen Blechen, das z. B. infolge einer Verkupferung oder der selektiven Oxydation beim Glühen höher kupferhaltiger Stähle vorhanden sein kann, ruft beim Schweißen Störungen hervor, sofern die Schweißung unter Einspannung erfolgt. Bei Versuchen von H. Cornelius[2] trat bei leicht verkupferten, 1 mm-Dünnblechen aus Kohlenstoff- und Chrom-Molybdän-Stahl beim Schweißen in einer Einspannvorrichtung[3] starke Schweißrissigkeit an den sonst schweißrißunempfindlichen Blechen ein. Als Ursache wurde Lötbrüchigkeit angenommen, da bei dem Abkühlen nach dem Schweißen sowohl flüssiges Kupfer neben der Naht vorhanden ist, wie auch infolge der durch die Einspannung behinderten Schrumpfung Zugbeanspruchungen auf die Naht und ihre auf hoher Temperatur befindliche Umgebung einwirken. Unter den gleichen Bedingungen ge-

---

[1] Schottky, H. u. W. Ruttmann: Wärme **61**, Nr 8, 144 (1938).

[2] Cornelius, H.: Arch. Eisenhüttenw. **12**, 457 (1938/39).

[3] Bollenrath u. H. Cornelius: Arch. Eisenhüttenw. **10**, 653 (1936/37).

schweißte, 2 mm dicke, verkupferte Bleche zeigten keine Schweißrissigkeit. Hierin liegt kein Widerspruch zu der für die Rissigkeit der verkupferten 1 mm-Bleche gegebenen Erklärung. Die Einspannlänge in der Schweißvorrichtung war für die 1 und 2 mm-Bleche gleich. Die Erwärmung der verschieden dicken Bleche dürfte wegen der der Blechstärke angepaßten Wärmelieferung der Schweißflamme ebenfalls überschlägig gleich sein. In den dickeren Blechen kühlt aber die Schweißnaht und ihre Umgebung durch Ableitung der Wärme in den kalten Teil des Bleches rascher ab als in dünneren Blechen. Dagegen erfolgt die Abkühlung der dickeren Bleche als Ganzes durch Wärmeübergang an die Luft wegen des ungünstigeren Verhältnisses von Oberfläche zu Volumen langsamer als bei dünneren Blechen. Deshalb treten wesentliche Zugkräfte senkrecht zur Naht durch Schrumpfwirkung bei den dickeren Blechen erst bei niedrigeren Temperaturen der Naht und ihrer Umgebung auf, und zwar von einer bestimmten Blechstärke ab erst dann, wenn die Temperatur an der Naht schon unter den Kupferschmelzpunkt gesunken ist. Da nun die Lötbrüchigkeit des Stahls durch flüssiges Kupfer nur dann entsteht, wenn an der mit dem Kupfer benetzten Stahloberfläche eine genügende Zugspannung herrscht, ist zu erwarten, daß von einer bestimmten Blechdicke an beim Schweißen unter Einspannung keine Lötbrüchigkeit verkupferter Stahlbleche mehr eintritt. Diese Blechdicke war unter den Versuchsbedingungen mit 2 mm bereits überschritten.

Zahlreiche, niedriglegierte Baustähle höherer Festigkeit gehören zu den kupferhaltigen, gut schweißbaren Stählen. Einige sind angeführt worden, weitere sind in dem Abschnitt „Baustähle" behandelt.

8. Chemisches Verhalten der Kupferstähle.

a) Bestimmung des Kupfers im Stahl. Auf eine Darstellung der Bestimmung des Kupfers im Stahl kann hier verzichtet werden. Es liegt eine große Anzahl neuer, praktisch brauchbarer Verfahren vor[1]. Diese haben aber die bereits länger bekannten Verfahren nicht verdrängen können, und so erfolgt im allgemeinen die Bestimmung des Kupfers entweder gewichtsanalytisch als Kupfersulfür oder Kupferoxyd, oder elektrolytisch als metallisches Kupfer. Von einiger praktischer Bedeutung ist ein von K. Daeves und G. Tichy[2] angegebenes, einfaches Verfahren zur Unterscheidung von ungekupfertem und gekupfertem Stahl. Die Stahlproben werden bei 800 bis 900° oxydierend geglüht und in verdünnter Salzsäure gebeizt. Nach Entfernung der Oxydhaut zeigt Stahl mit weniger als 0,12% Cu eine silbergraue bis mattgraue Oberfläche, Stahl mit mehr als 0,2% Cu dagegen eine fleckig oder gleichmäßig kupferrot gefärbte Oberfläche. Das Verfahren ist als Kurzprüfung zum Erkennen von Werkstoffverwechslungen geeignet.

[1] Klinger, P.: Techn. Mitt. Krupp, Forschungsber. **1938**, H. 11, 181.
[2] Daeves, K. u. G. Tichy: Stahl u. Eisen **49**, 1379 (1929).

b) Korrosionsverhalten. α) Witterungsbeständigkeit. Lange Zeit war die Frage umstritten, ob ein Zusatz von Kupfer zum Stahl sein Korrosionsverhalten günstig beeinflußt oder nicht. Heute weiß man, daß die früher widersprechenden Ansichten über diesen Punkt darauf zurückzuführen sind, daß man nicht auseinandergehalten hat einerseits das Verhalten kupferlegierter Stähle gegenüber der Einwirkung der Atmosphärilien (Feuchtigkeit, Regen, Industriegase), die dadurch gekennzeichnet ist, daß in verschiedenen Zeitabständen immer wieder ein Trocknen der Stahloberfläche eintritt, und andererseits das Verhalten bei ständigem oder wenigstens vorwiegendem Untertauchen in Flüssigkeiten. Im Falle des Angriffs durch Atmosphärilien ergibt ein Kupferzusatz zum Stahl eine erhöhte Beständigkeit, während bei ständigem Eintauchen in Flüssigkeiten ein Kupferzusatz nur in Sonderfällen einen erhöhten Korrosionswiderstand bedingt. Der kupferlegierte Stahl gehört demnach zu den witterungsbeständigen oder schwerrostenden Stählen, deren Definition nach K. Daeves[1] lautet: „Als witterungsbeständige oder schwerrostende Stähle bezeichnet man — im Gegensatz zu den hochlegierten, sogenannten nichtrostenden Stählen — Reineisensorten und niedriglegierte Stahlgruppen, die zwar an sich rosten, aber einen gegenüber gewöhnlichen Stählen erhöhten Rostungswiderstand und dadurch eine erhöhte Lebensdauer aufweisen".

Im folgenden wird zunächst der Rostungswiderstand kupferlegierter Stähle an der Atmosphäre behandelt. Der nächste Abschnitt ist dem Rostungsverhalten bei Angriff durch Flüssigkeiten ohne genügend häufige Möglichkeit des Wiedertrocknens, und die daran anschließenden Abschnitte sind der Bodenkorrosion und der Säurelöslichkeit kupferlegierter Stähle gewidmet. Hierauf folgt die Besprechung der Wirkung eines Kupferzusatzes auf die Korrosionsbeständigkeit nichtrostender Stähle. Endlich wird auf die Ansätze zur Theorie der Korrosion kupferhaltiger Stähle eingegangen.

Die wirtschaftliche Bedeutung der Verminderung der Rostungsneigung des Stahls geht daraus hervor, daß in Deutschland der jährliche Rostverlust an Stahl, von K. Daeves und K. Trapp[2] aus Erfahrungszahlen über die durchschnittliche Rostungsgeschwindigkeit berechnet, etwa 125 000 t im Werte von etwa 8 Millionen Reichsmark entspricht. Eines der wichtigsten und ein billiges Mittel zur Verminderung der Rostungsneigung sind kleine Kupferzusätze zum Stahl, die man zum Teil durch Verwendung kupferhaltiger Erze zur Roheisengewinnung ohne weiteres erhält.

Die mit einem Kupfergehalt zur Erhöhung der Witterungsbeständigkeit hergestellten Stähle werden als „gekupferte Stähle" bezeichnet.

---

[1] Daeves, K.: Werkstoffhandbuch Stahl und Eisen, 2. Aufl., S. 081—1. Düsseldorf 1937.

[2] Daeves, K. u. K. Trapp: Stahl u. Eisen **57**, 169 (1937).

Die Höhe des Kupfergehaltes liegt meist bei mindestens 0,2 bis 0,3%. Überschreitet der Kupfergehalt 0,5%, so dient er neben der Verbesserung der Witterungsbeständigkeit auch einer wesentlichen Beeinflussung der mechanischen Eigenschaften.

Ein besonderes wichtiges Ergebnis der zahlreichen Untersuchungen über die Witterungsbeständigkeit gekupferter Stähle, das in Deutschland von K. Daeves wiederholt hervorgehoben wurde[1], ist die Feststellung, daß kurzzeitige Laboratoriumsversuche irgendwelcher Art oder kurzzeitige Bewitterungsversuche nicht nur keine sicheren Unterlagen für das praktische Korrosionsverhalten liefern, sondern zu völligen Fehlurteilen führen können. Vielmehr kann die Witterungsbeständigkeit schwerrostender Stähle eindeutig nur in mehrjährigen Naturrostversuchen nachgewiesen werden. Auch hierbei können zahlreiche Umstände das Ergebnis beeinflussen, so daß die Forderung nach Prüfung möglichst zahlreicher Proben unter möglichst verschiedenen Bedingungen erhoben werden muß. Es hat sich gezeigt, daß neben Umständen, deren Bedeutung bekannt ist, wie z. B. die Beschaffenheit der Probenoberfläche, scheinbar unwichtige, wahrscheinlich zum Teil auch noch unbekannte Umstände (nach K. Daeves: Höhenlage der Proben über dem Boden, Art der Probenaufhängung, Auftreffwinkel von Regen

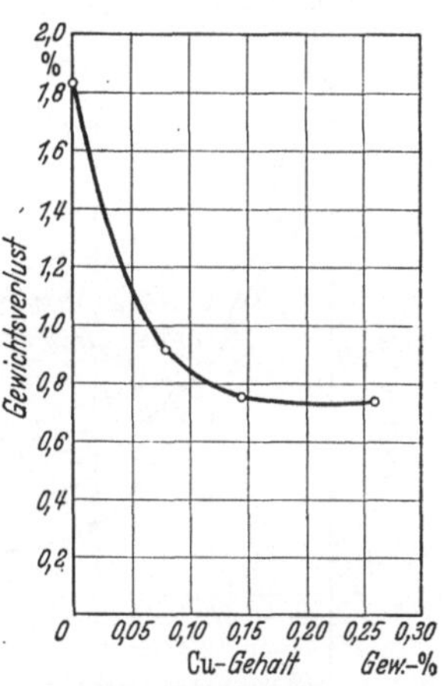

Abb. 46. Gewichtsverluste von Bessemerstahl (Williams).

und Wind, Dauer der Sonnenbestrahlung u. dgl.) die Ergebnisse von Naturrostungsversuchen entscheidend beeinflussen können. Hinzu kommt, daß die Stärke des Angriffs grundsätzlich von der Art der Atmosphäre abhängt. Es ist bei der großen Zahl von Einflußgrößen verständlich, daß bei Einzelversuchen durchaus nicht immer eine Übereinstimmung in den Ergebnissen verschiedener Beobachter erwartet werden kann.

Nachfolgend wird auf einige Untersuchungen über die Witterungsbeständigkeit gekupferter Stähle[2] näher eingegangen. Es sei zunächst hervorgehoben, daß die verminderte Rostneigung von gekupferten Stählen frühzeitig vor allem in den Vereinigten Staaten von Amerika praktisch ausgenutzt wurde. Während hier im Jahre 1925 bereits

---

[1] Siehe unter anderem „Stähle mit erhöhtem Rostwiderstand" in dem Buche: Die Korrosion metallischer Werkstoffe, Bd. 1. Leipzig 1936.

[2] Zahlreiche Schrifttumsangaben und Patente über gekupferten Stahl bis Anfang 1931 in: The first Report of the Corrosion Committee of the Iron and Steel Institute and the National Federation of Iron and Steel Manufacturers (Mexborough Times Printing Co. Ltd. 1931).

1 Million Tonnen gekupferter Stahl hergestellt wurden[1], wurde zur gleichen Zeit in Deutschland noch kein gekupferter Stahl erschmolzen. In unserem Land hat K. Daeves[2] als einer der Ersten die Bedeutung der gekupferten Stähle betont.

In Abb. 46 sind die Ergebnisse der ersten planmäßigen Versuche[3] über die Witterungsbeständigkeit von gekupferten Stählen wiedergegeben. Hiernach nimmt der Gewichtsverlust der Bessemerstähle an der Atmosphäre mit einem von 0 auf etwa 0,15% Cu ansteigenden Gehalt rasch, und mit weiter steigendem Kupfergehalt nur noch

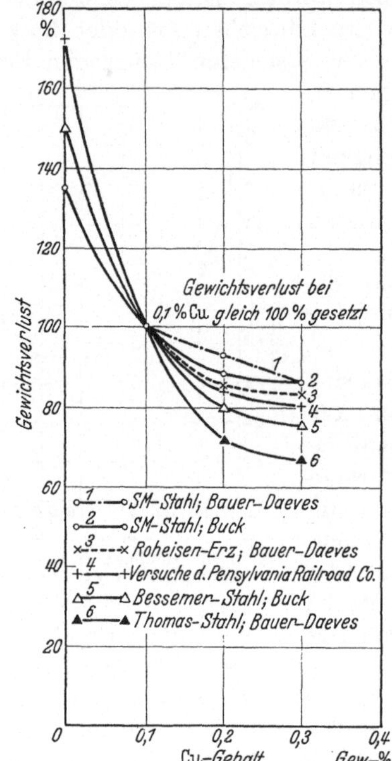

Abb. 47. Einfluß des Kupfergehaltes von Stahl auf den Gewichtsverlust an der Atmosphäre (Daeves).

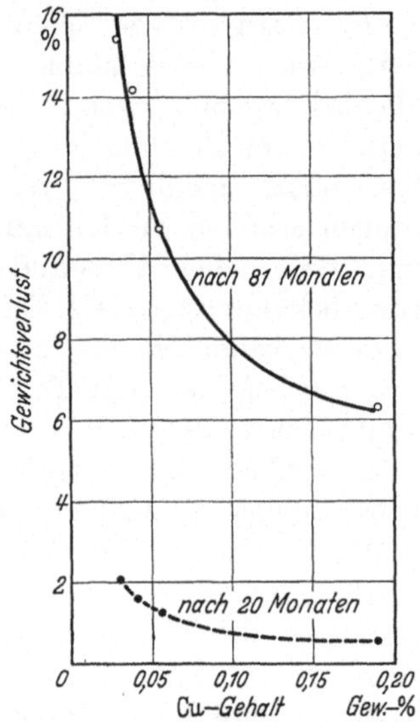

Abb. 48. Gewichtsverlust von Stahlschwellen in Abhängigkeit vom Kupfergehalt (Daeves).

allmählich ab. Diese Feststellungen wurden durch zahlreiche spätere Versuche bestätigt. Dies zeigt eine Zusammenstellung der bis zum Jahre 1926 vorliegenden Versuchsergebnisse in Abb. 47 nach K. Daeves. Das besonders gute Verhalten des Thomasstahls ist auf dessen erhöhten Phosphorgehalt zurückzuführen, was weiter unten noch belegt wird. Die Abb. 47 enthält auch die Ergebnisse von O. Bauer[4] in der von

---

[1] Trans. Amer. Soc. Steel Treat 8, 723 (1925).
[2] Daeves, K.: Die Witterungsbeständigkeit gekupferten Stahls. Stahl u. Eisen 46, 1857 (1926). Übersicht über das Schrifttum bis 1926.
[3] Williams, F. H.: Iron Age 66, 16 (1900).
[4] Bauer, O.: Mitt. Mat.Prüf.Amt 38, 85 (1920).

K. Daeves durchgeführten Auswertung. Insgesamt ist aus dem Kurvenverlauf zu entnehmen, daß ein Kupferzusatz von mehr als 0,3% zur Erzielung der Witterungsbeständigkeit von geringem, weiterem Nutzen und daher unwirtschaftlich ist, gegenüber Gehalten von 0,2 bis 0,3% Cu.

Die durch Versuche an Proben erhaltenen Ergebnisse haben schon frühzeitig ihre Bestätigung durch betriebliche Großversuche[1] gefunden. Hervorzuheben ist ein amerikanischer Großversuch mit 200 Eisenbahnwagen, die je zur Hälfte aus ungekupfertem und gekupfertem Stahl hergestellt wurden. Der erste Ersatz der Bleche und Nieten an den Oberkästen aus ungekupfertem Stahl mußte nach 10 Jahren, der der gleichen Teile aus gekupfertem Stahl erst nach 15 Jahren vorgenommen werden. Großversuche der American Society for Testing Materials gemeinsam mit der amerikanischen, Stahlbleche erzeugenden Industrie ergaben unter verschiedenen atmosphärischen Bedingungen ebenfalls eine um 50% erhöhte Lebensdauer der gekupferten im Vergleich zu den nicht gekupferten Blechen[2].

Zahlentafel 23. Korrosionsverhalten verschiedener Stahlbleche unter verschiedenen atmosphärischen Bedingungen (A.S.T.M., nach K. Daeves).

Stahlsorte *	Zahl der Versuchsbleche	Liegezeit in Monaten	Am Ende der Liegezeit zerstört	
			Anzahl	%
Industrieluft (Pittsburgh)				
1	28	41	25	89,4
2	39	41	39	100
3	37	41	16	43
4	12	41	12	100
5	97	41	12	12,4
Landluft (Fort Sheridan)				
1	44	132	38	86,4
2	36	132	36	100
3	38	132	38	100
4	12	132	2	16,7
5	86	132	10	11,6
Seeküstenluft (Annapolis)				
1	38	162	15	39,5
2	38	162	21	55,2
3	37	162	0	0
4	11	162	0	0
5	100	162	0	0

* 1 = gewöhnlicher Stahl ohne Cu. 2 = Reineisen ohne Cu. 3 = Reineisen mit Cu. 4 = Puddeleisen mit 0,28% Cu. 5 = gekupferter Stahl.

Die schon erwähnte Bedeutung der Prüfdauer für den Nachweis der Witterungsbeständigkeit wird durch die Abb. 48 belegt. Aus ihr entnimmt man, daß der günstige Einfluß des Kupfergehaltes auf den Gewichtsverlust von Eisenbahnschwellen an der Atmosphäre nach mehr als 80 Monaten ganz bedeutend klarer als nach nur 20 Monaten in Erscheinung tritt.

Beispiele für das Korrosionsverhalten verschiedener Stahlbleche (0,79 mm Schwarzbleche) unter dem Einfluß der atmosphärischen

---

[1] Mech. Engng. **47**, 875 (1925).

[2] Proc. Amer. Soc. Test. Mater. **26**, 142 (1926). Vgl. auch Eisenkolb, F.: Korrosion u. Metallsch. **10**, 161 (1934).

Bedingungen gibt Zahlentafel 23[1] wieder. Dieser Einfluß ist beträchtlich. Der Ausfall der Stahlbleche ohne Kupfer beträgt in der durch den Gehalt an Rauchgasen gekennzeichneten Industrieluft schon nach 41 Monaten beinahe 90 %. Ein etwas niedrigerer Ausfall wird an Landluft (Binnenklima) erst nach 132 Monaten erreicht. Im Seeküstenklima sind sogar nach 162 Monaten (13½ Jahre) erst knapp $^2/_5$ der Bleche zerstört. Eine starke Überlegenheit des gekupferten über den ungekupferten Stahl ist unter allen berücksichtigten atmosphärischen Bedingungen eindeutig vorhanden. Auch gegenüber Reineisen und Puddeleisen verhalten sich die gekupferten Stähle besser. Aus den in Zahlentafel 23 mitgeteilten und aus weiteren Erfahrungen ergibt sich, daß die Stärke des Angriffs in der Reihenfolge 1. trockne, reine Luft, 2. Seeluft, 3. Industrieluft zunimmt. In der stark angreifenden Industrieluft ergibt sich auch über lange Zeiten ein linearer Verlauf des durch Verrostung eintretenden Gewichtsverlustes, während man auf Grund von Versuchsunterlagen schließen darf, daß die Korrosion in Landluft nach sehr langen Zeiten nur noch wenig fortschreitet bzw. allmählich zum Stillstand kommt[2]. Die Abhängigkeit der Rostungsgeschwindigkeit des Stahls von seinem

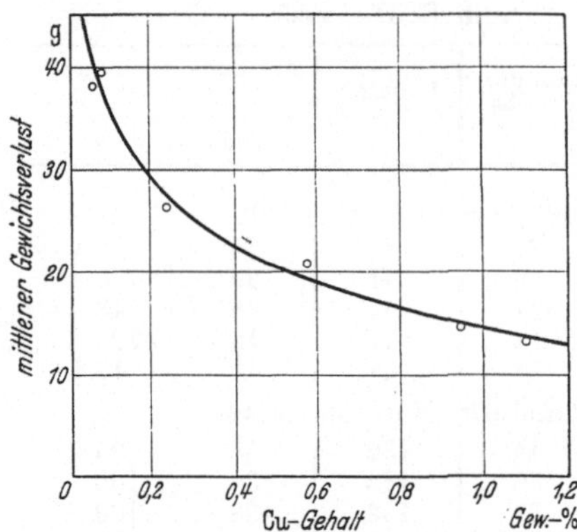

Abb. 49. Einfluß des Kupfergehaltes auf den Gewichtsverlust von Blechen in heißen Abgasen (Storey).

Kupfergehalt ist in Industrie- und Landluft die gleiche. In der Luft von Industriebezirken kommt ein Kupferzusatz von 0,2 bis 0,3 % zum Stahl in einer Erhöhung der Lebensdauer um etwa 50 % zum Ausdruck, sofern die Lebensdauer der Bauteile überhaupt durch ihr Rostverhalten bestimmt ist. Während der angegebene Kupfergehalt von 0,2 bis 0,3 % im Hinblick auf wirtschaftliche Gesichtspunkte und das Korrosionsverhalten an der Atmosphäre, wie auch unter der Einwirkung kalter Feuerungsgase einen Bestwert darstellt, bedingen gegen heiße Feuerungsgase höhere Kupfergehalte nach Abb. 49 eine bessere Schutzwirkung[3]. Diese kommt besonders dann zur Geltung, wenn die Feuerungsgase aus minderwertigen Brennstoffen entstanden und stärker schwefelhaltig sind.

C. H. Lorig[4] weist auf Beobachtungen über einen Wiederabfall der Witterungsbeständigkeit mit über 0,5 % ansteigendem Kupfergehalt des

---

[1] Amer. Soc. Test. Mater. Report of Committee A—5 on Corrosion of Iron and Steel (1928 und 1930).

[2] Daeves, K.: Naturwiss. 23, H. 28 (1935).

[3] Storey, O. W.: Trans. Amer. Electrochem. Soc. 32, 285 (1917); 39, 175 (1921).

[4] Lorig, C. H.: Metal. Progr. 27, 53 (1935).

Stahls hin. Seine aus allerdings nur 300tägigen Bewitterungsversuchen in Seeluft erhaltenen Ergebnisse zeigt Zahlentafel 24. Man darf hieraus schließen, daß ein Abfall der Witterungsbeständigkeit bei höheren Kupfergehalten unter Umständen dann eintritt, wenn das Kupfer sich nicht vollständig (geglühte Proben) in fester Lösung befindet.

Eine abschließende Bewertung der bisher vorliegenden Beobachtungen über den Einfluß des Kupfergehaltes auf die Rostneigung von Stahl an der Atmosphäre haben K. Daeves und K. Trapp[1] mit Hilfe von Großzahluntersuchungen in neuester Zeit ausgeführt. Die Ergebnisse sind kurz zusammengefaßt folgende: Bei einem Kupfergehalt des Stahls von 0,2% tritt in Industrieluft eine Rostgeschwindigkeit von etwa 0,075 mm/Jahr (entsprechend etwa 600 g/m²/Jahr), in Landluft von 0,02 mm/Jahr ein (entsprechend etwa 150 g/m²/Jahr). Die Zahlen für Stadtluft liegen zwischen diesen Werten. Der Kupfergehalt von 0,2% setzt den Rostangriff gegenüber einem Kupfergehalt von 0,02% auf etwa die Hälfte herunter.

Zahlentafel 24. Einfluß der Warmbehandlung auf die Witterungsbeständigkeit von Kupferstahl (Lorig).

Kupfergehalt %	Warmbehandlung	Gewichtsverlust in g/cm²
0,02	geglüht	0,0167
0,20	geglüht	0,0150
0,50	geglüht	0,0144
1,02	geglüht	0,0156
1,02	abgeschreckt von 780° C	0,0136

Der günstige Einfluß von Kupfer auf das Rostverhalten des Stahls in verschiedenen Atmosphären kann schon durch Zulegieren weiterer Elemente in Prozentsätzen, die in niedriglegierten Baustählen üblich bzw. zulässig sind, weiter verstärkt werden. Als besonders wirksam hat sich, vor allem bei Kupfergehalten über 0,15%, ein Phosphorgehalt von mehr als 0,06% erwiesen. Im Zusammenhang mit dieser Feststellung kann man das gute Verhalten alter Gegenstände aus Eisen ihrem erhöhten Phosphor- oder bzw. und Kupfergehalt zuschreiben. Außerdem ist allerdings noch zu beachten, daß die Atmosphäre in früheren Zeiten wegen der geringen oder fehlenden Industrie reiner war als heute.

V. V. Kendall und E. S. Taylerson[2] haben aus Versuchen der American Society for Testing Materials[3] für Stähle mit 0,15 bis 0,3% Cu und 0,1% P eine Lebensdauer von 2300 Tagen gegenüber 1300 Tagen für entsprechende Stähle mit nur 0,01% P abgeleitet. Die günstige Wirkung des Phosphors geht auch aus den von K. Daeves[4] ausgewerteten Versuchen von O. Bauer (zit. S. 62) hervor. Die nach Abb. 50

---

[1] Daeves, K. u. K. Trapp: Stahl u. Eisen 58, 245 (1938). Zahlreiche Einzelergebnisse, wichtige Schrifttumshinweise.

[2] Kendall, V. V. u. E. S. Taylerson: Proc. Amer. Soc. Test. Mater. 29 II, 204 (1929).

[3] Reports of Committee A—5.

[4] Daeves, K.: Arch. Eisenhüttenw. 9, 37 (1935/36).

unterschiedlichen Gewichtsverluste besonders von Siemens-Martin-
Stählen einerseits und Thomasstählen andererseits wurden früher dem
Einfluß des Herstellungsverfahrens
zugeschrieben, während sie, wie aus
der Abbildung zu entnehmen ist,

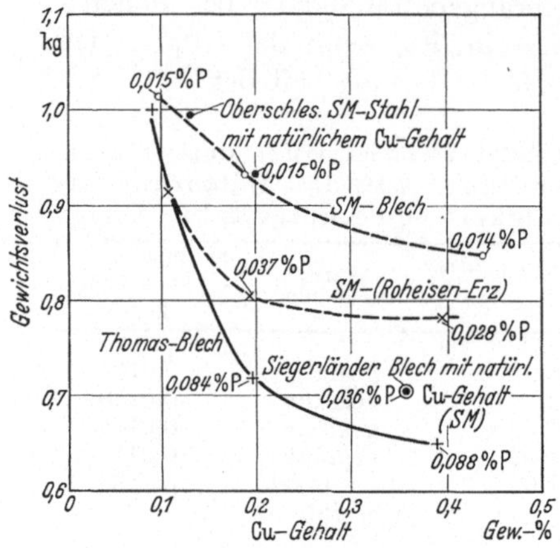

Abb. 50. Einfluß des Kupfergehaltes auf das
Verrosten an der Luft.
(Nach Daeves, Werte nach Bauer.)

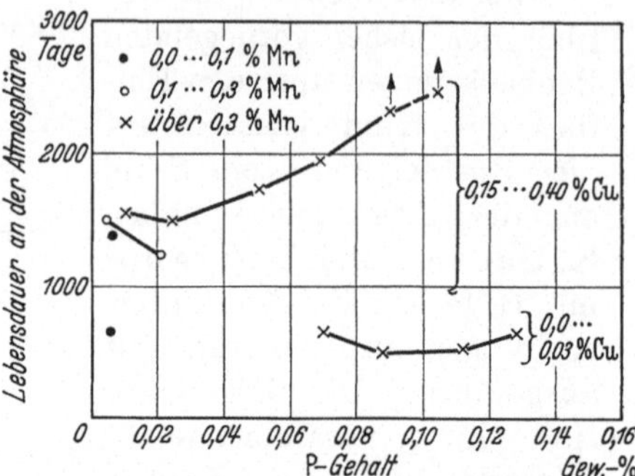

Abb. 51. Lebensdauer ungekupferter und ge-
kupferter Stahlbleche an der Atmosphäre in
Abhängigkeit vom Phosphor- (und Mangan-)
Gehalt (Kendall und Speller).

durch den unterschiedlichen Phosphorgehalt besser zu erklären sind.
Das hinsichtlich des Rostungsverhaltens günstige Zusammenwirken eines
Phosphor- und Kupfergehaltes im Stahl
wird weiter noch durch Abb. 51 belegt,
aus der außerdem hervorzugehen
scheint, daß Mangangehalte über 0,3 %
in höher phosphorhaltigen, gekupferten
Stählen niedrigeren Mangangehalten
vorzuziehen sind[1].

C. H. Lorig und D. E. Krause[2]
haben die ersten Ergebnisse von noch
laufenden Bewitterungsversuchen an
Blechen mit Phosphorgehalten von 0,016
bis 1,07 % ohne und mit gleichzeitig
vorhandenen Kupfergehalten von 0,31
bis 4,7 % mitgeteilt. Wie Abb. 52 zeigt,
ist nach 12 Monaten Versuchsdauer ein
sehr eindeutiger Einfluß des Phosphors
vorhanden. Die Abnahme des Gewichtsverlustes ist unterhalb 0,2 % P am

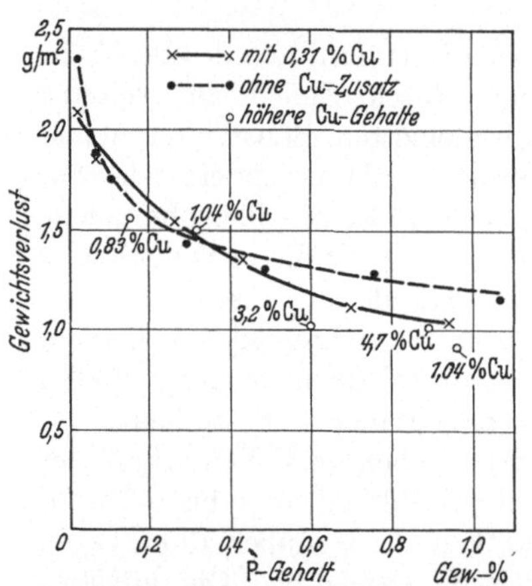

Abb. 52. Gewichtsverlust von einseitig
12 Monate der Witterung ausgesetzten
Blechen aus Phosphor- und Phosphor-
Kupfer-Stählen (Lorig und Krause).

stärksten. Zu Aussagen über die zusätzliche Wirkung des Kupfers ist
vielleicht die Versuchsdauer noch zu kurz. Ein günstiger Einfluß des

---

[1] Kendall, V. V. u. F. N. Speller: Industr. Engng. Chem. 23, 735 (1931).
[2] Lorig, C. H. u. D. E. Krause: Metals & Alloys 7, 69 (1936).

Kupfers ist nur bei Phosphorgehalten über 0,4% vorhanden. Die hohen Kupfergehalte von 1,0 bis 4,7% wirken bei diesen hohen, technisch nicht verwertbaren, wie auch bei niedrigeren Phosphorgehalten nicht anders als 0,3% Cu. Weitere Ergebnisse dieser Versuche nach längeren Versuchszeiten werden interessant sein.

Hinsichtlich des Einflusses des Mangangehaltes auf die Rostungsneigung gekupferter Stähle wurde nach Abb. 51 geschlossen, daß Mangangehalte über 0,3% günstiger als solche unter 0,3% seien. Andererseits findet sich der Hinweis, daß für Bleche, die der Witterung ausgesetzt sind und 0,3 bis 0,5% Cu enthalten, der Mangangehalt unter 0,5% liegen soll, da höhere Mangangehalte die Rostungsneigung schwach schädlich beeinflussen[1].

Ein Zusatz von 0,15% Mo vermindert noch die Rostungsneigung gekupferter Stähle. Besondere Vorteile verspricht man sich von dieser Wirkung des Molybdäns in Industrieluft. F. Eisenkolb[2] konnte eine Verstärkung der Wirkung eines Kupfergehaltes von 0,33% auf die Witterungsbeständigkeit von weichem Stahl mit 0,05% C schon durch 0,08% Mo bei Bewitterungsversuchen (38 Monate) in Industrie- und Landluft feststellen.

Die Beständigkeit gekupferter Stähle mit 0,25% Cu an der Atmosphäre verdoppelt sich nach F. N. Speller[3] durch zusätzliches Legieren mit 1% Cr. Niedriglegierte Stähle dieser Art finden eine umfassende Verwendung für Teile von Bauten und Fahrzeugen, die dem Angriff der Atmosphäre ausgesetzt sind. Stähle mit 0,05 bis 0,25% C, 0,3 bis 0,6% Cu und bis etwa 3% Cr halten B. D. Saklatwalla und A. W. Demmler[4] auf Grund von Versuchen an Laboratoriumsschmelzen für besonders wichtig, da sie hinsichtlich ihres Korrosionsverhaltens das Bindeglied zwischen den gekupferten Stählen und den eigentlichen rostbeständigen Chromstählen darstellen sollen. Die Stähle zeichnen sich durch ihr auch im Glühzustand hohes Streckgrenzenverhältnis aus.

Neuerdings hat K. Daeves[5] den Einfluß eines Zinngehaltes auf die Rostungsgeschwindigkeit von Drähten aus ungekupferten und gekupferten weichen Stählen in 70 Monate dauernden Rostungsversuchen in Industrieluft untersucht. Im älteren Schrifttum[6] findet sich bereits der Hinweis, daß 0,3% Sn die Beständigkeit des Stahls gegenüber Korrosionseinflüssen erhöht. Die neuen Bewitterungsversuche geben

---

[1] Samorujew, G. M. u. J. N. Samorujewa: Metallurg 10, Nr 4, 3 u. Nr 5, 13 (1935) nach Chem. Zbl. 107 I, 1692 (1936).

[2] Eisenkolb, F.: Korrosion u. Metallsch. 10, 161 (1934).

[3] Speller, F. N.: Trans. Amer. Inst. min. metallurg. Engrs. 1933/34. Techn. Publ. Nr. 553.

[4] Saklatwalla, B. D. u. A. W. Demmler: Trans. Amer. Soc. Steel Treat. 15 I, 36 (1929).

[5] Daeves, K.: Stahl u. Eisen 58, 603 (1938).

[6] Burgess, C. F. u. Aston: Industr. Engng. Chem. 5, 458 (1913).

hierfür eine Bestätigung, wie die Versuchsergebnisse in Zahlentafel 25 zeigen. Hieraus hat K. Daeves folgende Schlüsse gezogen: 1. in einem weichen Stahl mit einem Kupfergehalt von 0,27% ruft ein Zinngehalt von 0,3% eine Erniedrigung der Rostungsgeschwindigkeit hervor, wie sie durch Erhöhung des Phosphorgehaltes von 0,015 auf 0,125% herbeigeführt wird. 2. In einem weichen Stahl mit 0,09% Cu hat 0,3% Sn die gleiche Wirkung wie eine Erhöhung des Kupfergehaltes auf 0,27%. 3. Bei Anwesenheit von 0,27% Cu und 0,125% P vermindert 0,25% Sn die Rostungsgeschwindigkeit noch um 10%.

Zahlentafel 25. Zusammensetzung der Versuchsstähle und Versuchsergebnisse (K. Daeves).

Stahl Nr.	C %	Si %	Mn %	P %	S %	Cu %	Sn %	As %	Rostverlust g/m² · Jahr	mm/Jahr
1	0,035	0,05	0,38	0,047	0,030	0,075	—	0,037	578	0,074
2	0,05	0,194	0,54	0,122	0,036	0,27	—	0,033	422	0,054
3	0,05	0,005	0,41	0,045	0,036	0,27	—	0,037	485	0,0622
4	0,13	0,244	0,48	0,202	0,040	0,23	—	0,022	383	0,0491
5	0,16	0,130	0,41	0,157	0,046	0,27	—	0,030	407	0,0522
6	0,05	0,006	0,19	0,045	0,046	0,085	0,29	0,033	488	0,0626
7	0,12	0,006	0,74	0,130	0,048	0,26	0,26	0,033	380	0,0487
8	0,05	0,006	0,22	0,015	0,046	0 28	0,30	0,030	422	0,054

Zinn wirkt also günstig auf das Rostungsverhalten von weichen Stählen. Auch in gekupferten Stählen mit erhöhtem Phosphorgehalt haben niedrige Zinngehalte zum mindesten keine nachteilige Wirkung. Als Legierungszusatz ist Zinn teurer als Phosphor und Kupfer.

Einige Anhaltszahlen über das Witterungsverhalten von handelsüblichen, mit Kupfer, Mangan, Chrom und Phosphor legierten Stahlblechen gibt Zahlentafel 26 wieder[1]. Die den Gewichtsverlustzahlen zugrunde liegende Versuchsdauer von 300 Tagen ist verhältnismäßig kurz. Die beste Witterungsbeständigkeit zeigten die beiden Chrom-(Silizium-)Kupfer-Phosphor-Stähle Nr. 5 und 6. An nächster Stelle folgt der Chrom-Kupfer-(Phosphor-)Stahl Nr. 3. Dann schließen sich mit nahezu gleichen Werten der gekupferte Manganstahl Nr. 4 und der gekupferte Stahl Nr. 2 an, die beide nur etwas über 10% kleinere Gewichtsverluste als der Kohlenstoffstahl mit 0,09% Cu aufwiesen. Auch bei diesen Stählen ergaben weder kurzzeitige Naturrostversuche noch die Sprühprobe mit 0,01 n-Schwefelsäure einen zuverlässigen Anhalt für ein Urteil über die tatsächliche Witterungsbeständigkeit.

Die Witterungsbeständigkeit ist an sich eine Eigenschaft des Stahls selbst. Es hat sich nun gezeigt, daß die Stähle, deren Witterungsbeständigkeit durch einen Gehalt an Kupfer und besonders an Kupfer

---

[1] Britton, S. C.: Iron Steel Inst. Frühjahrsverslg. **1937**. Vgl. Stahl u. Eisen **57**, 640 (1937).

und Phosphor wesentlich bedingt ist, sich auch bei Oberflächenschutz durch Anstriche besser gegenüber dem Angriff der Witterung verhalten als gewöhnliche Stähle[1,2]. Anstriche haben auf schwerrostenden Stählen eine erheblich längere Lebensdauer als auf gewöhnlichen Stählen. Eine wichtige Voraussetzung für die Haltbarkeit der Anstriche ist neben der geeigneten Stahlart eine zweckmäßige Vorbereitung der Stahloberfläche. Am besten ist das Verhalten von Anstrichen auf gebeizten oder sandgestrahlten Bauteilen aus kupferhaltigen Stählen[3]. Diese Stähle sind im angestrichenen Zustand dadurch gekennzeichnet, daß sie in stark vermindertem Maße und seltener zu Unterrostungen neigen. Das gleiche gilt auch für Reineisen.

Zahlentafel 26. Zusammensetzung und Witterungsverhalten handelsüblicher englischer und amerikanischer Baustähle (Britton).

Stahl Nr.	Bezeichnung	C %	Si %	Mn %	S %	Cr %	Al %	Cu %	P %	Gewichtsverlust nach 300 Tagen in g
1	Englischer C-Stahl	0,06	—	0,38	0,026	—	0,002	0,09	0,017	4,85
2	Englischer gekupferter Stahl	0,09	0,05	0,48	0,040	—	0,001	0,22	0,06	4,27
3	Englischer Cr-Cu-Stahl	0,15	0,07	0,65	0,028	0,65	0,001	0,31	0,04	3,87
4	Amerikanischer Mn-Cu-Stahl	0,25	0,19	1,34	0,012	—	0,003	0,27	0,02	4,22
5	Englischer Cr-Cu-P-Stahl	0,04	0,94	0,24	0,016	0,80	0,001	0,42	0,173	3,42
6	Amerikanischer Cr-Cu-P-Stahl	0,12	0,86	0,27	0,025	1,15	0,002	0,41	0,163	3,37

Ähnliches wie für die Haltbarkeit von Anstrichen trifft auch für den Oberflächenschutz durch metallische Überzüge (Verzinkung) zu. Aus Abb. 53 geht die bessere Erhaltung eines verzinkten Rohrgewindes aus gekupfertem gegenüber dem gleichen Teil aus ungekupfertem Stahl nach zweijähriger Einwirkung von Industrieluft hervor[4]. Zahlentafel 27 läßt die erhöhte Lebensdauer von verzinktem, gekupfertem Stahl gegenüber ebenfalls verzinktem, gewöhnlichen Stahl deutlich erkennen. Die kupferhaltigen, schwerrostenden Stähle bieten den Vorteil, daß nach Aufhören des Oberflächenschutzes durch die Zerstörung der Anstriche oder metallischen Überzüge die direkte Schutzwirkung durch das im

---

[1] Vgl. unter anderem Unger, J. S.: Railroad Herald **32**, Nr 7, 27 (1928).

[2] Royen, H. J. van, H. Kornfeld u. H. Schwarz: Stahl u. Eisen **49**, 1588, (1929).

[3] Daeves, K. u. E. H. Schulz: Stahlbau **10**, 4 (1937).

[4] Daeves, K.: Stahl u. Eisen **48**, 1170 (1928).

Stahl enthaltene Kupfer eintritt. Diesen Vorteil der gekupferten Stähle weist z. B. Reineisen nicht auf.

Teilweise im Gegensatz zu den vorstehenden Ausführungen stand das Verhalten der in Zahlentafel 26 aufgeführten, technischen Stähle

Abb. 53. Verhalten von Gewinden an verzinkten Rohren (Daeves).

unter einem Anstrich. An einem Ort zeigten die Kupfer- und hoch phosphorhaltigen Stähle nach 38 Wochen zwar eine kleine Überlegenheit. An einem zweiten Ort dagegen war von den gestrichenen Stählen nur

Zahlentafel 27. Gewichtsverlust von gekupferten und ungekupferten Drahterzeugnissen (K. Daeves).

Drahtform	Liegedauer in Monaten	Stahlart	Gewichts- verlust %
Unverzinkter Draht in Hamm	$21^1/_2$	ungekupfert . 0,03 %	23
		gekupfert . 0,23 %	16
Verzinkter Draht in Hamm	$21^1/_2$	ungekupfert . 0,03 %	12
		gekupfert . . 0,23 %	7
Galvanisch verzinktes Geflecht in Ruhrort	18	ungekupfert . 0,03 %	28,1
		gekupfert . . 0,15 %	19,3

der gewöhnliche Kohlenstoffstahl noch ohne Rostangriff. Die Ursachen für dieses ungünstige Ergebnis an den Stählen mit einem Gehalt an Kupfer und mit hohem Phosphorgehalt sind nicht geklärt.

β) Unterwasserkorrosion. Bei Unterwasserkorrosion, sowie bei dauerndem oder vorwiegendem Untertauchen in verdünnte wässerige, neutrale oder alkalische Salzlösungen verbessert ein Kupferzusatz zum Stahl sein Korrosionsverhalten in den meisten Fällen nicht oder nur unwesentlich. Im angestrichenen Zustand kommt bei Unterwasserkorrosion die bessere Haltbarkeit des Anstriches auf allen schwerrostenden Stählen, also auch auf gekupfertem Stahl, zur Geltung. Im Gegensatz zu dem Verhalten an der Atmosphäre bietet der gekupferte Stahl aber nach Zerstörung des Oberflächenschutzes entsprechend dem vorstehend Gesagten keine Vorteile gegenüber kupferfreien Stählen.

Bei der folgenden Besprechung der Unterwasserkorrosion an Hand von Versuchsergebnissen und Beobachtungen aus der Praxis bleiben Kurzversuche[1] aus schon im vorigen Abschnitt erwähnten Gründen, die auch hier Gültigkeit haben, unberücksichtigt. Zahlentafel 28 zeigt an der mittleren Lebensdauer von einzeln in Gruben-, Leitungs- und

Zahlentafel 28. Korrosion einzeln völlig in Wasser eingetauchter Proben.

Stahlart	Durchschnittliche Lebensdauer der Proben in Tagen		
	Grubenwasser	Leitungswasser	Flußwasser
Ungekupferte Stähle	47,6	876	1266
Gekupferte Stähle	47,5	881	1388

Flußwasser völlig eingetauchten Proben, daß gekupferter Stahl bei der Unterwasserkorrosion keine Vorteile gegenüber ungekupfertem Stahl bietet[2]. Ausnahmen sind gelegentlich beobachtet worden. So wies unter verschiedenen Stählen ein Puddelstahl mit 0,3% Cu und 0,114 % P die geringste Korrosion in Flußwasser auf[3].

Der Angriff von Seewasser auf gekupferte Stähle ist besonders eingehend untersucht worden. Die Ergebnisse sind nicht ganz einheitlich. Man kann daraus den Schluß ziehen, daß der Einfluß unterschiedlicher Bedingungen bei der Korrosion offenbar größer sein kann als der eines Kupfergehaltes im Stahl. Englische Versuche[4] hatten nach 4jährigem Eintauchen verschiedener Stähle in

Zahlentafel 29. Relativer Gewichtsverlust von einzeln in Seewasser völlig eingetauchten Proben (Friend).

Stahlart	Gewichtsverlust in % (Verlust des Schweißeisens = 100%)
Reineisen	152
Kohlenstoffstähle	105—138
Schweißeisen	100
Gekupferter Stahl (0,15% Cu) . .	99
12—14%ige Cr-Stähle.	64

Seewasser das in Zahlentafel 29 wiedergegebene Resultat, aus dem man eine schwache Überlegenheit der gekupferten Stähle mit allerdings nur 0,15% Cu über die nicht gekupferten Stähle herauslesen mag. Nach etwa 10jähriger Versuchsdauer verhielt sich der gekupferte Stahl immer noch etwa 25% besser als ungekupferter Stahl und etwa gleich gut wie Schweißeisen.

Zu einem eindeutig besseren Korrosionsverhalten führte ein Kupferzusatz zu verschiedenen Stählen (Reineisen, Puddelstahl, S.M.-Stahl,

[1] Siehe z. B. Groesbeck, E. C. u. L. J. Weldron: Proc. Amer. Soc. Test. Mater. **31 II**, 279 (1931).

[2] Proc. Amer. Soc. Test. Mater. **26 I**, 131 (1926).

[3] Bericht des Ausschusses A—5. Amer. Soc. Test. Mater. **34** (1931) Jahresverslg. Vgl. Stahl u. Eisen **52**, 272 (1932).

[4] Friend, J. N.: Carnegie Schol. Mem. **16**, 131 (1927).

Bessemerstahl), die vollständig in tropisches Seewasser eintauchten.
Im Hafenseewasser war der günstige Einfluß des Kupfers bei allen
Stählen viel weniger deutlich. Dieses Beispiel[1] zeigt klar den großen
Einfluß der Korrosionsbedingungen, so daß man nicht von dem Angriff
von Seewasser schlechthin sprechen kann.

Nach neueren, ebenfalls amerikanischen Versuchen[2] an Blechen aus
weichen Stählen ohne und mit Kupferzusätzen bis 0,3%, die bei Key
West (U.S. Naval Station) und Portsmouth (U.S. Navy Yard) 7 bzw.
8 Jahre völlig in die See eingetaucht waren, war nach Ablauf dieser Zeit
eine zuverlässige Entscheidung darüber, ob sich die kupferfreien oder
kupferhaltigen Stähle besser bewährten, noch nicht möglich.

Im Golf von Paria in Seewasser völlig eingetauchter Stahl mit
0,39% Cu wies einen größeren Gewichtsverlust als ein Kohlenstoffstahl
auf, wurde aber wegen des wesentlich gleichmäßigeren Korrosionsangriffes günstiger bewertet.

R. A. Hadfield und S. A. Main[3] haben in 5jährigen Versuchen
niedriggekohlte Stähle mit höheren Kupfergehalten (0,5 und 2,0%)
untersucht. In 4 verschiedenen Häfen zeigte sich eine merkliche Überlegenheit dieser kupferlegierten Stähle nicht nur in der Atmosphäre,
sondern auch beim zeitweiligen und dauernden Eintauchen in Hafenwasser gegenüber Kohlenstoffstahl. Das bessere Verhalten der Kupferstähle gegenüber Kohlenstoffstählen zeigte sich nicht immer im Hinblick
auf das Ausmaß des Lochfraßes. Diese Art des Korrosionsangriffes
bedeutet für Kohlenstoffstahl allerdings nur selten eine größere Gefahr.

Zahlentafel 30. Korrosionsverhalten von Kohlenstoffstahl und kupferlegiertem Stahl im Hafenwasser von Halifax, Auckland, Plymouth
und Colombo (Mittelwerte) (Hadfield und Main).

Stahlart	Dauernd eingetaucht		Zeitweise eingetaucht	
	Dicken-abnahme	größte Tiefe des Lochfraßes	Dicken-abnahme	größte Tiefe des Lochfraßes
	mm	mm	mm	mm
Weicher Stahl mit 2% Cu . .	0,443	2,26	0,460	2,95
Weicher Stahl mit 0,5% Cu. .	0,420	2,64	0,430	3,06
Kohlenstoffstahl ohne Cu . .	0,500	3,19	0,497	2,19

In Zahlentafel 30 sind die Dickenabnahme und die größte Tiefe des Lochfraßes für die beiden Kupferstähle und für einen Kohlenstoffstahl mit
gutem Korrosionsverhalten gegenübergestellt. Es wird hieraus und aus
früheren Versuchen mit gekupferten Stählen geschlossen, daß deren

---

[1] Bericht des Ausschusses A—5. Vgl. Stahl u. Eisen **52**, 131 (1932). — Amer.
Soc. Test. Mater. **34**, Jahresverslg.

[2] Farnsworth, F. F.: Bericht des Ausschusses A—5. Proc. Amer. Soc. Test.
Mater. **35** I, 81 (1935).

[3] Hadfield, R. A. u. S. A. Main: J. Instn. civ. Engrs. **3**, Nr 7, 3 (1935/36).

Kupfergehalt von 0,2 bis 0,3% zu niedrig sei, um eine Schutzwirkung gegenüber Seewasser zu erbringen, und daß hierzu ein Zusatz von mindestens 0,5% Cu erforderlich sei. Es wäre wünschenswert, wenn weitere Erfahrungen über die Korrosion höher kupferlegierter Stähle in Seewasser gesammelt würden. Es ist allerdings zu beachten, daß die vorstehend behandelten Ergebnisse bereits an 4 verschiedenen Orten erhalten wurden.

Außer mit diesen Kupferstählen liegen gute Erfahrungen auch mit Chrom-Kupfer-Stahl folgender Zusammensetzung vor: 0,3% C, 0,2% Si, je 0,05% P und S, 0,7 bis 1,0% Mn, 0,7 bis 1,1% Cr und 0,25 bis 0,5% Cu.

Proben aus diesem Stahl wurden abwechselnd in Hafenwasser (50% Seewasser, Rest Flußwasser und Industrieabwässer) eingetaucht und der Atmosphäre ausgesetzt. Alle 3 Monate wurden die Proben entrostet (!) und gewogen. Im Vergleich mit weichem Kohlenstoffstahl zeigte der Chrom-Kupfer-Stahl eine um 44% geringere Gewichtsabnahme.

γ) Bodenkorrosion. Über das Verhalten von Stählen gegenüber der Bodenkorrosion ist be-

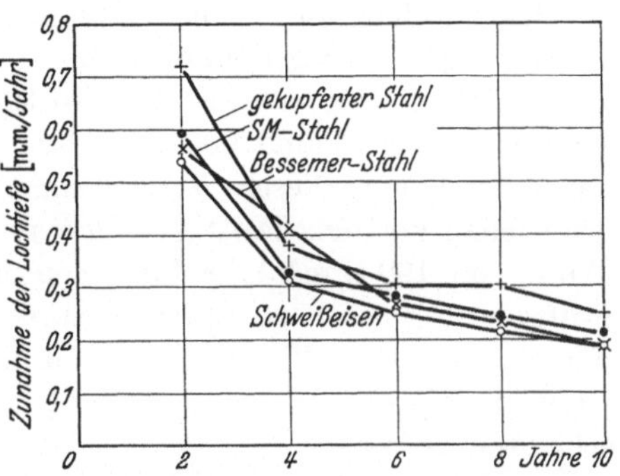

Abb. 54. Abhängigkeit des Lochfraßes von der Zeit in 22 Böden (Logan und Grodsky).

sonders schwer Aufschluß zu erhalten, da zahlreiche Faktoren, wie die Art des Bodens, seine schwankende Beschaffenheit, die Tiefe der der Korrosion ausgesetzten Teile unter der Oberfläche, schwankende und in verschiedenen Jahren unterschiedliche Temperatur und Feuchtigkeit die Ergebnisse von Bodenkorrosionsversuchen beeinflussen. Die Versuchsergebnisse zeigen eindeutig, daß hauptsächlich die Bodenart das Ausmaß der Korrosion bestimmt. Trotzdem kann man wegen der genannten wechselnden Faktoren ein Maß für die Angriffsfähigkeit bestimmter Böden nicht sicher festlegen. Keiner der im Boden verwendeten Stähle hat sich bisher als eindeutig überlegen erwiesen. Insbesondere war auch eine Überlegenheit von gekupfertem gegenüber nichtgekupfertem Stahl in langjährigen Versuchen in zahlreichen verschiedenen Böden nicht feststellbar[1]. Nach Abb. 54 ist der Lochfraß an gekupfertem Stahl im Boden mindestens ebenso ausgeprägt wie an nichtgekupferten Stählen. Bei allen Stählen nimmt die Angriffsgeschwindigkeit im Boden mit der Zeit ab, besonders stark in den ersten 4 Jahren.

In letzter Zeit hat K. Daeves[2] die Ergebnisse 7jähriger Korrosionsversuche mit Bandstahl im Erdreich mitgeteilt, die entgegen den

<hr>

[1] Logan, K. H. u. V. A. Grodsky: Bur. Stand. J. Res., Wash. 7 II, 1 (1931).

[2] Daeves, K.: Stahl u. Eisen 59, 742 (1939).

vorstehenden Ausführungen ein günstigeres Verhalten gekupferter Stähle gegenüber technischem Reineisen und einem kupferarmen Thomasstahl ergeben haben. Allerdings enthielten die beiden gekupferten Stähle neben 0,24 bzw. 0,31% Cu noch 0,064 bzw. 0,10% P. Die Versuchswerkstoffe befanden sich außerdem als Gartenbeet-Einfassungen nur zum Teil im Erdreich und zwar nur etwa bis 100 mm unter der Oberfläche. Es ist daher nicht unerwartet, daß die Korrosionsgeschwindigkeit der gekupferten Stähle mit etwa 100 bis 200 g/m²/Jahr der von Stahl mit mehr als 0,15% Cu an Landluft entspricht. Diese Korrosionsgeschwindigkeit im Boden war nur etwa halb so groß wie die des Reineisens. K. Daeves hat auch eine Häufigkeitsauswertung von Versuchen von K. H. Logan[1] vorgenommen, die sich mit 8 Werkstoffen in 47 Böden über 12 Jahre erstreckten. Die Rostungsgeschwindigkeit schwankt hiernach zwischen 25 und 600 g/m²/Jahr. Die größte Häufigkeit liegt bei 140 g/m²/Jahr. Dieser Wert stimmt unter Berücksichtigung der verschiedenen Versuchsdauer ganz gut mit dem von K. Daeves ermittelten Wert von 190 g/m²/Jahr für einen Boden mit offenbar normaler Angriffswirkung und gekupferte Stähle mit erhöhtem Phosphorgehalt überein. — Die Wirkung des Kupfers im Stahl bei Bodenkorrosion kann günstig sein, wenn der Stahl sich in den oberen, lockeren Bodenschichten befindet.

Im Zusammenhang mit der Bodenkorrosion sei noch erwähnt, daß gekupferter, weicher Stahl gegenüber dem Angriff durch Kunstdünger (u. a. kohlensaurer Kalk, Thomasmehl, Superphosphat, Kalksalpeter, Kali, schwefelsaure Kalimagnesia, schwefelsaures Ammoniak: korrodierende Wirkung in dieser Reihenfolge ansteigend) kein besseres, ja in manchen Fällen ein schlechteres Verhalten aufwies als gewöhnlicher Kohlenstoffstahl (0,45% C), Grauguß oder Temperguß. Letzterer war etwas besser als die übrigen Werkstoffe[2].

δ) Säurelöslichkeit. In zahlreichen Fällen sind Bauteile aus Stahl im praktischen Betrieb dem Angriff durch säurehaltige Wässer ausgesetzt. Die Klärung der Frage, wie der natürliche oder absichtlich zugesetzte Kupfergehalt des Stahls sein Verhalten gegenüber verdünnten Säuren beeinflußt, ist daher von technischer Bedeutung und demgemäß häufig untersucht worden. Die hierbei erhaltenen Abweichungen in den Versuchsergebnissen veranlaßten P. Bardenheuer und G. Thanheiser[3] zu einer erneuten, umfassenden Untersuchung über den Einfluß des Kupfers auf die Säurelöslichkeit von kohlenstoffarmem Flußstahl, deren wichtiges und aufschlußreiches, viele Unstimmigkeiten in den Ergebnissen früherer Untersuchungen offenbar klärendes Ergebnis die Feststellung war,

---

[1] Logan, K. H.: J. Res. Nat. Bur. Stand. **16**, 437 (1936).

[2] Klodt, W.: Techn. i. d. Landw. **15**, 93 (1934).

[3] Bardenheuer, P. u. G. Thanheiser: Mitt. K.-Wilh.-Inst Eisenforschg. **14**, Lief. 1, 1 (1932). Mit Schrifttumsübersicht.

daß die Schutzwirkung des Kupfergehaltes gegen den Angriff von Säuren abhängt von dem Reinheitsgrad des Stahls. Hierauf sei zunächst näher eingegangen.

Ein Zusatz von 0,3 bis 0,7 % Cu zu reinem Eisen mit etwa 0,01 % C, 0,02 % Si, 0,01 % Mn, 0,014 % P und 0,003 % S führte nur zu einer noch eben feststellbaren Verminderung der Auflösung in n/5-Schwefelsäure.

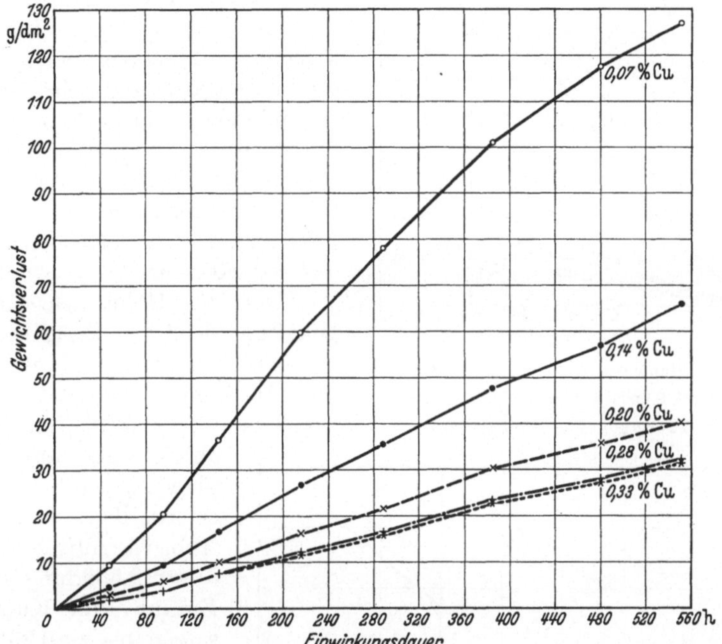

Abb. 55. Gewichtsabnahme von Proben aus Thomasstahl in $\frac{n}{5}$-Salzsäure (Bardenheuer und Thanheiser).

Von verhältnismäßig reinen Stählen (0,12 % C, 0,05 % Si, 0,6 % Mn, 0,02 % P und 0,012 % S) mit Kupfergehalten von 0,01 bis 0,7 % erwies sich nur ein Stahl mit 0,16 % Cu in n/5-Schwefelsäure als schwerer löslich als der kupferfreie Stahl. Die Stähle mit höherem Kupfergehalt (0,36 bis 0,7 %) waren sogar leichter löslich als der kupferfreie Stahl. In n/5-Salzsäure führte ein Kupferzusatz zu dem reinen Stahl nur zu einer kleinen Löslichkeitsverminderung. Verglichen mit kupferfreiem Stahl geringerer Reinheit war die Löslichkeit aller Proben aus den reinen Stählen ohne und mit Kupfergehalt sehr klein. In n/5-Salpetersäure lösten sich die reinen Stahlproben rascher als solche mit höheren Gehalten an Phosphor und Schwefel. Ein Kupfergehalt bewirkte in Salpetersäure keine Änderung der Auflösungsgeschwindigkeit des Stahls.

Aus den vorstehenden Ergebnissen läßt sich bereits ableiten, daß die Säurelöslichkeit reiner Stähle durch einen Kupferzusatz sogar erhöht

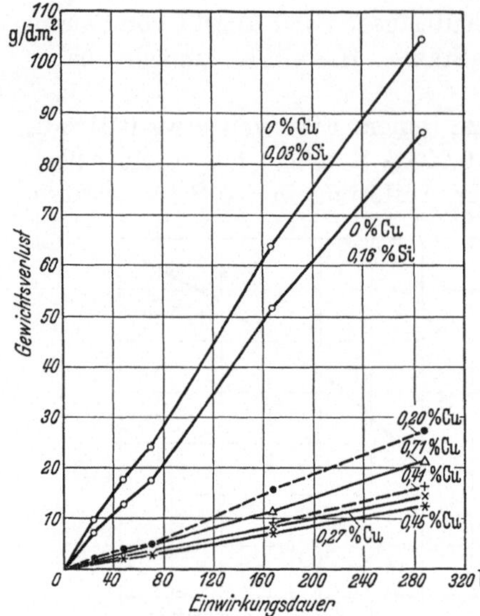

Abb. 56. Gewichtsabnahme von Stählen mit 0,016 % S und 0,16 % P in $\frac{n}{5}$-Salzsäure (Bardenheuer und Thanheiser).

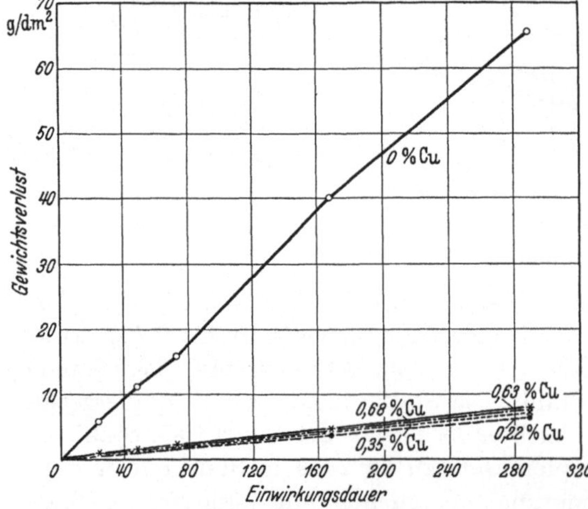

Abb. 57. Gewichtsabnahme von Stahlproben mit 0,02 % P und 0,15 % S in $\frac{n}{5}$-Salzsäure (Bardenheuer und Thanheiser).

werden kann. Sie nimmt dagegen ab, wenn das Kupfer Stählen mit höheren Gehalten an Phosphor und Schwefel zugesetzt wird. Diese Folgerungen gelten für die Auflösung des Stahls in Schwefel-, Salz- und Zitronensäure, nicht aber in Salpetersäure. Die Löslichkeit von reinem und stärker durch Phosphor und Schwefel verunreinigtem Stahl in Salpetersäure bleibt durch Kupferzusätze unbeeinflußt. In den weiteren Ausführungen beziehen sich die Angaben über Säurelöslichkeit nicht auf Salpetersäure.

Über die Höhe des Kupfergehaltes, der zur Erzielung der größten Schutzwirkung hinsichtlich der Auflösung von Stählen mit nicht besonders niedrigem Gehalt an Schwefel und Phosphor in n/5-Salzsäure erforderlich ist, gibt Abb. 55 Aufschluß. In dieser Abbildung ist der Einfluß von Kupferzusätzen bis zu 0,33 % auf die Löslichkeit von Thomasstahl mit 0,24 % C, 0,7 % Mn, 0,03 % S und 0,06 % P in Abhängigkeit von der Einwirkungsdauer der Säure dargestellt. Hiernach tritt eine starke Abnahme der Säurelöslichkeit schon bei Kupfergehalten unter 0,2 % auf. Höhere Kupferzusätze als 0,2 % führen nur noch zu kleinen, zusätzlichen Verbesserungen. Entsprechendes gilt auch für die Auflösung in n/5-Schwefelsäure.

Zur Klärung der Frage, ob hohe Phosphor- oder Schwefelgehalte die Auflösung von weichem Stahl in verdünnten Säuren stärker erhöhen, wurden Stähle mit etwa 0,1% C, 0,12% Si, 0,6% Mn, 0,016% S und 0,16% P bzw. etwa 0,15% C, 0,18% Si, 0,6% Mn, 0,02% P und 0,15% S untersucht. Aus einem Vergleich der Kurven für die Stähle ohne Kupfergehalt in den Abb. 56 und 57 entnimmt man, daß der hohe Phosphorgehalt die Löslichkeit des Stahls in n/5-Salzsäure stärker erhöht, als ein etwa gleich hoher Schwefelgehalt. In beiden Fällen setzt Kupfer die Löslichkeit stark herab. Gehalte von 0,3 bis 0,7% erweisen sich als nicht wirksamer als Gehalte von 0,2 bis 0,3%. Das gleiche gilt für die Auflösung in Schwefelsäure. Bei den hochschwefelhaltigen Stählen ist auch ein günstiger Einfluß des Kupfers in Zitronensäure zu erkennen, der bei den hochphosphorhaltigen Stählen nur klein ist.

Die Säurelöslichkeit von Stählen mit hohen Phosphor- und Schwefelgehalten ist beträchtlich größer als die von Stählen mit hohem Phosphor- oder Schwefelgehalt. Die ausgeprägte Schutzwirkung wiederum schon kleiner Kupfergehalte auf Stähle mit etwa 0,1% C, 0,1% Si, 0,6% Mn, 0,11 bis 0,14% P und 0,082 bis 0,10% S zeigt Abb. 58 für n/5-Salzsäure.

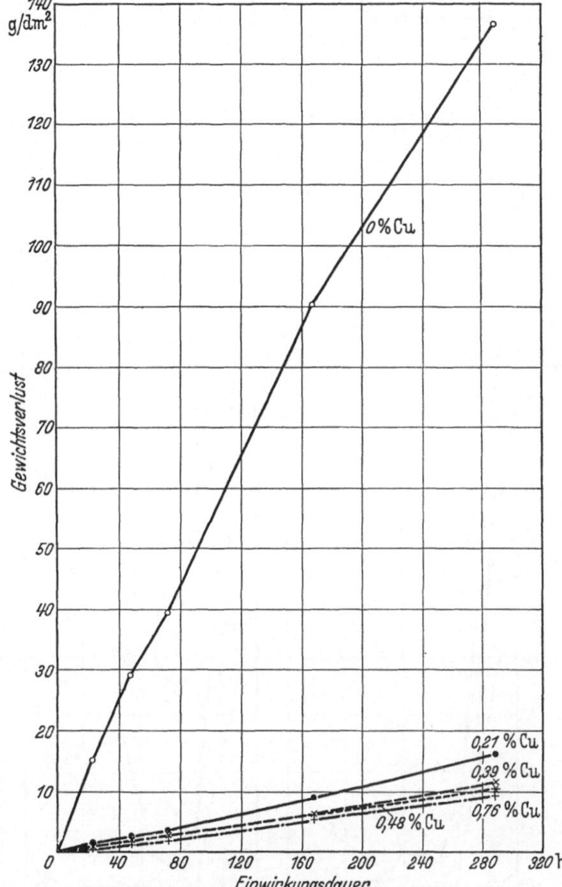

Abb. 58. Gewichtsabnahme von Stahlproben mit 0,1% P und 0,1% S in $\frac{n}{5}$-Salzsäure (Bardenheuer und Thanheiser).

Eine Zusammenstellung der Ergebnisse der verschiedenen Versuchsreihen von Bardenheuer und Thanheiser für eine Versuchsdauer von 288 h enthalten die Abb. 59 und 60, in denen die Gewichtsabnahme von Stählen verschiedener Reinheit in Salzsäure und Schwefelsäure in Abhängigkeit vom Kupfergehalt aufgetragen ist. Die Abbildungen zeigen noch einmal, daß das Kupfer nicht grundsätzlich die Säurelöslichkeit des Stahls vermindert. Stähle, die eine große Reinheit haben, lösen sich nach Kupferzusatz nicht schwerer (II in Abb. 59, VI in Abb. 60), unter Umständen sogar leichter in Säuren (II in Abb. 60). Stähle hingegen, die auf Grund ihres Schwefel- und Phosphorgehaltes eine hohe Säurelöslichkeit besitzen, erfahren eine starke Schutzwirkung durch Kupferzusätze. Dabei sind schon niedrige Kupfergehalte von großer Wirkung. Noch einmal sei auch erwähnt, daß Kupfer in beiden Fällen keinen Einfluß auf die Löslichkeit des Stahls in Salpetersäure hat.

Nach T. P. Hoare und D. Havenhand[1] wirkt Kupfer der Erhöhung des Gewichtsverlustes und der Veredelung des Potentials in Zitronensäure und Zitratpufferlösungen durch Schwefel entgegen. Kupfergehalte, die doppelt so hoch wie der Schwefelgehalt des Stahls sind, genügen schon, um die schädigende Wirkung des Schwefels völlig auszugleichen. Auf Säurelöslichkeitsversuche aus neuester Zeit[2] soll ebenfalls

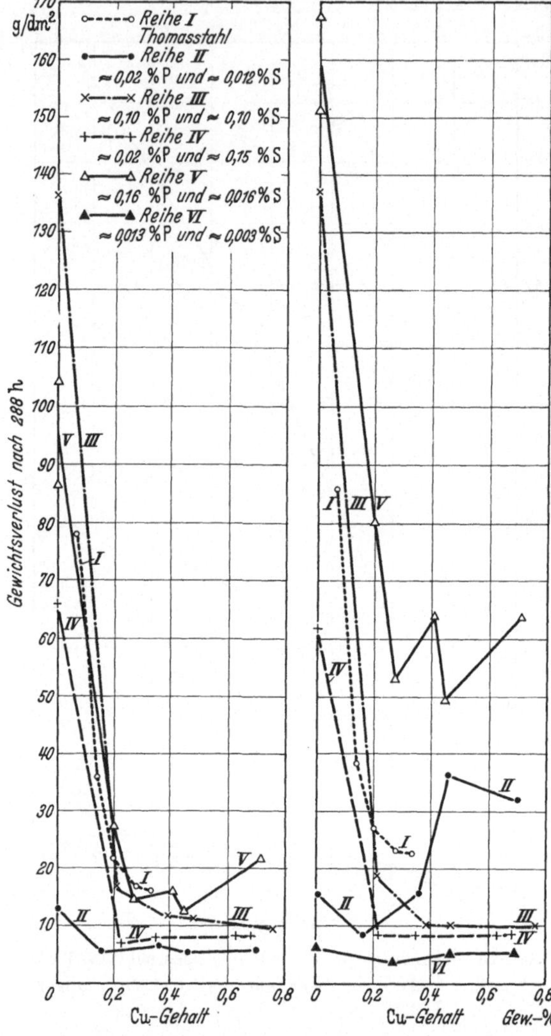

Abb. 59: $\frac{n}{5}$-Salzsäure.   Abb. 60: $\frac{n}{5}$-Schwefelsäure.

Abb. 59 und 60. Gewichtsabnahme in 288 Stunden von Stählen verschiedener Reinheit in Abhängigkeit vom Kupfergehalt (Bardenheuer und Thanheiser).

[1] Hoare, T. P. u. D. Havenhand: J. Iron Steel Inst. **133**, 239 (1936). Vgl. Stahl u. Eisen **56**, 799 (1936).

[2] Edwards, C. A., D. Luther Phillips u. D. F. G. Thomas: J. Iron Steel Inst. **137**, 223 (1938). Vgl. Stahl u. Eisen **58**, 848 (1938).

noch kurz eingegangen werden. Sie wurden in 6%iger Schwefelsäure und 2%iger Zitronensäure bei 25 und 75° ausgeführt. In der Schwefelsäure führte ein steigender Schwefelgehalt in Stählen mit etwa 0,005% Cu zu erheblich zunehmender Säurelöslichkeit und zwar auf den fünffachen Wert bei 0,02% S und den 12fachen bei 0,15% S. Die Erhöhung des Kupfergehaltes auf 0,11 und 0,14% hatte bereits bei allen Stählen, die 0,02 bis 0,15% S enthielten, eine günstige Wirkung. Eine weitere Steigerung des Kupfergehaltes auf 0,24% ergab keine weitere Verbesserung. In Stählen mit 0,075 und 0,24% Cu war kein Einfluß eines steigenden Schwefelgehaltes auf die Säurelöslichkeit des Stahls feststellbar. Der Kupfergehalt von 0,075% genügte also bereits, um die in kupferfreien Stählen schädigende Wirkung hoher Schwefelgehalte nicht mehr zur Geltung kommen zu lassen. In der Zitronensäure setzten von 0,024 auf 0,063% steigende Schwefelgehalte die Löslichkeit des Stahls etwas herunter. Noch höhere Schwefelgehalte bewirkten keine weitere Änderung der Löslichkeit. Diese sank bei allen Schwefelgehalten (bis 0,15%) durch Erhöhung des Kupfergehaltes von 0,005 auf 0,05% auf einen Wert, der sich durch höhere Kupfergehalte nicht weiter herabsetzen ließ.

Eine verstärkte Säurelöslichkeit durch Kaltwalzen trat hauptsächlich bei den kupferarmen und schwefelreichen Stählen ein. Höher kupferhaltige Stähle erfuhren durch Kaltwalzen nur eine kleine Erhöhung der Säurelöslichkeit, die mit steigendem Schwefelgehalt etwas ausgeprägter wurde.

Die Erholung der Säurelöslichkeit der Stähle von den Folgen der Kaltbearbeitung ist schon nach dem Anlassen bei 200° deutlich und bei 500° vollständig.

Auffallend sind die Angaben über die wirksamen Kupfergehalte nach den vorstehenden Versuchen. Gehalte von 0,05 bis 0,075% Cu dürften wohl nur von wenigen technischen Stählen nicht erreicht werden. Ihre absichtliche Herbeiführung ist aber unter allen Umständen mit weit geringeren Kosten verbunden als die Erzielung von besonders niedrigen Schwefelgehalten im Stahl.

Den Einfluß von Kupfergehalten von 0,08 bis 2,5% untersuchte U. Gordenne[1] an 33 Kohlenstoffstählen mit 55 bis 65 kg/mm² Zugfestigkeit und 17% Bruchdehnung. Um den Einfluß der Eisenbegleiter bei allen Versuchsstählen unverändert zu erhalten, wurden diese sämtlich aus einer großen Schmelze durch verschieden große Kupferzugaben hergestellt. In den allerdings konzentrierteren Säuren, als bei den zuletzt behandelten Versuchen, ergeben sich nach Gordenne in Zitronen- und Salzsäure ähnliche Kupfergehalte von optimaler Wirksamkeit, wie sie von Bardenheuer und Thanheiser festgestellt wurden. Die Versuchsergebnisse sind in Abb. 61 wiedergegeben. In 0,3-normaler Zitronensäure löste sich schon der kupferarme Stahl (0,08% Cu) langsam auf. Die

[1] Gordenne, U.: Rev. univ. Mines 79, 365 (1936).

Angreifbarkeit wird durch höhere Kupferzusätze weiter erniedrigt, entspricht aber schon bei 0,2% Cu nahezu dem bei höheren Kupfergehalten erreichten Tiefstwert. Die entsprechenden Kupfergehalte sind 0,3% in 0,5-normaler Salzsäure und 0,7% in 30%iger Schwefelsäure. Bei höheren Kupfergehalten macht sich ein schwacher Wiederanstieg der Säurelöslichkeit, besonders in 30%iger Schwefelsäure, bemerkbar. Die geringe Säurelöslichkeit der Stähle mit niedrigen Kupfergehalten weisen nach Ch. F. Burgess und J. Aston[1] erst wieder Stähle mit 6% Cu auf. Eine oberhalb etwa 0,5% Cu wieder ansteigenden Säurelöslichkeit haben auch H. G. Clavenger und Bh. Ray[2] festgestellt. Abb. 62 zeigt die Ergebnisse.

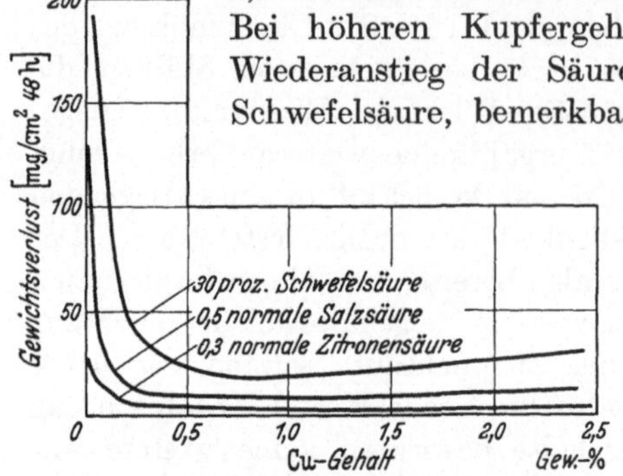

Abb. 61. Einfluß von Kupfer auf den Gewichtsverlust von Stahl mit 55 bis 65 kg/mm² Zugfestigkeit in Säuren (Gordenne).

Die versuchsmäßigen Feststellungen über die schon durch kleine Kupfergehalte verminderte Säurelöslichkeit des Stahls sind im allgemeinen in Übereinstimmung mit der Betriebserfahrung. So wird, um ein Beispiel zu nennen, darauf hingewiesen[3], daß von besonders stark säurehaltigen Grubenwässern benetzte Schienen zum Teil monatlich ausgewechselt werden mußten. Eine erheblich längere Lebensdauer ergab sich, als man zu Schienen mit einem Kupfergehalt von 0,24% überging. Diese zeigten übrigens schon bei Wechseltauchversuchen in 0,8%iger Schwefelsäure ein wesentlich besseres Verhalten als die kupferfreien Schienen.

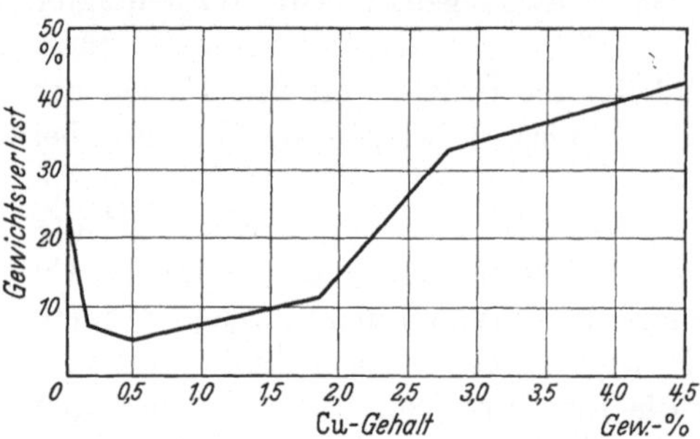

Abb. 62. Korrosion von Eisen-Kupfer-Legierungen in Schwefelsäure 1:3 (Clavenger und Ray).

Nach E. Herzog[4] haben gekupferte Stähle und Chrom-Kupfer-Stähle mit 0,3 bis 0,5% Cu nicht nur eine erhöhte Beständigkeit gegenüber verdünnten Säuren, sondern zeichnen sich außerdem noch dadurch aus, daß ihre mechanischen Eigenschaften, soweit sie durch Wasserstoffaufnahme beeinflußt werden, nach der Säurekorrosion günstiger sind, als die ähnlicher aber kupferfreier Stähle.

[1] Burgess, Ch. F. u. J. Aston: Industr. Engng. Chem. 5, 458 (1913).
[2] Clavenger, H. G. u. Bh. Ray: Bull. Amer. Inst. min. Engrs. 82, 2437 (1913).
[3] Greeman, J. O.: Engng. Min. J. 134, 364 (1933).
[4] Herzog, E.: Aciers spéc. 9, 364 (1934).

c) Über die Vorgänge bei der Korrosion der Kupferstähle. Die vorstehenden Ausführungen über das Korrosionsverhalten der kupferhaltigen Stähle lassen sich im wesentlichen wie folgt zusammenfassen:

1. Ein Zusatz von 0,2 bis 0,3% Cu macht den Stahl schwerrostend gegenüber dem Angriff durch die Atmosphäre. Die erhöhte Witterungsbeständigkeit, besonders gegen die rauchgashaltige Atmosphäre von Industriebezirken, bewirkt eine um rund 50% erhöhte Lebensdauer.

2. Im völlig eingetauchten Zustand hat der kupferlegierte Stahl gegenüber Wässern und verdünnten wässerigen Salzlösungen keine oder eine nur wenig erhöhte Lebensdauer im Vergleich mit ungekupfertem Stahl. Bei Bodenkorrosion macht sich ein Kupfergehalt im Stahl nicht immer bemerkbar.

3. Ein Zusatz von Kupfer zum Stahl mit nicht zu geringem Gehalt an Verunreinigungen, besonders Schwefel und Phosphor, führt zu einer erheblichen Herabsetzung der Säurelöslichkeit gegenüber dem kupferfreien Stahl. In Salpetersäure ist jedoch keine Überlegenheit des gekupferten Stahls vorhanden. Ebenso führt ein Kupferzusatz zu Stahl hoher Reinheit nicht zu einer Verminderung der an sich schon kleinen Löslichkeit in verschiedenen Säuren.

Über den Rostvorgang an gekupfertem Stahl in der Atmosphäre und in verschiedenen Wässern haben C. Carius[1], sowie C. Carius und E. H. Schulz[2] eingehendere Versuche und Überlegungen angestellt. Bevor hierauf näher eingegangen wird, sei darauf hingewiesen, daß sich auf gekupferten Stählen in der Atmosphäre eine dunklere, glattere und besser haftende Rostschicht bildet als auf entsprechenden aber ungekupferten Stählen. Dies hat zur Folge, daß die Rostschicht der gekupferten Stähle nach Regenfällen rascher trocknet, da das Regenwasser nicht in dem Maße aufgesaugt wird, wie von der lockeren Rostschicht ungekupferter Stähle. (Die Wirkung eines erhöhten Phosphorgehaltes in gekupferten Stählen ist offenbar zum Teil auch darauf zurückzuführen, daß das Entstehen der Rostschicht beschleunigt wird und ihre wichtigen Eigenschaften, Glattheit der Oberfläche, Dichtheit und festes Haften, verstärkt werden). U. R. Evans[3] hat die Ansicht ausgesprochen, daß sich während des Rostvorganges auf dem gekupferten Stahl eine die Rostung verlangsamende, metallische Kupferschicht bilde. Da das hierzu erforderliche Kupfer aus dem Stahl selbst stammt, muß eine bestimmte Menge hiervon verrosten, bis genügend Kupfer für eine Schutzhautbildung frei geworden ist. Hieraus erklärt sich bereits, daß Naturrost-Versuche von kurzer Dauer für die Untersuchung

---

[1] Carius, C.: Z. Metallkde. **22**, 337 (1930).

[2] Carius, C. u. E. H. Schulz: Arch. Eisenhüttenw. **3**, 353 (1929/30).

[3] Evans, U. R.: Die Korrosion der Metalle, S. 209. Zürich 1926. Vgl. auch Evans, U. R. u. E. Pietsch: Korrosion, Passivität und Oberflächenschutz von Metallen. Berlin: Julius Springer 1939.

der Witterungsbeständigkeit unzureichend sind. Auch K. Daeves hat zur Deutung des Witterungsverhaltens gekupferter Stähle die Ausbildung besonderer Schutzschichten angenommen. Es ist Carius und Schulz (zit. S. 81) gelungen, die von Evans und Daeves vermutete Schutzschichtenbildung nachzuweisen. Hierauf und auf weitere, ins einzelne gehende Beobachtungen haben Carius und Schulz folgende Schlüsse über den Rostvorgang des gekupferten Stahls aufgebaut:

Kupferanreicherungen an der Stahloberfläche treten in Wasser, in wässerigen Salzlösungen und in verdünnten Säuren mit p_H-Werten von 4 bis 9 stets auf. Die für das Korrosionsverhalten des Stahls ausschlaggebende Form der Kupferanreicherungen ist bedingt durch die Art, die Konzentration und den Säuregrad des angreifenden Mittels. Carius und Schulz behandeln, wie oben bereits erwähnt wurde, den Rostungsvorgang an der Atmosphäre und bei Unterwasserkorrosion. Sie unterscheiden nach dem Aussehen der Kupferabscheidungen zwei Fälle. Diese liegen vor:

1. Beim Rosten des gekupferten Stahls in destilliertem Wasser und in der Atmosphäre.

2. In Gemischen von Salzlösungen, wie Leitungs-, Fluß- und Seewasser.

In destilliertem Wasser bildet sich mit voranschreitender Korrosion ein auf der Stahloberfläche fest haftender Überzug aus metallischem Kupfer, das den Stahl wie eine Verkupferung schützt. Der Kupferbelag wandelt sich im weiteren Verlauf der Korrosion in Kupferoxyd um, das zwar zunächst auch fest haftet, dann aber allmählich locker wird, so daß das Wasser erneut unbehindert an die Stahloberfläche herantreten kann. Der beschriebene Vorgang setzt dann mit der Bildung einer neuen Kupferschicht von vorn wieder ein. Nach etwa 2 bis 3 Monaten ist in dem vom Stahl abfallenden braunen Rost Kupfer nachweisbar, das sich in dem zu Anfang der Korrosion gebildeten, ockergelben Rost nicht findet.

Ganz ähnlich wie in destilliertem Wasser sind die Vorgänge an der Oberfläche des der Witterung ausgesetzten gekupferten Stahls. Es entsteht bei jahrelanger Bewitterung infolge der wiederholten Bildung, Oxydation und Neubildung der Kupferschicht eine dicke Kupferoxydschicht, die zwischen dem Kupferbelag und dem Rost liegt. Während die nach außen gekehrten Schichten des Kupferoxyds locker sind, sind die der Stahloberfläche zugekehrten dicht und fest haftend. Wie im destillierten Wasser, so führt auch an der Atmosphäre die wiederholte Bildung und Oxydation des Kupferbelages zu einem Selbstschutz des Stahls gegen das Voranschreiten der Korrosion.

K. Daeves (zit. S. 61) weist darauf hin, daß bei sehr dünnen Blechen ein Kupfergehalt von etwa 1% erforderlich sein kann, um einen Witterungsschutz zu sichern. Bei wesentlich niedrigeren Kupfergehalten kann das Blech durchrosten, bevor sich überhaupt genügend Kupfer für eine Schutzwirkung abscheiden konnte.

In Salzlösungen (Flußwasser, Seewasser, Gemische von NaCl- und $MgSO_4$-Lösungen) bildet sich nicht ein festhaftender, glatter Kupferbelag aus, wie es an der Atmosphäre und in destilliertem Wasser geschieht, sondern es entsteht ein schwammiger Kupferüberzug. Dessen feine Kriställchen bilden mit dem Stahl Lokalelemente. Die Folge ist eine verstärkte Auflösung des Eisens. Carius und Schulz haben den weiteren Ablauf des Korrosionsvorganges folgendermaßen beschrieben: Die an den Kupferkriställchen entladenen Wasserstoffatome werden durch den Sauerstoffgehalt der Lösung depolarisiert. Dabei tritt unmittelbar an der Probe eine Abnahme des Sauerstoffgehaltes der Lösung ein. Der gleichzeitige Eintritt von Ferroionen in die Lösung bewirkt eine verstärkte Bildung von Ferrohydroxyd, das wegen des örtlichen Mangels an Sauerstoff nicht zu Ferrihydroxyd, sondern nur zu einer Zwischenstufe von Ferro-Ferri-hydroxyd oxydiert werden kann. Diese gelartige Verbindung verhindert mit der Zeit immer mehr das Herantreten von Wasser und Sauerstoff an die Stahloberfläche. Nun sinken infolgedessen die Sauerstoff-Polarisationsströme und damit nehmen die Auflösung des Eisens und der Sauerstoffverbrauch ab. Der von der Oberfläche der Lösung her eindiffundierende Sauerstoff kann nun das grüne Ferro-Ferri-hydroxyd zu Ferrioxyd oxydieren. Dieses ist locker und durchlässig, so daß die Lösung wieder ungehindert mit der Probenfläche in Berührung gelangen und der ganze Vorgang von vorn beginnen kann.

Die für die Bildung des grünen Ferri-Ferro-hydroxyds erforderlichen Bedingungen bezüglich der Art, Zusammensetzung, Konzentration und p_H-Zahl des Korrosionsmittels sind besonders in Seewasser, nicht aber bei der Bewitterung oder in destilliertem Wasser erfüllt.

Die Entstehung der Kupferüberzüge auf gekupferten Stählen erklärt Carius mit der ionogenen Auflösung des Kupfers infolge des in der Lösung herrschenden Sauerstoffpotentials und mit der nachfolgenden Fällung des Kupfers durch Eisenionen. Die Richtigkeit dieser Vorstellung ist verschiedentlich angezweifelt worden[1]. Vor allem H. Cassel und F. Tödt[2], sowie G. Tammann und K. L. Dreyer[3] vertreten die Auffassung, daß bei der Auflösung des Eisens die Kupferatome einfach zurückbleiben und sich an der Stahloberfläche anreichern. Tammann und Dreyer berufen sich darauf, daß sich beim Auflösen von Stahl mit 1% Cu in Schwefelsäure — auch hierbei entsteht ein Kupferbelag auf dem Stahl — unter Zusatz von Natriumsulfid zu der Lösung in dieser kein Niederschlag von Kupfersulfid bildete. Cassel und Tödt weisen

---

[1] Schikorr, G.: Z. Metallkde. **22**, 392 (1930).
[2] Cassel, H. u. F. Tödt: Metallwirtsch. **10**, 938 (1931).
[3] Tammann, G. u. K. L. Dreyer: Z. anorg. Chem. **221**, 124 (1934).

darauf hin, daß, falls Kupfer bei der Unterwasserkorrosion in der Lösung nachweisbar sei, als Ursache hierfür kein elektrochemisch bedingter Vorgang, sondern die rein chemische Auflösung der Kupferteilchen anzusehen sei, die durch Unterrosten von der unedleren Stahloberfläche abgetrennt wurden. Die Annahme, daß die Kupferatome des gekupferten Stahls diesen gar nicht verlassen, sondern sich auf seiner Oberfläche sammeln, und so allmählich eine Schutzschicht bilden, ergibt eine Übereinstimmung des Verhaltens des Kupfers bei der Korrosion mit dem bei der Verzunderung. Natürlich liegt hierin keine Stütze für diese Annahme.

Bardenheuer und Thanheiser gehen bei dem Versuch der Deutung ihrer Feststellungen über die Löslichkeit von gekupferten Stählen in Säuren (siehe den Abschnitt „Säurelöslichkeit") davon aus, daß bei der teilweisen Auflösung dieser Stähle das Kupfer aus ihnen zum Teil auch in die Lösungssäure übergeht. Im Hinblick auf den verschiedenen Einfluß eines Kupfergehaltes von Stählen abweichender Reinheit ist die Feststellung von Carius und Schulz[1] wichtig, nach der das Potential des Eisens durch kleine Zusätze von Kupfer nicht wesentlich edler wird. Der Eisen-Kupfer-Mischkristall hat also an sich keine erhöhte Widerstandsfähigkeit gegen den Angriff durch Säuren. Die von Bardenheuer und Thanheiser untersuchten, kupferarmen Stahlproben mit stärkerer Verunreinigung durch Phosphor und Schwefel, beispielsweise die aus einem Thomasstahl mit 0,24% C, 0,03% S und 0,06% P, waren nach den Lösungsversuchen in verdünnten Säuren in der Längsrichtung stark zerklüftet, während sich höher kupferhaltige Proben viel gleichmäßiger aufgelöst hatten. Dieser Befund läßt sich dadurch erklären, daß man den ungleichmäßigen Angriff der kupferarmen Proben auf eine bevorzugte Auflösung der durch das Walzen in Probenlängsrichtung gestreckten, an Phosphor und Schwefel angereicherten Zonen zurückführt, die durch den Zusatz von Kupfer zum Stahl vor dem verstärkten Säureangriff geschützt werden. Die früher versuchte Deutung der Schutzwirkung als Folge einer bevorzugten Bindung des Schwefels im Stahl an Kupfer[2] kann die Wirkung des Kupfers auf die Säurelöslichkeit von Stählen mit erhöhtem Phosphorgehalt nicht erklären.

Noch nicht erwähnte Versuche von Bardenheuer und Thanheiser haben gezeigt, daß ein Zusatz von Kupfersulfat zur Lösungssäure im allgemeinen zu einer Erhöhung der Lösungsgeschwindigkeit führt, und zwar am ausgeprägtesten bei den an sich schwer löslichen (reinen) Stählen. Hieraus ergeben sich im Zusammenhang mit den vorstehenden Ausführungen folgende Schlüsse auf die Gründe für die verschiedene Beeinflussung der Löslichkeit von Stählen verschiedener Reinheit durch Kupferzusätze: Bei der Auflösung des kupferhaltigen Stahls geht ein

---

[1] Carius u. Schulz: Mitt. Forsch.-Inst. Ver. Stahlwerke, Dortmund 1, Lief. 7 (1929).

[2] Buck, D. M.: Proc. Amer. Soc. Test. Mater. **19 II**, 224 (1919).

Teil des ursprünglich in der aufgelösten Stahlmenge enthalten gewesenen Kupfers in das Lösungsmittel über. Die Folge kann bei den Stählen hoher Reinheit die gleiche sein, die durch Zusatz von Kupfersulfat zum Lösungsmittel eintrat, nämlich eine beschleunigte Lösungsgeschwindigkeit. Hiermit wäre die bei reinen Stählen mit steigendem Kupfergehalt unter Umständen eintretende Erhöhung der Säurelöslichkeit (vgl. Abb. 60) durch die Wirkung eines Kupfergehaltes der Lösungssäure zu deuten. Über den Mechanismus dieser Wirkung fehlen allerdings eindeutige Vorstellungen. Um ein Bild von der Wirkungsweise eines Kupfergehaltes in Stählen geringerer Reinheit bei der Auflösung in Säuren zu erhalten, kann man davon ausgehen, daß sich das in der Lösungssäure befindliche, aus dem schon aufgelösten Stahl stammende Kupfer auf der Probenoberfläche besonders an den unedleren, also stärker phosphor- und schwefelhaltigen Stellen niederschlägt, (vgl. hierzu die Wirkungsweise des Oberhofferschen Primär-Ätzmittels), wodurch hier der Säureangriff verlangsamt wird. Da Kupfer selbst in Salpetersäure leicht löslich ist, kann es die beschriebene Wirkung in dieser Säure nicht in größerem Maße ausüben. Daher ist die Lösungsgeschwindigkeit des Stahls in Salpetersäure weitgehend unabhängig von seinem Kupfergehalt.

Die durch Kupferzusätze verminderte Säurelöslichkeit schwefelhaltiger Stähle geht nach T. P. Hoare und D. Havenhand (zit. S. 78) auf folgende Vorgänge bei der Auflösung des Stahls zurück: Bei der Auflösung des Stahls gehen Schwefelionen in das Lösemittel. Sie werden von kupferfreiem Stahl adsorbiert und verhüten die Polarisation der anodischen Teile der Stahloberfläche. Infolgedessen löst sich der Stahl mit unverminderter Geschwindigkeit auf. Enthält der Stahl aber Kupfer, das bei der teilweisen Auflösung ebenfalls in das Lösungsmittel geht, so werden hierin die Schwefelionen aus der Lösung als Kupfersulfid ausgefällt. Die beschriebene, bei kupferfreien Stählen eine unverminderte Lösungsgeschwindigkeit bedingende Wirkung des Schwefels wird bei gekupferten Stählen also vermieden. Diese, von der Vorstellung von Bardenheuer und Thanheiser abweichende Deutung läßt sich im Gegensatz zu dieser nicht auch auf den Einfluß des Kupfers auf die Säurelöslichkeit phosphorhaltiger Stähle anwenden.

Phosphor ist in bezug auf das Korrosionsverhalten neben dem Kupfer einer der interessantesten Bestandteile unlegierter Stähle, da er deren Witterungsbeständigkeit erhöht, ihre Widerstandsfähigkeit gegen den Angriff von Säuren aber vermindert. Auch dieser Hinweis kennzeichnet die Schwierigkeit, Schlüsse aus dem Korrosionsverhalten der Stähle unter bestimmten Bedingungen auf das Verhalten unter anderen Bedingungen zu ziehen. Es wurde schon darauf hingewiesen, daß die früher schwankende Beurteilung der Wirkung des Kupfers auf das Korrosionsverhalten des Stahls der Nichtbeachtung dieser Bedeutung der Korrosionsbedingungen zum großen Teil zuzuschreiben war.

d) Korrosionsverhalten rostbeständiger und nichtrostender Stähle mit Kupferzusätzen. Es ist schon seit langer Zeit bekannt, daß ein Kupferzusatz von nur etwa 1,5% zu den rostbeständigen Chrom-Stählen deren Korrosions- und Säurebeständigkeit erhöht[1]. Eine schützende Wirkung auf die Chromstähle wird durch einen Kupfergehalt vor allem gegen den Angriff durch Schwefelsäure, Salzsäure und Essigsäure ausgeübt. Die Beständigkeit beispielsweise gegen Salpetersäure erfährt dagegen keine Verbesserung. Dies dürfte darauf beruhen, daß sich bei dem Angriff des Stahls durch die oxydierende Salpetersäure keine Schutzschicht von Kupfer auf der Stahloberfläche ausbilden kann, da diese Säure im Gegensatz zu der reduzierend wirkenden Schwefel-, Salz- und Essigsäure das Kupfer sehr rasch löst[2]. Die Wirkung von Kupfer auf das Korrosionsverhalten der Chromstähle ist ähnlich der des Molybdäns. Gegenüber diesem hat Kupfer den Vorteil des geringeren Preises.

Die Beständigkeit von Stählen mit 12 bis 15% Cr gegen kalte 5%ige Schwefelsäure wird durch einen Kupferzusatz von etwa 1% auf das etwa Vierfache gesteigert. Der gleiche Zusatz bewirkt in Stählen mit 16 bis 20% Cr eine erhöhte Beständigkeit gegen kalte, 10%ige Schwefelsäure und eine etwa vervierfachte Beständigkeit gegen kalte 50%ige Salzsäure. Gegen heiße Salzsäure gleicher Konzentration wird die Widerstandsfähigkeit etwa verdoppelt, während der kupferhaltige Stahl von heißer 10%iger Schwefelsäure im gleichen Maße wie der kupferfreie angegriffen wird.

Ein Zusatz von 1% Cu und Si ermöglicht eine Erhöhung des Kohlenstoffgehaltes bis zu 1,5% ohne Beeinträchtigung der Korrosionsbeständigkeit bei entsprechend den Kohlenstoffgehalten veränderten Festigkeitseigenschaften.

Ein neuer rostfreier Chromstahl mit 8 bis 15% Cu und 15 bis 18% Cr besteht aus einer ferritischen Grundmasse mit Einlagerungen des kupferreichen, eisen- und chromarmen Mischkristalls (ε-Phase). Der Werkstoff soll neben guten Festigkeitseigenschaften eine dem 18/8-Chrom-Nickel-Stahl nahekommende Korrosionsbeständigkeit besitzen[3] und bevorzugt folgende Zusammensetzung haben: 0,12% C, 0,4% Si, 0,3% Mn, 18% Cr, 10% Cu[4]. Der Stahl soll nach dem Schweißen ohne nachfolgende Warmbehandlung nicht anfällig gegen interkristalline Korrosion sein[5].

Ein neuer nichtrostender und gegen Schwefelsäure beständiger Stahl[6] enthält 25% Cr, 5% Ni und 3—6% (Mo + Cu), und dürfte ein vorwiegend austenitisch-ferritisches Gefüge haben.

---

[1] Saklatwalla, B. D.: Foundry Trade J. **30**, 156 (1924).

[2] Monnypenny: Stainless Iron and Steel. London 1931. — Palmaer, W.: Korrosion u. Metallsch. **10**, 181 (1934).

[3] Vignos, J. C.: Blast Furn. **26**, 61 (1938).

[4] Sallit, W. B.: Foundry Trade J. **58**, Nr 1134, 385 (1938).

[5] Lippert, T. W.: Iron Age **140**, 54 (15. Okt. 1937).

[6] Nachendsi, Ju.: Stal 8, Nr 8/9 (1938), nach Stahl u. Eisen **58**, 1505 (1938).

Der wichtigste rostfreie austenitische Stahl ist der 18% Cr- 8% Ni-Stahl, der besonders gegen oxydierende Mittel eine ausgezeichnete Korrosionsbeständigkeit besitzt. Neben Molybdän hat sich auch bei diesem Stahl Kupfer als Zusatz zur Erhöhung der Beständigkeit gegen reduzierende Angriffsmittel als wirksam erwiesen, und zwar gegen wässerige Salzsäure, Ammoniumchlorid und insbesondere gegen Schwefelsäure. Ein Stahl mit 0,1% C, 18% Cr, 8% Ni und 3% Cu ist unterhalb 30° gegen reine Schwefelsäure aller Konzentrationen völlig beständig. Im Betriebe hat dieser Stahl in Fällen, in denen der übliche 18 Cr- 8 Ni-Stahl, sowie der gleiche Stahl mit etwa 2% Mo[1] Spannungskorrosion zeigten, sich hiergegen als unempfindlich erwiesen. Nach Angaben der gleichen Stelle erhöht der Kupfergehalt die Stabilität des Austenits, so daß der Stahl auch nach starker Kaltverformung unmagnetisch ist und daher für unmagnetische Bandagendrähte mit Unempfindlichkeit gegen Spannungskorrosion verwendet wird.

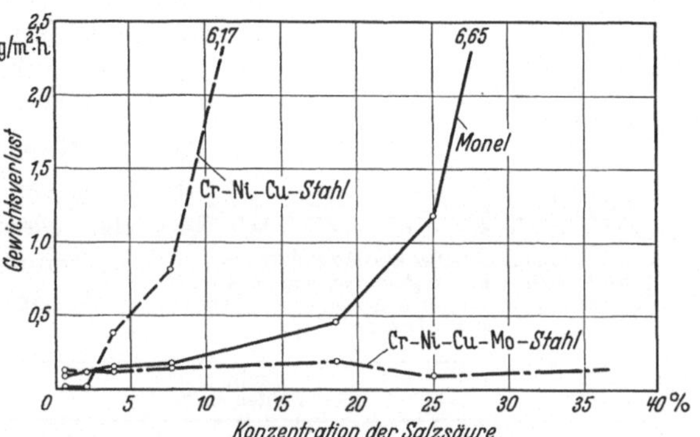

Abb. 63. Beständigkeit von Kupfer und Kupfer + Molybdän enthaltenden, austenitischen Chrom-Nickel-Stählen, sowie von Monelmetall gegen Salzsäure bei Raumtemperatur (Houdremont).

Ein Zusatz von Titan, bei 0,1% C etwa 0,5%, ist ebenso wie bei dem kupferfreien 18/8-Cr-Ni-Stahl üblich und dient hier wie da der Vermeidung von Karbidausscheidungen oberhalb 500° und damit der Beständigkeit gegen interkristalline Korrosion. Die Stähle mit Titan brauchen also beispielsweise nach dem Schweißen nicht auf hohe Temperaturen (über 1000°) erwärmt und abgeschreckt zu werden.

Austenitische Chrom-Nickel-Stähle mit Zusätzen von Kupfer und Molybdän, sowie entweder Titan oder, den gleichen Zweck wie dieses erfüllend, Tantal und Niob, haben einen gegenüber den 18/8-Stählen mit 2 bis 3% Cu zu etwas höheren Temperaturen erweiterten Beständigkeitsbereich gegen nicht zu konzentrierte Schwefelsäure. Die kupfer- und molybdänhaltigen Stähle sind außerdem beständiger gegen verdünnte salzsaure Lösungen. Die Stähle haben etwa folgende Zusammensetzungen: 0,1% C, 18% Cr, 18% Ni, 2% Mo, 2% Cu, 0,5% Ti oder 0,1% C, 18% Cr, 15% Ni, 2% Mo, 2% Cu, 1,3% (Ta + Nb). Der erhöhte

[1] Ich verdanke diese Angabe Herrn Direktor H. Kallen, Fried. Krupp A.G., Essen.

Nickelgehalt wirkt der ferritbildenden Wirkung des Molybdäns, Titans, Tantals und Niobs entgegen und hält den Stahl austenitisch.

Ergebnisse von Korrosionsversuchen an austenitischen Chrom-Nickel-Stählen mit Kupfer bzw. Kupfer + Molybdän von der Art der hier beschriebenen Stähle enthalten die Abb. 63 und 64 nach E. Houdremont[1]. Der Vergleich des Verhaltens dieser Stähle bei Salzsäureangriff mit dem Verhalten von Monelmetall fällt zugunsten des kupfer- und molybdänhaltigen Stahls aus.

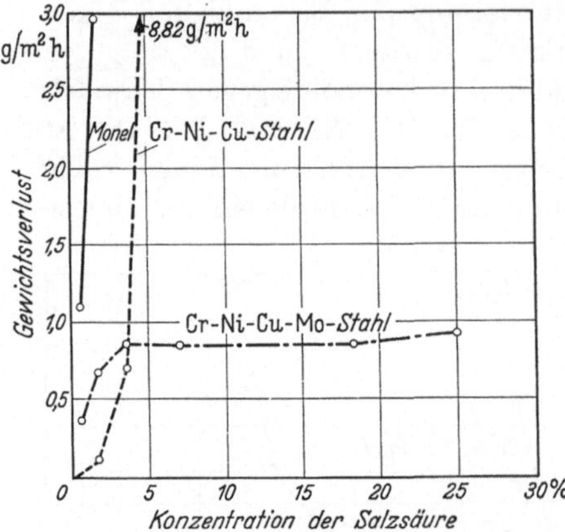

Abb. 64. Wie Abb. 63, aber wechselnder Angriff von Salzsäure und Luft bei Raumtemperatur (Houdremont).

Nachfolgend werden noch einige Angaben von J. L. Miller[2] über den Gewichtsverlust verschiedener austenitischer Stähle in siedender 10%iger Schwefelsäure mitgeteilt:

Stahlart Zahlen in %	Gewichtsverlust in g/m²/Tag
18 Cr — 8 Ni	4250
21 Cr — 12 Ni	4100
15 Cr — 35 Ni	495
11 Cr — 16 Ni — 1 Cu	235
19 Cr — 22 Ni — 1 Cu — 1 Mo	21

Aus dieser Aufstellung geht die günstige Wirkung hoher Nickelgehalte und der überragende Einfluß von Kupfer- und Molybdängehalten in austenitischen Chrom-Nickel-Stählen hervor.

Bei Korrosionsversuchen von J. L. Miller in ebenfalls 10%iger, siedender Schwefelsäure erwiesen sich Eisen-Nickel-Legierungen mit 3% Si und etwa 10 bis 12% Cu als sehr beständig, ohne aber die Beständigkeit des Stahls mit 19% Cr, 22% Ni und je 1% Cu und Mo ganz zu erreichen. Wie aus Abb. 65 hervorgeht, ist der günstigste Nickelgehalt der Eisen-Nickel-Kupfer-Silizium-Legierungen etwa 30%. Bei über 12,5% ansteigendem Kupfergehalt dieser Legierungen nimmt die Beständigkeit wieder etwas ab.

Das Gefüge der Legierungen nach Abb. 65 ist bei Kupfergehalten unter 3% homogen austenitisch. Höhere Kupfergehalte rufen ein heterogenes Gefüge mit austenitischer Grundmasse und Einlagerungen des kupferreichen Mischkristalls hervor, dessen Menge bei konstanten Kupfergehalten mit steigendem Nickelgehalt abnimmt. Die Beständigkeit auch

[1] Houdremont, E.: Sonderstahlkunde. Berlin 1935.
[2] Miller, J. L.: Carnegie Schol. Mem. 21, 111 (1932).

dieser Legierungen ist durch einen bei der Auflösung in der Schwefelsäure entstehenden Kupferbelag mitbedingt. In Salpetersäure sind die
Legierungen daher unbeständig. Ihre Beständigkeit gegen Schwefelsäure wird durch Erhöhung des Siliziumgehaltes auf 4% und durch
einen Chromzusatz von 15% verschlechtert.

Die gut schwefelsäurebeständige Legierung mit 30% Ni, 3% Cu, 3% Si,
Rest Fe ist schmiedbar. Bei 5% Cu ist die Grenze der Schmiedbarkeit
erreicht, so daß die hinsichtlich der Schwefelsäurebeständigkeit beson-
ders günstige Legierung mit 30% Ni, 10% Cu und 3% Si nur im Gußzustand verwendet werden kann.

Die geschmiedete und von 900° abgeschreckte Legierung mit 3% Cu hat folgende Festigkeitseigenschaften: Zugfestigkeit: 52 kg/mm², Dehnung: 46%, Einschnürung: 65%. Auch die Gußlegierung mit 10% Cu hat gute Festigkeitswerte. Beide Legierungen besitzen eine hohe Kerbschlagzähigkeit.

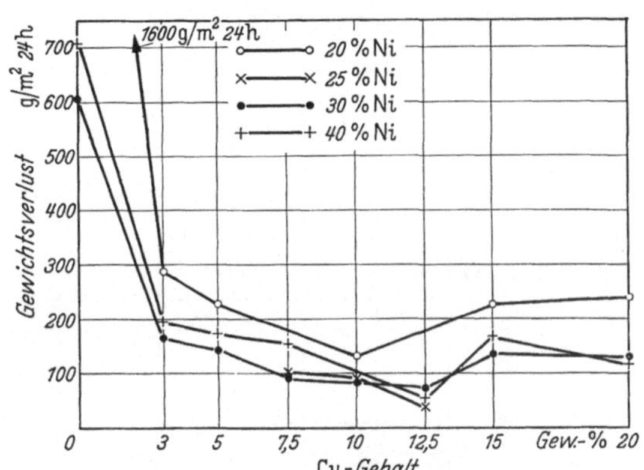

Abb. 65. Einfluß von Kupfer auf die Beständigkeit von Eisen-Nickel-Legierungen mit 3% Si in 10%iger siedender Schwefelsäure (Miller).

Für die Verhältnisse in Deutschland sind die rostfreien, austenitischen
Mangan-Chrom-Stähle von besonderer Bedeutung. F. M. Becket (zit.
S. 25) hat bereits gezeigt, daß die Korrosionsbeständigkeit auch dieser
Stähle durch einen Kupferzusatz von nur 1% schon wesentlich verbessert werden kann. So ist beispielsweise ein Stahl mit 17 bis 19% Cr,
8—10% Mn und 0,75 bis 1,1% Cu rostbeständig, völlig beständig gegen
Salpetersäure aller Konzentrationen bis zu Temperaturen dicht unter
dem Siedepunkt der Säuren, und ähnlich wie 18/8-Chrom-Nickel-Stahl
gegen zahlreiche weitere Medien beständig.

Zum Schluß sei noch ein Chrom-Mangan-Nickel-Kupfer-Stahl mit
18% Cr, 8% Ni, 4 bis 6% Mn und 2 bis 3% Cu erwähnt, der in den
Vereinigten Staaten[1] entwickelt wurde. Er weist ohne weitere Zusätze
(etwa Ti oder Ta) ein stabiles, austenitisches Gefüge auf, braucht also
beispielsweise nach dem Schweißen nicht von hoher Temperatur abge-
löscht zu werden. Die Korrosionsbeständigkeit dieses Stahls ist allgemein höher als die eines 18/8-Chrom-Nickel-Stahls.

e) Verzunderung, Verbrennung, Wasserstoffangriff. Erfahrungsge-
mäß verbessern nur die Legierungselemente, die unedler als das Eisen

---

[1] Kawakami, Y.: Japan Nickel Review 4, 603 (1936).

sind, z. B. Chrom, Aluminium und Silizium, dessen Zunderbeständigkeit. Dabei spielt die Bildung einer die Eisenoberfläche gegen den weiteren Sauerstoffzutritt abschließenden und festhaftenden, dünnen Oxydhaut offenbar die größte Rolle. Grundsätzlich besteht zwar auch die Möglichkeit für eine die Zunderbeständigkeit erhöhende Schutzschichtbildung auf dem Eisen durch edlere Legierungselemente. Bestimmte Fälle sind bisher aber nicht bekannt geworden. Man kann daher nicht erwarten,

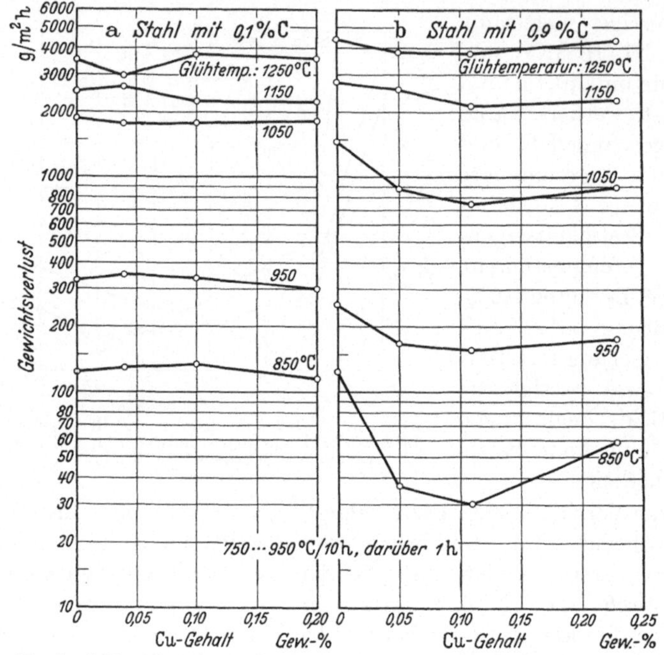

Abb. 66. Gewichtsverlust durch Zunderung in oxydierender Atmosphäre (Bennek).

daß Kupfer die Zunderbeständigkeit des Stahls wesentlich erhöht. Die vorliegenden Versuche bestätigen diese Vorhersage.

H. Bennek (zit. S. 21) hat den Einfluß kleiner Kupfergehalte, wie sie auch als unbeabsichtigte Beimengungen zu erwarten sind, auf die Zunderbeständigkeit von Stählen mit 0,1 und 1,0% C in oxydierender Atmosphäre bestimmt. Die Versuche wurden bei 750 bis 1250° ausgeführt. Die Versuchsdauer betrug bei 750 bis 950° jeweils 10 Stunden, über 950° nur eine Stunde. Die Abb. 66 enthält die Ergebnisse. Bei den niedriggekohlten Stählen erwiesen sich die Kupfergehalte von weniger als 0,25% als ohne Einfluß auf die Zunderbeständigkeit. Bei den Stählen mit 1% C scheinen sie durchweg günstig zu wirken. Die Versuche zeigen eindeutig, daß zumindest keine Verschlechterung des Zunderverhaltens des Stahls durch Kupfergehalte in der Höhe der natürlichen Gehalte zu erwarten ist.

Den Einfluß von Kupfergehalten bis 3% auf die Zunderbeständigkeit von Stahl mit 0,15 bis 0,3% C, 0,3% Si und 0,4% Mn in oxydierender Atmosphäre bei 1200° hat H. Schrader[1] untersucht. Der Gewichtsverlust nach achtstündigem Glühen betrug bei 0% Cu etwa 10,5%, bei 1,56% Cu etwa 12% und bei 3,02% Cu etwa 13%. Diese Versuche ergaben also eine geringe Abnahme der Zunderbeständigkeit mit steigendem Kupfergehalt.

Versuche von E. Scheil und K. Kiwit[2] ergaben keine merkliche Verbesserung der Zunderbeständigkeit des Eisens durch Kupfer. Nach R. H. Harrison (zit. S. 9) sollen Chrom - Kupfer - Vergütungsstähle eine höhere Zunderbeständigkeit als Chrom - Nickel - Stähle haben. Ein steigender Kupfergehalt führte aber auch bei den Chrom-Kupfer-Stählen nicht zu zunehmender Zunderbeständigkeit. Hieraus läßt sich entnehmen, daß nicht das Kupfer der für das unterschiedliche Zunderverhalten der Chrom--Nickel- und Chrom - Kupfer-Stähle ausschlaggebende Faktor ist. Wenngleich die gesamten Versuchsunterlagen nur spärlich sind, so läßt sich doch, gestützt auch auf die erfahrungsgemäße Erwartung, feststellen, daß Kupfer die Zunderbeständigkeit des Eisens nur unwesentlich verändert.

Scheil und Kiwit untersuchten die Abhängigkeit des Kupfergehaltes der äußeren und inneren Zunderschichten vom Kupfergehalt des Stahls bei verschiedenen Verzunderungstemperaturen. Die Ergebnisse veranschaulicht Abb. 67. Der Kupfergehalt der inneren und äußeren Zunderschichten liegt, abgesehen von zwei Werten für die innere Schicht (900 und 1000°) unter dem Kupfergehalt des Stahls. Da das Kupfer bei der höchsten angewendeten Versuchstemperatur (1200°) noch nicht merklich verdampft, ergibt sich aus Abb. 67, daß es sich nicht in oder zwischen den beiden Zunderschichten, sondern zwischen der inneren Zunderschicht und der Stahloberfläche anreichert. Das gleiche lehrt auch der metallographische Befund, wobei vor allem eine Anreicherung des Kupfers an

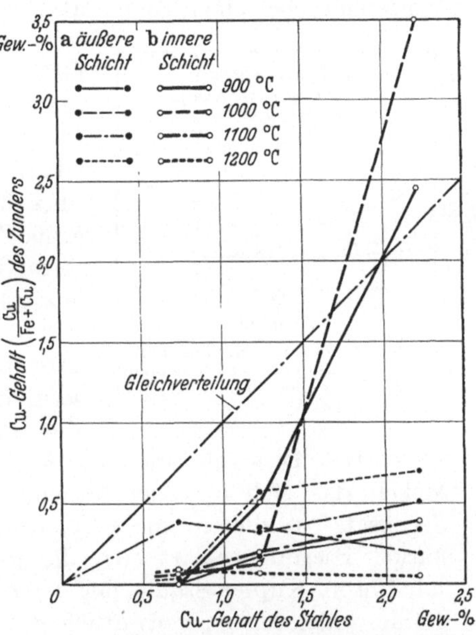

Abb. 67. Abhängigkeit des Kupfergehaltes der Zunderschichten vom Kupfergehalt des Stahls bei verschiedenen Zundertemperaturen (Scheil und Kiwit).

---

[1] Schrader, H.: Techn. Mitt. Krupp 2, H. 5, 136 (1934).
[2] Scheil, E. u. K. Kiwit: Arch. Eisenhüttenw. 9, 405 (1935/36).

den Korngrenzen festgestellt wird. Das Eindringen des aus den verzunderten Schichten des Stahls stammenden Kupfers in die Korngrenzen des Stahls und die Verhinderung dieses Vorganges durch Legierungselemente, vor allem durch Nickel, ist im Abschnitt V 2 (Warmverformung) dieses Buches im Zusammenhang mit dem oberhalb des Kupferschmelzpunktes auftretenden Rotbruch schon eingehend behandelt worden.

Zur Feststellung der Empfindlichkeit von Kupferstählen gegen Verbrennungserscheinungen glühte H. Schrader (zit. S. 91) Proben aus Stahl mit 0,15 bis 0,23% C und 0, 1,56 und 3,02% Cu in oxydierender Atmosphäre bei einer Temperatur von 1200°, die als Wärmtemperatur von Walzgut in Betracht kommt. Für Glühzeiten von 2 und 8 Stunden wurde die Beschaffenheit der Randzone der Stahlproben in Schliffen senkrecht zur Oberfläche festgestellt und durch Angaben über die Tiefe unter der Oberfläche, in der grobe Zunderäste bzw. Oxyde in Punktform vorlagen, gekennzeichnet. Abb. 68 läßt erkennen, daß mit steigendem Kupfergehalt des Stahls die Eindringtiefe der groben und punktförmigen Zunderteilchen abnimmt, das Kupfer demnach die Neigung des Stahls zu Verbrennungserscheinungen

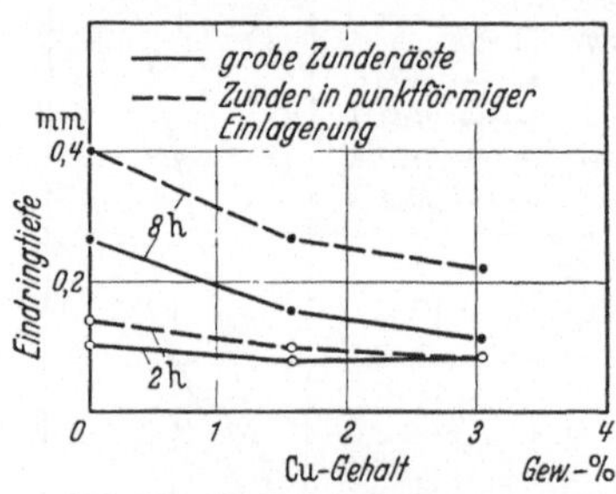

Abb. 68. Einfluß des Kupfergehaltes im Stahl auf das Eindringen von Zunder bei 1200° in oxydierender Atmosphäre (Schrader).

herabsetzt. Dies geht auch aus Abb. 69 hervor, die weiterhin zeigt, daß Nickel, das sich in vieler Beziehung ähnlich wie Kupfer verhält, im Gegensatz zu diesem die Oxydation der Randschicht des Stahls verstärkt. Hiermit erklärt sich die weiter oben angeführte Feststellung, daß Chrom-Kupfer-Stähle der Verzunderung besser als Chrom-Nickel-Stähle widerstehen, vermutlich auf Grund der hier wiedergegebenen Beobachtungen als eine ungünstige Wirkung des Nickels, nicht aber als eine günstige des Kupfers. Letzteres wurde auch oben bereits zum Ausdruck gebracht. Es ist natürlich zu beachten, daß das hier behandelte Eindringen von Oxyden in den Stahl nicht mit seiner Zunderbeständigkeit, wie sie beispielsweise durch Messung des Gewichtsverlustes festgestellt wird, gleichgesetzt werden darf. Der schwache Schutz gegen Verbrennungserscheinungen, den ein Kupfergehalt dem Stahl gibt, wird durch die Bildung einer dünnen Kupferschicht auf der Stahloberfläche als Folge der selektiven Oxydation des Eisens hervorgerufen. Mit einem von 0 auf 3% steigenden Kupfergehalt nahm die mikroskopisch gemessene Dicke der Kupferschicht fast linear von 0 auf etwa 0,8 mm zu. Ein mehr oder weniger guter Abschluß der Stahloberfläche gegen das Zutreten von Sauerstoff erschiene somit verständlich. Allerdings nahm doch die Zunderbeständigkeit von Proben aus dem gleichen Stahl (s. o.) mit steigendem Kupfergehalt leicht ab.

F. Nehl hat eingehend eine hier zu besprechende Eigenschaft bestimmter Stähle behandelt, die er als Oberflächenempfindlichkeit bezeichnet. Diese tritt nur bei der Einwirkung bestimmter Heizgase auf und steht außerdem im Zusammenhang mit einem Kupfergehalt des Stahls. Als Kennzeichen der Oberflächenempfindlichkeit finden sich unter der Zunderschicht von Walzwerkserzeugnissen, die bei der Warmverarbeitung besonders hohen Zugbeanspruchungen an der Oberfläche

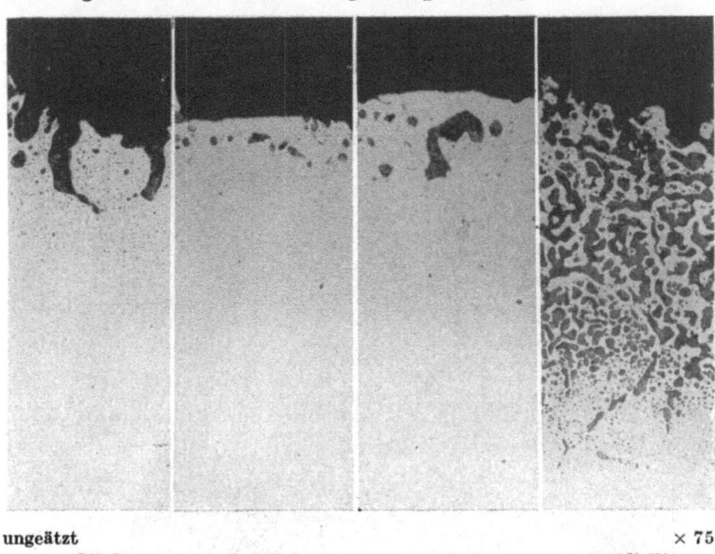

Abb. 69. Beschaffenheit der Randzone von Kohlenstoff-, Kupfer- und Nickelstahl nach 8stündigem Glühen bei 1200° in oxydicrender Atmosphäre (S c h r a d e r).

ausgesetzt waren, feine Oberflächenrisse. Die Abb. 70 und 71 zeigen diese Fehlererscheinung in der Ansicht und im Schliffbild. Ein unmittelbarer Zusammenhang zwischen der Oberflächenempfindlichkeit und dem Ausmaß der Verzunderung besteht nicht.

Als Ursache der Oberflächenempfindlichkeit von Stählen gegen Heizgase (z. B. 8% CO_2, max. 1,5% O_2, Rest N_2 und Wasserdampf) kommt der Angriff der Korngrenzen durch geringe Mengen Sauerstoff bei Temperaturen über 800° in Frage. Eine besonders starke Wirkung wird dem bei der Wasserdampfzersetzung entstehenden Sauerstoff zugeschrieben. Schon der Wasserdampfgehalt der atmosphärischen Luft genügt, um bei seiner Zersetzung die Entstehung der Oberflächenrisse zu begünstigen. Eine stärkere Wirkung des entstehenden Sauerstoffs auf die Korngrenzen ist nur dann zu beobachten, wenn der Stahl mehr als 0,08% Cu enthält. Diese Feststellung ergibt sich aus den in Zahlentafel 31 wiedergegebenen Versuchsergebnissen, die außerdem in Einklang sind mit Häufigkeitsuntersuchungen an Stählen mit 0,122 bis 0,140% Cu.

Erhöhte Phosphorgehalte scheinen den Einfluß des Kupfergehaltes teilweise aufzuheben.

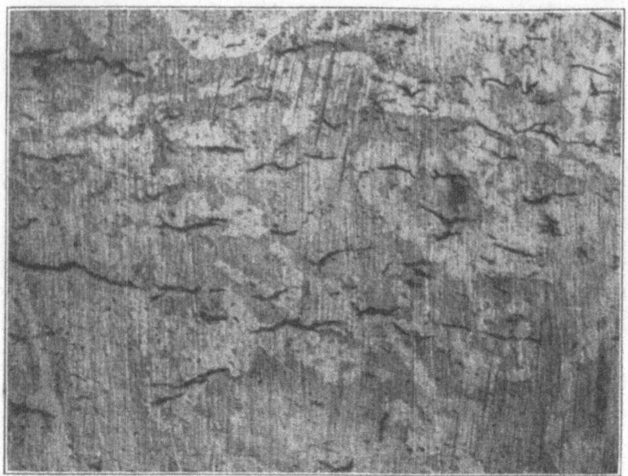

Abb. 70. Oberfläche eines Hohlkörpers mit Rissen (rund ×2) (Nehl).

Es wird vermutet, daß das Kupfer bei der Entstehung der Oberflächenrisse eine katalytische Wirkung ausübt. Daß schon sehr kleine,

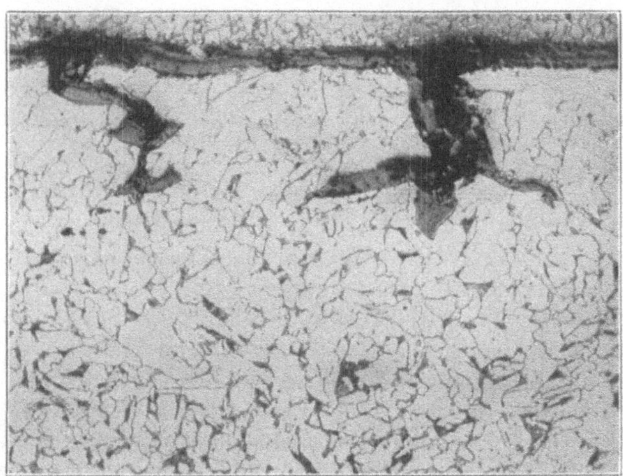

Abb. 71. Schnitt durch die rissige Oberfläche nach Abb. 70 (rund ×100) (Nehl).

auf die Stahloberfläche aufgebrachte Kupfermengen die Erscheinungen der Oberflächenempfindlichkeit hervorrufen, spricht für diese Annahme. Die Möglichkeit der Bildung feinster Kupferüberzüge bei der Verzunderung ist ja auch bei den niedrigen Kupfergehalten der Stähle gegeben.

Zahlentafel 31. Einfluß des Kupfergehaltes auf die Rißempfindlichkeit beim Biegeversuch bei 1050° (F. Nehl).

Stahl	C %	Si %	Mn %	P %	S %	Cu %	Biegeprobe*
1	0,12	0,13	0,64	0,031	0,022	0,02	—
2	0,13	0,12	0,66	0,030	0,016	0,03	—
3	0,11	0,0	0,33	0,028	0,037	0,04	—
4	0,11	0,0	0,32	0,017	0,026	0,04	—
5	0,12	0,0	0,35	0,022	0,030	0,04	—
6	0,05	0,0	0,32	0,033	0,035	0,04	—
7	0,10	0,0	0,33	0,023	0,031	0,04	—
8	0,16	0,0	0,41	0,069	0,102	0,04	—
9	0,04	0,0	0,30	0,078	0,037	0,04	—
10	0,13	0,0	0,35	0,027	0,026	0,05	—
11	0,07	0,0	0,34	0,023	0,020	0,05	—
12	0,12	0,0	0,38	0,032	0,024	0,05	—
13	0,05	0,0	0,32	0,078	0,035	0,05	—
14	0,08	0,0	0,35	0,031	0,060	0,05	—
15	0,06	0,0	0,32	0,042	0,038	0,06	—
16	0,09	0,0	0,33	0,015	0,021	0,06	—
17	0,10	0,0	0,39	0,025	0,031	0,07	—
18	0,18	0,10	0,70	0,040	0,032	0,08	—
19	0,07	0,0	0,62	0,056	0,026	0,08	—
20	0,06	0,0	0,32	0,020	0,025	0,08	—
21	0,09	0,0	0,34	0,021	0,030	0,08	·
22	0,04	0,0	0,31	0,007	0,025	0,08	·
23	0,05	0,0	0,26	0,015	0,026	0,08	—
24	0,04	0,0	0,26	0,010	0,023	0,08	—
25	0,07	0,0	0,32	0,033	0,040	0,09	—
26	0,07	0,0	0,27	0,020	0,019	0,09	·
27	0,11	0,12	0,61	0,012	0,020	0,10	·
28	0,06	0,0	0,35	0,037	0,021	0,11	·
29	0,06	0,0	0,23	0,012	0,032	0,13	·
30	0,18	0,03	0,51	0,004	0,021	0,15	+
31	0,05	0,0	0,30	0,009	0,022	0,15	++
32	0,24	0,43	0,78	0,022	0,020	0,15	+
33	0,32	0,23	0,82	0,028	0,016	0,16	+++
34	0,11	0,11	0,52	0,036	0,043	0,16	++
35	0,12	0,07	0,46	0,006	0,025	0,17	++
36	0,09	0,15	0,55	0,019	0,032	0,19	++
37	0,18	0,23	0,78	0,045	0,029	0,19	++
38	0,18	0,02	0,66	0,027	0,037	0,21	++
39	0,21	0,34	1,09	0,061	0,035	0,23	++
40	0,07	0,0	0,41	0,082	0,032	0,24	+
41	0,05	0,0	0,38	0,054	0,025	0,25	·
42	0,09	0,0	0,46	0,059	0,039	0,25	·
43	0,09	Sp.	0,52	—	—	0,30	++
44	0,24	0,38	0,89	—	—	0,50	+

* — keine Risse, · mit der Lupe wahrnehmbare Risse, + mit bloßem Auge wahrnehmbare Risse, ++ stärkere Rißbildung, +++ sehr starke Rißbildung.

Ein Unterschied zwischen der Rotbrüchigkeit, die bei Kupfergehalten über 0,5% und bei Temperaturen über dem Kupferschmelzpunkt an stark auf Zug beanspruchten Stellen des Stahls auftreten kann, und der Oberflächenempfindlichkeit besteht insofern, als die Rotbrüchigkeit mit

steigender Temperatur dauernd zunimmt, während die Oberflächenempfindlichkeit bei hohen Temperaturen wieder abnimmt. Es mag noch
darauf hingewiesen werden, daß der Sauerstoffangriff der Korngrenzen
auch bei der durch Kupfer erzeugten Rotbrüchigkeit des Stahls nach
Ansicht besonders von W. Rädeker (zit. S. 21) eine wichtige Rolle spielt.

Die Analogie zwischen Rotbruch und Oberflächenempfindlichkeit
besteht auch noch darin, daß beide durch Nickelzusätze zum Stahl
völlig vermieden werden können. Der die Oberflächenempfindlichkeit hervorrufende Sauerstoffangriff der Korngrenzen kann allerdings außerdem durch eine Erhöhung der Sauerstoffkonzentration, die die Zersetzung des Wasserdampfes verringert, sowie Zugabe von Schwefel zu den Heizgasen wesentlich vermindert werden. Es wäre noch zu prüfen, ob und wie sich die gleichen Maßnahmen auf die Rotbrüchigkeit auswirken.

Im Zusammenhang mit der Verzunderung des Stahls beim Anwärmen zum Walzen u. dgl. ist auch die Frage der

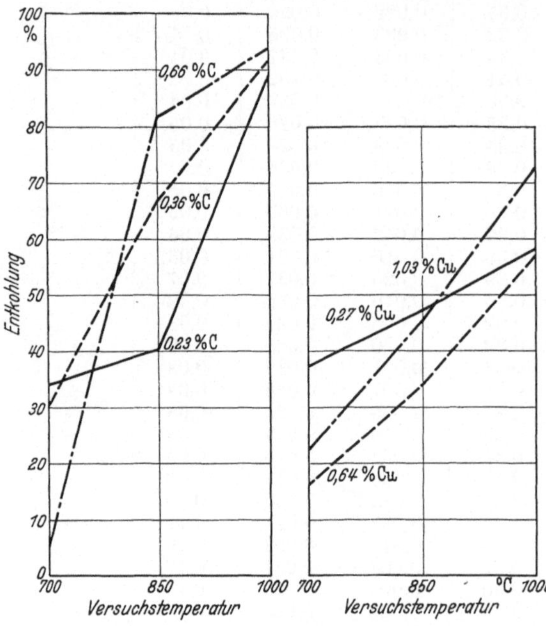

Abb. 72. Entkohlung von Kohlenstoff- und Kupferstählen
durch Wasserstoff (Baukloh und Guthmann).

Entkohlung von Bedeutung. In oxydierender Atmosphäre stellte
H. Bennek (zit. S. 21) eine Zunahme der Entkohlung durch Kupfergehalte bis 0,25 % fest. Diese Versuche wurden an dicken Proben
ausgeführt. W. Baukloh und H. Guthmann[1], die Entkohlungsversuche an Stahlspänen in Wasserstoff anstellten, kommen zu dem Ergebnis, daß Kupfer die Entkohlungsgeschwindigkeit des Stahls durch
Wasserstoff etwas vermindert. Abb. 72 zeigt den Einfluß des Kohlenstoffs auf die Entkohlung an Kohlenstoffstählen mit 0,23 bis 0,66 % C,
0,15 bis 0,45 % Si und 0,21 bis 0,36 % Mn, und den Einfluß des
Kupfers an Kupferstählen mit 0,12 bis 0,13 % C, 0,24 % Si, 0,56 bis
0,64 Mn und 0,27 bis 1,03 % Cu. Da der Einfluß des Kohlenstoffs nach
Abb. 72 beträchtlich ist und die kupferfreien Stähle 0,23 bis 0,66 % C, die
Kupferstähle dagegen 0,12 bis 0,13 % C enthielten, erscheint die von

---

[1] Baukloh, W. u. H. Guthmann: Arch. Eisenhüttenw. **9**, 201 (1935).

Baukloh und Guthmann aus der Abb. 72 gezogene Folgerung über die Wirkung des Kupfers auf die Entkohlungsgeschwindigkeit des Stahls in Wasserstoff nicht völlig überzeugend. Auch ist die Feststellung, daß der geringste Wasserstoffangriff nicht mit dem höchsten untersuchten Kupfergehalt (1,03%) zusammenfällt, sondern bei 0,64% Cu vorliegt, nicht ohne weiteres verständlich.

Nach K. F. Naumann[1] wird die Beständigkeit von Stahl gegen Angriff durch Wasserstoff durch solche Legierungselemente, die stabile Karbide bilden, stark erhöht. Die in dieser Beziehung wirksamsten Zusätze, Vanadin, Titan, Zirkon, Tantal und Niob, führten dann zu einer sprunghaften Beständigkeitserhöhung, wenn ihr Gehalt ausreichte, um den gesamten Kohlenstoffgehalt des Stahls als stabiles Karbid zu binden. Zur Prüfung der Wasserstoffbeständigkeit wurden Zug- und Kerbschlagproben 100 h unter einem Druck von 300 kg/cm² in ungereinigtem Wasserstoff geglüht. Die durch Wasserstoff angegriffenen Proben zeigten einen starken Zähigkeitsverlust infolge von Korngrenzenrissen, die im Zusammenhang mit der Entkohlung entstanden. Die Abnahme der Zähigkeit kam am deutlichsten in der Abnahme der Einschnürung beim Zugversuch zum Ausdruck.

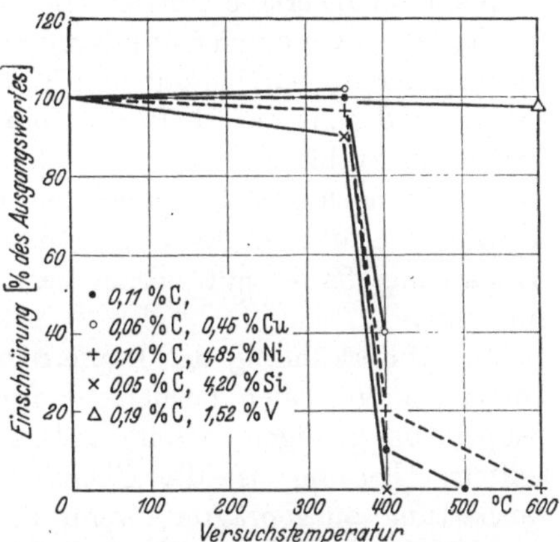

Abb. 73. Einfluß von Kupfer, Nickel, Silizium und Vanadin auf die Einschnürung von Stahl nach Wasserstoffglühung (100 Stunden, 300 kg/cm² H₂) (Naumann).

Kupfer gehört, wie beispielsweise auch Nickel und Silizium, zu den Elementen, die im Stahl keine (beständigen) Karbide bilden. Wie Abb. 73 zeigt, verbessern demgemäß Zusätze dieser Elemente im Gegensatz zum Vanadin die Wasserstoffbeständigkeit des Stahls nicht.

VI. Einfluß der Ausscheidungshärtung auf die Eigenschaften der Kupferstähle.

1. Eisen-Kupfer-Legierungen und Kupferstähle.

Im System Eisen-Kupfer (vgl. Abb. 1) sind die Vorbedingungen für die Ausscheidungshärtung auf der Eisen- und auf der Kupferseite erfüllt. Sowohl der eisenreiche α-Mischkristall, wie auch der kupferreiche ε-Mischkristall besitzen eine mit steigender Temperatur zunehmende Löslichkeit für Kupfer bzw. Eisen. Beide Mischkristallarten sind schon durch Abkühlen von geeigneten Temperaturen mit mäßiger Geschwindigkeit im

---

[1] Naumann, K. F.: Stahl u. Eisen **58**, 1239 (1938).

übersättigten Zustand bei Raumtemperatur zu erhalten. Im folgenden wird der Einfluß der Ausscheidungshärtung des eisenreichen Mischkristalls auf die Eigenschaften von Eisen-Kupfer-Legierungen und von Kupferstählen eingehend behandelt, nachdem in den vorstehenden Abschnitten die Eigenschaften der nicht ausgehärteten Werkstoffe beschrieben wurden. Über die Ausscheidungshärtung des Eisens durch Kupfer liegt ein umfangreiches Schrifttum vor; ihre technische Bedeutung ist aber erst in einigen Sonderfällen hervorgetreten.

Während die ersten Hinweise auf die Eigenschaften von kupferhaltigen Stählen schon vor einigen hundert Jahren gemacht wurden, gehört die Entdeckung der Aushärtbarkeit von Eisen-Kupfer-Legierungen der neuesten Zeit an und geht auf H. B. Kinnear[1] zurück, dem im Jahre 1926 ein Patent auf Stähle mit 0,5% bis 5% Cu, insbesondere mit 0,9% Cu erteilt wurde, die nach dem Normalglühen beim Anlassen bei 540° eine Härtesteigerung erfuhren. Es war Kinnear auch bereits bekannt, daß der Aushärtungseffekt mit abnehmendem Kohlenstoffgehalt des Stahls zunimmt.

Zur Unterkühlung des kupferreichen α-Eisenmischkristalls von den Temperaturen hoher Löslichkeit für Kupfer (vgl. Abb. 2) auf Raumtemperatur genügen bereits ziemlich kleine Abkühlungsgeschwindigkeiten. Allerdings ist die Übersättigung vollständiger und damit die Aushärtung ausgeprägter, wenn die Abkühlungsgeschwindigkeit groß war. Aushärtung durch Kupfer tritt nach F. Nehl[2] schon nach Abkühlung in Luft ein. Demnach sind Walzerzeugnisse durchweg in einem Zustand, der beim Anlassen eine Aushärtung ergibt. Bei niedriggekohlten Stählen, die mit einer Geschwindigkeit von nur etwa 1°/min abgekühlt wurden, war noch eine Aushärtbarkeit vorhanden[3]. Nach C. S. Smith und E. W. Palmer[4] reicht eine Abkühlungsgeschwindigkeit von 1,5°/min zur Unterkühlung des α-Eisen-Kupfer-Mischkristalls aus. Erst wenn die Abkühlung mit nur 0,4°/min (= 24°/h), also bereits sehr langsam erfolgt, tritt keine Unterkühlung und daher beim Wiedererwärmen auch keine Aushärtung mehr ein.

Da die Löslichkeit des Kupfers im α-Eisen bei 600 bis 650° nach Abb. 2 etwa 0,4% beträgt und bei tieferen Temperaturen wahrscheinlich noch etwas niedriger liegt, wäre eine Aushärtbarkeit von Eisen-Kupfer-Legierungen mit mehr als 0,35% Cu zu erwarten. Aus Abb. 74 nach F. Nehl geht indessen hervor, daß erst oberhalb 0,6% Cu eine Aushärtungswirkung feststellbar ist. Auch Smith und Palmer u. a. haben unter 0,6% Cu keine, ab 0,7% Cu eine deutliche Aushärtung festgestellt.

---

[1] U.S.-Patent Nr. 1607086 vom 16. 11. 1926.

[2] Nehl, F.: Stahl u. Eisen **50**, 678 (1930).

[3] Lorig, C. H.: Metal Progr. **27**, Nr 4, 53 (1935).

[4] Smith, C. S. u. E. W. Palmer: Trans. Amer. Inst. min. metallurg. Engrs., Iron Steel Div. **105**, 133 (1933).

Diese Beobachtungen über das Fehlen einer Aushärtung zwischen 0,35 und 0,6% Cu kann man auf die Trägheit des Kupfers, aus der festen Lösung im α-Eisen auszuscheiden, zurückführen. Erst eine stärkere Übersättigung des α-Eisens an Kupfer als um 0,25% führt beim Anlassen zur Aufhebung des Übersättigungszustandes. So ist es auch erklärlich, daß die Ausscheidungswirkung, wenn der Kupfergehalt 0,6% nur wenig überschreitet, gleich eine beträchtliche Stärke erreicht: Wenn die Ausscheidung einsetzt, so wird vermutlich nicht nur der 0,6% überschreitende, sondern der etwa 0,35% überschreitende Kupfergehalt ausgeschieden werden.

Mit über 0,6% steigendem Kupfergehalt nimmt die Ausscheidungswirkung bis etwa 0,8 bis 1% Cu rasch und beträchtlich, dann bis etwa 1,4 bis 1,5% Cu weniger stark zu (Abb. 74). Über etwa 1,5% Cu ist nach übereinstimmenden Ergebnissen mehrerer neuerer Arbeiten keine eindeutige Zunahme der Ausscheidungswirkung mehr feststellbar. Es war dies ein Grund mit für die Annahme von 1,4% Cu als größte Löslichkeit des α-Eisens für Kupfer bei hohen Temperaturen. Auf Grund der Annahme einer wesent-

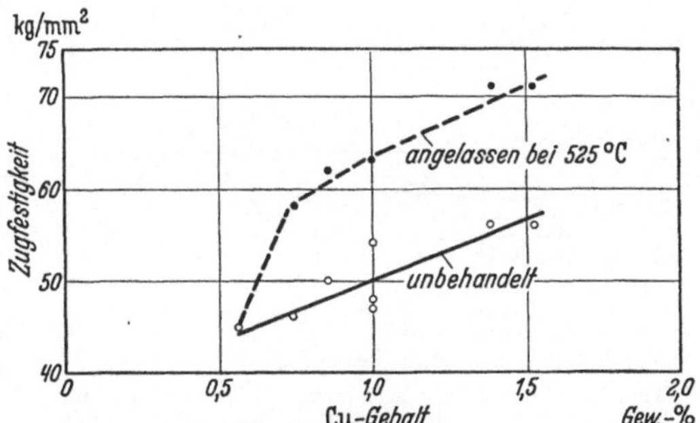

Abb. 74. Einfluß des Kupfergehaltes auf die Zugfestigkeit von Stahl im unbehandelten und angelassenen Zustand (Nehl).

lich größeren, maximalen Lösungsfähigkeit des α-Eisens wurde eine der ersten eingehenden Untersuchungen der Ausscheidungshärtung des Eisens durch Kupfer an einer Legierung mit 5% Cu (0,04% C, 0,18% Si, 0,16% Mn, 0,015% P und 0,039% S) von H. Buchholtz und W. Köster[1] ausgeführt. Auf diese Untersuchungen sei zunächst näher eingegangen.

Die Eisen-Kupfer-Legierung mit 5% Cu wurde bei 600° geglüht, um den gegebenenfalls von einer voraufgegangenen Abkühlung (nach dem Schmieden) herrührenden Übersättigungszustand aufzuheben. Die Legierung wurde sodann von Temperaturen zwischen 600 und 900° abgeschreckt und bei Temperaturen bis 650° angelassen. Aus Abb. 75 ersieht man, daß mit steigender Abschrecktemperatur sowohl die Härte der abgeschreckten, wie auch die der auf Höchsthärte angelassenen Proben zunimmt. Beides ist für die Abschrecktemperaturen bis 800° auf die mit steigender Temperatur zunehmende Löslichkeit des α-Eisens für Kupfer zurückzuführen, die auch eine verstärkte Ausscheidung beim Anlassen bedingt. Mit zunehmender Abschrecktemperatur, also infolge

---

[1] Buchholtz, H. u. W. Köster: Stahl u. Eisen **50**, 687 (1930).

der steigenden Übersättigung des α-Mischkristalls, sinkt die Anlaßtemperatur, bei der die Höchsthärte erreicht wird, von 600 auf 500°
für die Abschrecktemperaturen von 650 bzw. 800°.

Beim Abschrecken aus dem γ-Gebiet, d. h. von 850 und 900° in Abb. 75
(vgl. Abb. 2), steigt die Abschreckhärte gegenüber den aus dem α-Gebiet
(bis 800°) abgeschreckten Proben sprunghaft an. Die aus dem γ-Gebiet
abgeschreckte Legierung macht bei der Abschreckung die γ/α-Umwand-
lung durch, was zu einer beträchtlichen Verstärkung des inneren, makro-
skopischen Spannungszustandes (Umwandlungs- und Wärmespannungen)
gegenüber der aus dem α-Gebiet abgeschreckten Legierung (nur Wärmespannungen) führt. Diese Er-
höhung der inneren Span-
nungen begünstigt die Aufhebung des Übersättigungszustandes der aus dem γ-Ge-
biet abgeschreckten Proben.
Daher sinkt bei der Erhöhung
der Abschrecktemperatur von
800 auf 900° die Anlaßtemperatur, bei der das Härtemaximum auftritt, von 500 auf
400°. Auf die Vorgänge beim
Abschrecken der Eisen-Kupfer-
Legierungen aus dem γ-Gebiet
(Abschreckhärtung) wird weiter

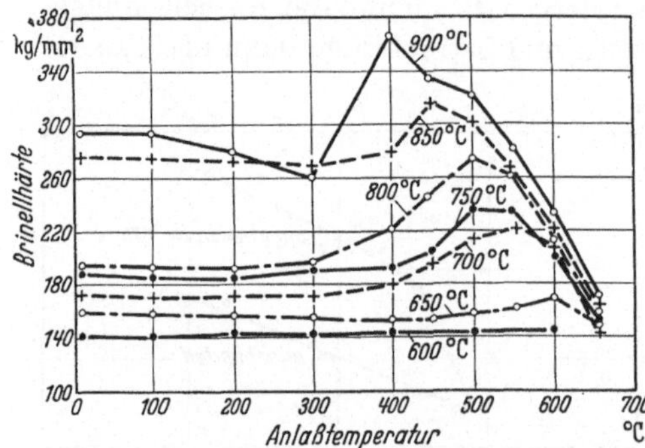

Abb. 75. Einfluß des Anlassens auf die Härte einer
5%igen Eisen-Kupfer-Legierung nach Abschrecken
von verschiedenen Temperaturen
(Buchholtz und Köster).

unten noch näher eingegangen. Auch die so abgeschreckten Legierungen
zeigen die Ausscheidungshärtung ebenso, wie die aus dem α-Gebiet abgeschreckten.

A. Kussmann und B. Scharnow[1] beobachteten beim Abschrecken
von Temperaturen bis 800° keine Zunahme der Abschreckhärte mit der
Abschrecktemperatur. Da ihre Versuchswerkstoffe vor dem Abschrecken
nicht durch Glühen in den Gleichgewichtszustand gebracht wurden,
erklärt sich dieses Ergebnis damit, daß die Prüfkörper die durch Abschrecken von 800° erreichbare Übersättigung bereits von einer den
Versuchen voraufgegangenen Abkühlung her aufwiesen.

Der Zerfall des übersättigten α-Eisen-Kupfer-Mischkristalls beim
Anlassen durch Ausscheidung der ε-Phase ist ebenso wie andere Ausscheidungsvorgänge mit Änderungen der physikalischen Eigenschaften
verbunden. Auf die Ausscheidung selbst spricht die elektrische Leitfähigkeit sehr empfindlich an, und zwar nimmt sie ganz allgemein zu,
wenn aus einer festen Lösung ein heterogenes Gefüge entsteht, wie es bei
jeder Ausscheidung der Fall ist. Gegen die Änderung der Größe bereits
ausgeschiedener Teilchen ist die elektrische Leitfähigkeit unempfindlich,

---

[1] Kussmann, A. u. B. Scharnow: Z. anorg. Chem. 178, 317 (1929).

dagegen spricht hierauf die Koerzitivkraft an. Die Abb. 76 zeigt die zeitlichen Änderungen der elektrischen Leitfähigkeit und Koerzitivkraft beim Anlassen bei 500 bis 650° der von 900° abgeschreckten Legierung mit 5% Cu. Ein die beginnende Ausscheidung des Kupfers andeutender Leitfähigkeitsanstieg war schon zwischen 300 und 400° erkennbar. Mit steigender Anlaßtemperatur verläuft die Ausscheidung rascher. Wie die entsprechende Leitfähigkeitsisotherme zeigt, ist der Mischkristallzerfall bei 500° Anlaßtemperatur nach etwa 15 Stunden nahezu vollständig eingetreten. Bei 600° Anlaßtemperatur ist die Ausscheidung schon größtenteils nach etwa 2 Stunden vor sich gegangen, was daraus hervorgeht, daß die Leitfähigkeit nach dieser Zeit schon wieder nahezu ihren

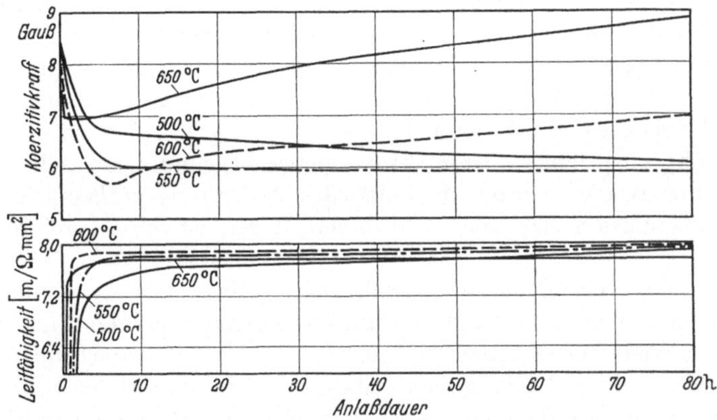

Abb. 76. Zeitliche Änderungen von Leitfähigkeit und Koerzitivkraft einer von 900° abgeschreckten, 5%igen Kupfer-Eisen-Legierung bei verschiedenen Anlaßtemperaturen (Buchholtz und Köster).

Höchstwert erreicht hat. Mit zunehmender Anlaßdauer findet nur noch ein geringfügiger Leitfähigkeitsanstieg statt. Bei 650° macht sich bereits eine merkliche Zunahme der Löslichkeit des α-Eisen-Mischkristalls für Kupfer gegenüber 600° darin bemerkbar, daß der Leitfähigkeitsanstieg kleiner als bei 600° ist und mit zunehmender Anlaßdauer die Leitfähigkeit nicht weiter ansteigt, sondern infolge Wiederauflösung eines kleinen Teils der ausgeschiedenen Komponente sogar wieder leicht absinkt, wenn die Abkühlungsgeschwindigkeit nach dem Anlassen ausreicht, um das Kupfer in fester Lösung zu halten.

Beim Anlassen bei niedrigen Temperaturen und beim kurzzeitigen Anlassen im Temperaturgebiet des raschen Leitfähigkeitsanstieges hat die ausgeschiedene Komponente eine sehr kleine Teilchengröße. Diese bedingt einen Abfalls der Koerzitivkraft gegenüber dem abgeschreckten Zustand (Abb. 76, oben). Noch bei 550° ist die Ballungsgeschwindigkeit der ausgeschiedenen ε-Phase so gering, daß nach 80 Stunden außer dem Abfall noch keine weitere Änderung der Koerzitivkraft eintritt. Bei 600° Anlaßtemperatur hingegen führt die Koagulation der ausgeschiedenen Phase ab 6 Stunden Anlaßdauer zu einer Teilchengröße, die einen Wiederanstieg der Koerzitivkraft herbeiführt. Nach Beobachtungen vor allem von W. Köster auch an anderen ausscheidungsfähigen Systemen mit Eisen tritt eine starke Zunahme der Koerzitivkraft dann ein, wenn die Ausscheidungen eine Teilchengröße erlangen, die etwa einer mikroskopisch gerade erkennbaren entsprechen. Eine solche Teilchengröße wird verhältnismäßig rasch beim Anlassen in der Nähe der Temperatur erreicht, bei der die Löslichkeit des Mischkristalls für die ausscheidungsfähige Phase mit steigender Temperatur stärker zuzunehmen beginnt. Diese Temperatur liegt im System Eisen-Kupfer für den α-Eisen-Mischkristall etwa bei 650°. Die Koerzitivkraft-Isotherme in Abb. 76 zeigt durch ihren starken Anstieg nach raschem Abfall in der ersten Stunde Anlaßdauer ein starkes Wachsen der Teilchengröße der Ausscheidungen bei längerem Anlassen bei 650° an. — Die Deutung des Abfalls der Koerzitivkraft als Folge des Entstehens von Ausscheidungen geringer Teilchengröße — keinesfalls als Folge des Zerfalls der festen Lösung, auf den die Koerzitivkraft nicht anspricht — ist nicht als sicher begründet anzusehen. Der Anstieg der Koerzitivkraft als Folge des Auftretens größerer Teilchen durch Koagulation der ausgeschiedenen Phase ist hingegen eindeutig erwiesen.

Nach den vorstehenden Ausführungen über den Zusammenhang zwischen Ausscheidungs- und Ballungsvorgängen und den Änderungen der elektrischen Leitfähigkeit und der Koerzitivkraft bedarf die Abb. 77 keiner besonderen Erklärung mehr. Diese Abbildung zeigt den Einfluß des Glühens nach verschiedenen Vorbehandlungen auf die Koerzitivkraft und Leitfähigkeit der von 900° abgeschreckten Legierung mit 5% Cu.

Neben der Ausscheidungshärtung nach Abschrecken aus dem α- und γ-Gebiet bewirkt Kupfer beim Abschrecken aus dem γ-Gebiet auch eine ähnliche, allerdings weit geringere Abschreckhärtung wie der Kohlenstoff im Eisen. Auf die sprunghafte Härtezunahme als Folge der Abschreckung beim Übergang der Abschrecktemperatur aus dem α- in das γ-Gebiet wurde bei der Besprechung der Abb. 75 schon hingewiesen. Buchholtz und Köster führen die durch Kupfer erzeugte Abschreckhärtbarkeit des Eisens auf einen der Martensitbildung bei der eigentlichen Stahlhärtung ähnlichen Vorgang zurück. Hiernach durchlaufen Eisen-Kupfer-Legierungen mit einem die Höchstlöslichkeit des α-Eisens für Kupfer überschreitenden Kupfergehalt die γ/α-Umwandlung bei rascher Abkühlung aus dem γ-Feld ohne Aufhebung der Übersättigung des α-Eisens. Schließt man sich der Auffassung an, daß der Kohlenstoff-Martensit eine feste Lösung von Kohlenstoff in (tetragonal verzerrtem) α-Eisen sei, so ergibt sich eine Analogie der Vorgänge, die zur Abschreckhärtbarkeit des Eisens durch Kohlenstoff und Kupfer führen. Hiernach ist der höchste Kupfergehalt, der durch Abschrecken aus dem γ-Gebiet im α-Eisen gelöst erhalten werden kann, durch die Löslichkeit des γ-Mischkristalls gegeben. Wegen der Trägheit der Kupferausscheidung ist die Zunahme des Kupfergehaltes des durch Abschrecken aus dem γ-Mischkristallgebiet erhaltenen α-Eisen-Kupfer-Mischkristalls über seinen Sättigungswert im Gleichgewichtszustand hinaus sicher nachweisbar. Im Zusammenhang mit der Abschreckhärtbarkeit von Eisen-Kupfer-Legierungen sei eine Feststellung von Smith und Palmer mitgeteilt,

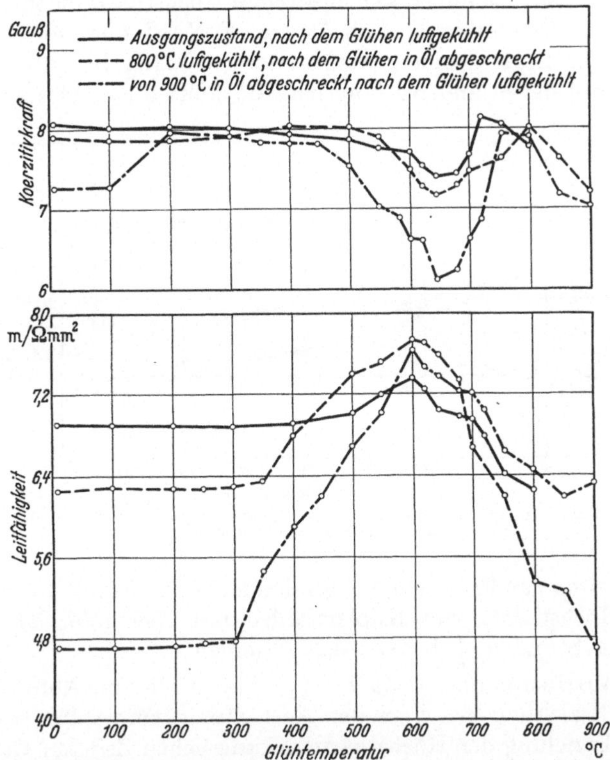

Abb. 77. Einfluß des Glühens auf Koerzitivkraft und Leitfähigkeit einer 5%igen Eisen-Kupferlegierung mit 0,04% C nach verschiedener Vorbehandlung (Buchholtz und Köster).

wonach Stähle mit 0,2% C, 0,5% Mn und 2,5 bis 9% Cu nach Abschrecken aus dem γ-Gebiet zwar eine Härtung, aber keine erkennbare Martensitbildung zeigten.

Im folgenden soll näher auf die Änderungen der Brinellhärte und der Festigkeitseigenschaften von Kupferstählen durch die Ausscheidungshärtung eingegangen werden. Abb. 78 gibt Isothermen der Härte wieder, die beim Anlassen eines unterkühlten Stahls mit 0,08% C, 0,03% Si 0,41% Mn und 1,01 Cu von F. Nehl[1] erhalten wurden. Die Kurven zeigen den für eine Ausscheidungshärtung charakteristischen Verlauf: Mit

---

[1] Nehl, F.: Stahl u. Eisen **50**, 678 (1930).

steigender Anlaßtemperatur sinkt die erreichte Höchsthärte und verlagert sich das Härtemaximum zu kürzeren Anlaßzeiten. Nach Abb. 78 ist ein schwacher Härteanstieg bereits bei 400° Anlaßtemperatur erkennbar. Das Härtemaximum ist erst nach sehr langer Zeit zu erwarten. Bei 450° wird aber schon die höchste mit diesem Stahl erreichbare Aushärtung, und zwar nach einer Anlaßdauer von etwa 10 Stunden erhalten. Bei 500° tritt die gegenüber 450° niedrigere Höchsthärte nach 4 Stunden auf usw. Die Ergebnisse in Abb. 78 von F. Nehl sind, soweit dies bei verschiedenen Legierungen erwartet werden kann, in guter Übereinstimmung mit denen anderer Forscher. So stellten Smith und Palmer

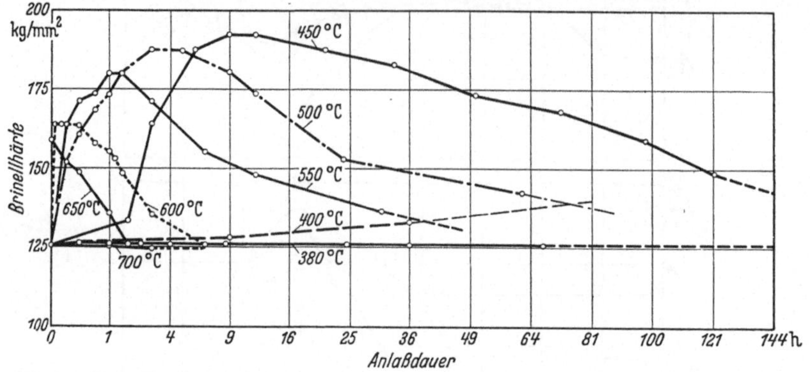

Abb. 78. Brinellhärte eines Kupferstahles mit 1% Cu in Abhängigkeit von der Anlaßdauer bei verschiedenen Anlaßtemperaturen (Nehl).

folgende Zeiten zur Erzielung der bei den niedrigeren Anlaßtemperaturen höheren Höchsthärte von Kupferstählen fest: bei 450°: 24 Stunden; bei 500°: 4 Stunden; bei 600°: 0,25 Stunden.

C. E. Williams und C. H. Lorig[1] haben die in Abb. 79 wiedergegebene Beziehung zwischen der Aushärtungstemperatur und der jeweils zur Erzielung der Höchsthärte erforderlichen Zeit auf Grund ihrer umfangreichen Versuche aufgestellt. Die aus Abb. 78 (Nehl) entnommenen Werte sind in die Abb. 79 eingetragen, ebenso die Werte von Smith und Palmer, sowie von Lueg.

Die sich auf einen Schienenstahl mit 0,62% C und 1,1% Cu von 250 Brinelleinheiten (B.E.) Ausgangshärte beziehenden Angaben von G. Lueg[2] lauten: 450°: 36 Stunden (306 B.E.) 500°: 7 Stunden (294 B.E.), 550°: 1 Stunde (286 B.E.), 600°: 0,3 Stunden (270 B.E.). Dieser höhergekohlte Stahl ergab bei den verschiedenen Anlaßtemperaturen Härteisothermen, deren Verlauf völlig dem bei niedriggekohltem Stahl (Abb. 78) entsprach.

[1] Williams, C. E. u. C. H. Lorig: Metals & Alloys 7, 57 (1936).
[2] Lueg, G.: Mitt. Forsch.-Anst. Gutehoffn., Nürnberg 3, 199 (1935).

Auf den Einfluß des Kohlenstoffgehaltes auf die Aushärtbarkeit der Kupferstähle ist hier und im nächsten Abschnitt näher einzugehen. Es war eine der ersten Feststellungen im Zusammenhang mit der Aushärtbarkeit der Kupferstähle, daß der Ausscheidungseffekt mit zunehmendem Kohlenstoffgehalt abnimmt. Die Ursache hierfür ist hauptsächlich

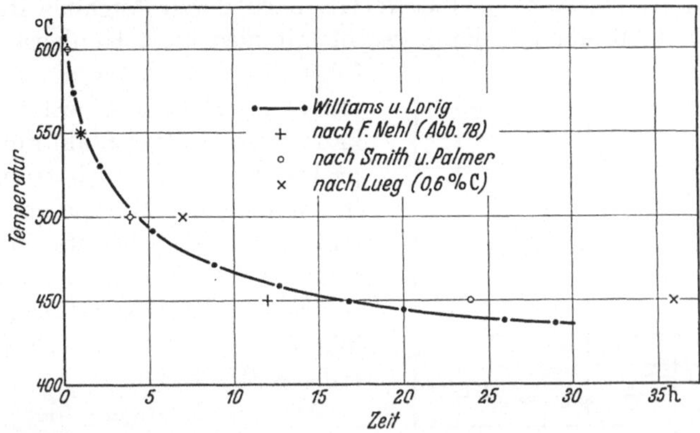

Abb. 79. Beziehung zwischen Aushärtungstemperatur und Zeit bis zum Erreichen der Höchsthärte.

(siehe auch den nächsten Abschnitt) darin zu sehen, daß mit steigendem Kohlenstoffgehalt die Karbidmenge im Stahl zunimmt, wodurch zwangsläufig der Anteil des ausscheidungsfähigen α-Eisen-Kupfer-Mischkristalls herabgesetzt wird. Den Einfluß des Kohlenstoffgehaltes auf die größte Härtesteigerung beim Anlassen (W. Eilender, A. Fry und A. Gottwald[1]), ausgedrückt in Prozent der Härte des unterkühlten Stahls, sowie auf die größte Festigkeitssteigerung in kg/mm² (F. Nehl, zit. S. 98), gibt Abb. 80 wieder. Hiernach nimmt die Festigkeitszunahme von

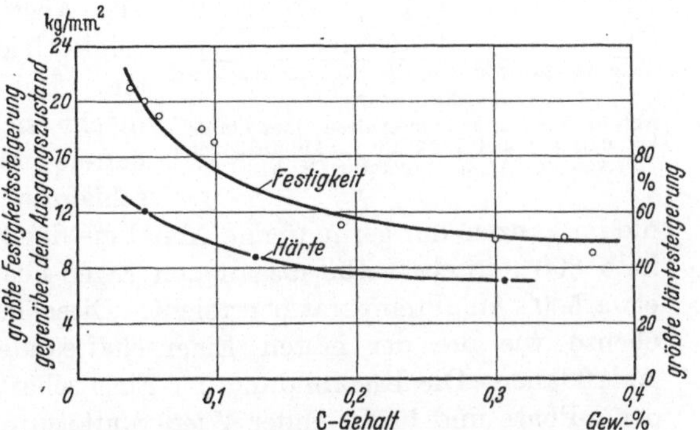

Abb. 80. Einfluß des Kohlenstoffgehaltes auf die größte Festigkeitssteigerung (Nehl) und die größte Härtesteigerung (Eilender, Fry, Gottwald) beim Anlassen von Kupferstählen.

rund 20 kg/mm² bei 0,05 % C ab auf etwa 10 kg/mm² bei 0,35 % C. Nach Angaben von W. Baumgardt[2] könnte die größte Festigkeitssteigerung durch Anlassen von Stahl mit 0,6 % C noch etwa 7 kg/mm² betragen.

---

[1] Eilender, W., A. Fry u. A. Gottwald: Stahl u. Eisen **54**, 554 (1934).

[2] Baumgardt, W.: Über eine härtende Anlaßwirkung im kupferlegierten Stahl, Dortmund 1931.

Für den gleichen Kohlenstoffgehalt ermittelte dagegen G. Lueg (zit. S. 104) aus der Brinellhärte noch eine Festigkeitssteigerung (bei 1,1% Cu) von 16 kg/mm², die mit allen anderen Ergebnissen über diesen Gegenstand in Widerspruch steht. Die Ergebnisse der Abb. 80 werden dagegen durch sehr umfassende neuere Untersuchungen von C. E. Williams und C. H. Lorig (zit. S. 104) bestätigt, nach deren Angaben durch die einer Normalglühung von Kupferstahl mit niedrigem Kohlenstoffgehalt folgende Aushärtung die Festigkeit um 14 bis 21 kg/mm² erhöht werden kann, während bei Stahl mit 0,9% C praktisch keine Aushärtung mehr feststellbar ist. Bei diesem Kohlenstoffgehalt, der bereits in kupferfreien Stählen schwach übereutektoidisch ist, liegt der α-Eisen-Kupfer-Mischkristall nur noch als Bestandteil des Perlits vor.

Die Änderungen der Streckgrenze, Zugfestigkeit, Bruchdehnung, Einschnürung und Kerbschlagzähigkeit eines Stahls mit 0,08% C und 1,01% Cu bei steigenden Glühtemperaturen zeigt Abb. 81 nach F. Nehl. Der Anstieg der Streckgrenze und Zugfestigkeit setzt oberhalb 400° ein. Bei der gleichen Temperatur macht sich auch die Dehnungsabnahme und der Abfall der Kerbschlagzähigkeit bemerkbar, während

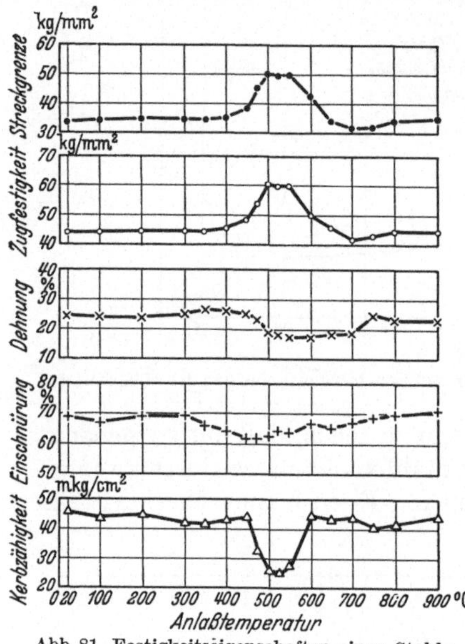

Abb. 81. Festigkeitseigenschaften eines Stahls mit 0,08% C und 1,0% Cu in Abhängigkeit von der Anlaßtemperatur (Nehl).

die im ganzen nur geringfügige Abnahme der Einschnürung bereits oberhalb 300° einsetzt. Die maximalen Eigenschaftsänderungen werden bei etwa 500° Anlaßtemperatur erreicht. Diese Temperatur verschiebt sich, ebenso wie die der ersten Eigenschaftsänderungen, mit veränderter Anlaßdauer. Die Rückbildung der Eigenschaftswerte ist infolge Ballung der ε-Phase und beginnender Wiederauflösung bei 600 bis 700° beendet. Bei 700° haben Streckgrenze und Zugfestigkeit ihre niedrigsten Werte. Der Temperaturbereich von 650 bis 700° ist daher für das Weichglühen geeignet. Mit höherer Glühtemperatur nehmen infolge der Zunahme der Wiederauflösung der ε-Phase die Streckgrenze und Zugfestigkeit wieder auf ihren Ausgangswert zu, wenn die Abkühlung nach dem Glühen nicht sehr langsam erfolgt. Es ist bemerkenswert, daß die Aushärtung durch Kupfer die Formänderungsfähigkeit des Stahls nicht sehr stark schädigt, bei weitem nicht in dem Maße, wie es von der Aushärtung durch andere Elemente (z. B. durch Stickstoff) bekannt ist. Für die

Verwendung der Kupferstähle bei erhöhten Temperaturen im nicht ausgehärteten Zustande ist es wichtig, daß die feste Lösung des Kupfers im Ferrit bis 380° auch bei langzeitigem Glühen nicht zerfällt. Der kupferhaltige, unterkühlte Stahl, der gerade in diesem Zustand seine guten, früher behandelten Festigkeitseigenschaften aufweist, könnte also bis zu dieser Temperatur ohne Änderung seiner Eigenschaften durch Aushärtung verwendet werden.

Zahlentafel 32. Festigkeitseigenschaften von Blechen aus angelassenem Kupferstahl (0,12% C, 0,85% Cu) (Nehl).

Blechstärke mm	Bezeichnung	Zugfestigkeit kg/mm²	Streckgrenze kg/mm²	$\dfrac{\text{Streckgrenze}}{\text{Festigkeit}} \times 100$ %	Dehnung %	Kerbzähigkeit mkg/cm²
10	Höchster Wert .	63,6	54,2	85	17,5	16,0
	Niedrigster Wert	61,2	51,1	83	16,0	13,8
15	Höchster Wert .	61,3	48,5	79	18,0	15,4
	Niedrigster Wert	59,1	44,5	75	16,5	12,1
20	Höchster Wert .	60,8	47,6	78	18,0	17,1
	Niedrigster Wert	56,8	43,1	76	16,0	13,7

Zahlentafel 32 enthält die Festigkeitswerte und die Kerbschlagzähigkeitswerte von 10 bis 20 mm dicken Blechen aus einem Stahl mit 0,12% C und 0,85% Cu im ausgehärteten Zustand. Neben den hohen Werten der Streckgrenze, Zugfestigkeit und des Streckgrenzenverhältnisses sind die Gleichmäßigkeit der Eigenschaften bei den verschieden dicken Blechen und die im Hinblick auf die hohen Festigkeiten ebenfalls hohen Werte der Dehnung und Kerbschlagzähigkeit zu beachten. Diese verhältnismäßig beträchtliche Formänderungsfähigkeit führt F. Nehl darauf zurück, daß der Stahl unterhalb A_3 gewalzt wurde. Durch Ausscheidungsvorgänge wird der Steilabfall der Kerbschlagzähigkeit zu höheren Temperaturen verschoben, so daß sie bei Raumtemperatur im Steilabfall oder bereits in der Tieflage ist. Dies trifft, wie F. Nehl gezeigt hat, auch für den durch Kupferausscheidung gehärteten Stahl zu. Der Verformung unterhalb A_3 wird die Wirkung zugeschrieben, daß sie den Steilabfall nach tieferen Temperaturen, also entgegen der Aushärtungswirkung im günstigen Sinne verschiebt. Dabei soll dieser Einfluß sich bei dem ausgehärteten viel stärker als bei dem unterkühlten Stahl geltend machen.

In den Abb. 82 und 83 sind die Festigkeitseigenschaften für Legierungen mit 0,016 bis 0,028% C und für Stähle mit 0,37 bis 0,43% C in Abhängigkeit vom Kupfergehalt im normalgeglühten und im normalgeglühten und anschließend ausgehärteten Zustand wiedergegeben. Aus dem Vergleich der den beiden Behandlungszuständen entsprechenden Eigenschaften für beide Kohlenstoffgehalte ergibt sich wieder der die

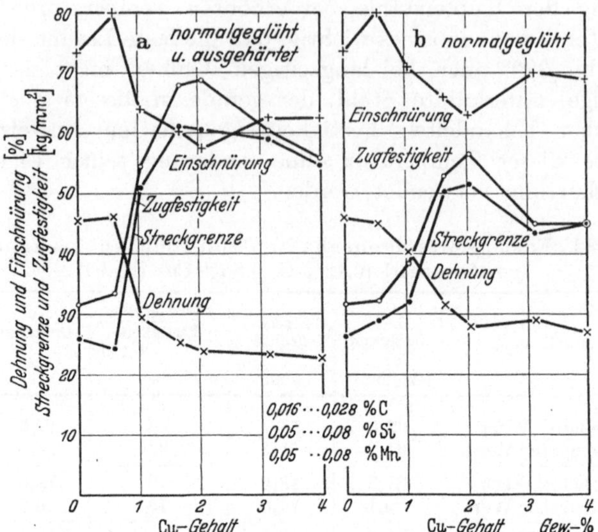

Abb. 82 a und b. Festigkeitseigenschaften von normalgeglühten und ausgehärteten
Eisen-Kupfer-Legierungen (Williams und Lorig).

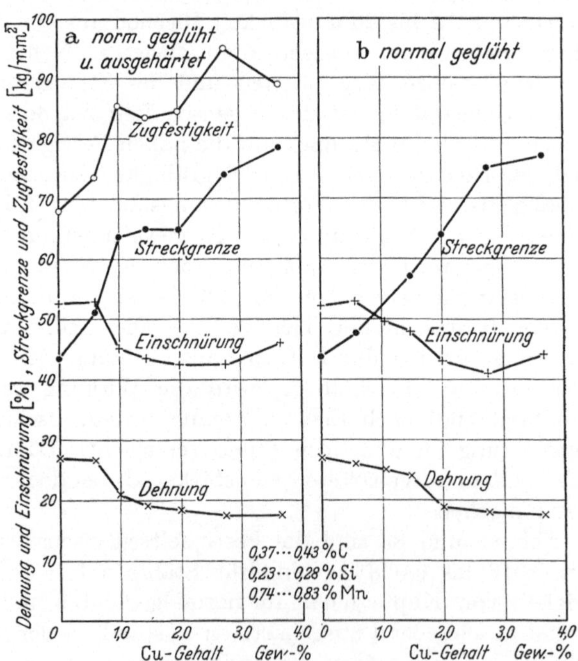

Abb. 83 a und b. Festigkeitseigenschaften von normalgeglühten und ausgehärteten Stählen
mit 0,4 % C und verschiedenen Kupfergehalten (Williams und Lorig).

Aushärtungswirkung vermindernde Einfluß des Kohlenstoffgehaltes. Nach Abb. 82 tritt die stärkste Aushärtung der ziemlich reinen Legierungen bei 1,5 bis 2,0% Cu auf. Nicht nur nach niedrigeren, sondern auch nach höheren Kupfergehalten nimmt die Wirkung der Aushärtung wieder ab. Dies gilt auch für die Stähle mit rund 0,4% C in Abb. 83, bei denen das Höchstmaß der Aushärtung bei höheren Kupfergehalten als 1,5% liegt.

Einen Überblick über die Änderung der Festigkeitseigenschaften bei der Ausscheidungshärtung von Stählen mit 1,5% Cu in Abhängigkeit vom Kohlenstoffgehalt der Stähle vermittelt die Abb. 84. In der schematisierten Darstellung gibt die Breite der schraffierten Gebiete das Ausmaß der Eigenschaftsänderungen an, während die Pfeile ihre Richtung andeuten.

Im Anschluß an die vorstehenden Ausführungen über den Einfluß des Kohlenstoffgehaltes auf das Ausmaß der Aushärtungswirkung bei Kupferstählen soll nun auf die von H. Buchholtz und W. Köster (zit. S. 99) untersuchte Ausscheidung aus dem an Kupfer- und Kohlenstoff gleichzeitig übersättigten α-Eisen-Mischkristall eingegangen werden. Während das Kupfer noch bei

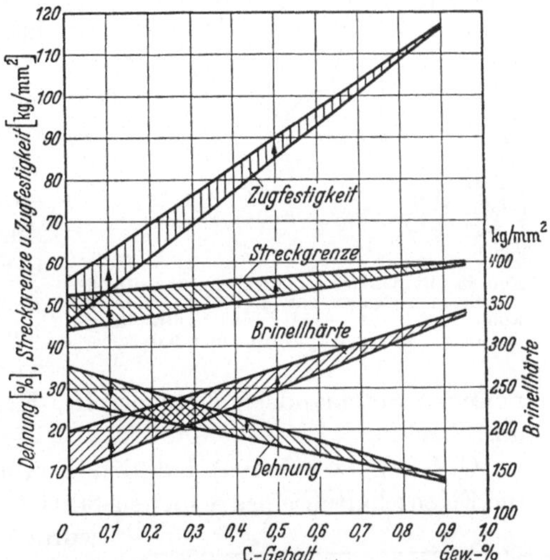

Abb. 84. Festigkeitseigenschaften von Stählen mit verschiedenen C-Gehalten und 1,5% Cu, normalgeglüht und ausgehärtet nach voraufgegangener Normalglühung (Williams und Lorig).

verhältnismäßig langsamer Abkühlung in der festen Lösung verbleibt, ist zur Erzielung der auch an Kohlenstoff übersättigten Lösung eine rasche Abkühlung erforderlich. Der untersuchte weiche Stahl mit 0,05% C, 0,32% Si, 0,21% Mn, 0,037% P, 0,04% S und 2,0% Cu wurde von 930° auf 680° in Luft abgekühlt, um eine Abschreckhärtung zu vermeiden, und von dieser Temperatur großer Löslichkeit des Kohlenstoffs im α-Eisen in Wasser abgeschreckt. Nach dreitägiger Lagerung bei Raumtemperatur folgte ein halbstündiges Anlassen bei steigenden Temperaturen. Die hierbei festgestellten Härteänderungen zeigt die Abb. 85, die entsprechenden Änderungen der elektrischen Leitfähigkeit die Abb. 86. Aus beiden Abbildungen kann man entnehmen, daß die Ausscheidung des Kohlenstoffs wie bei Abwesenheit von Kupfer, die Ausscheidung des Kupfers wie bei Abwesenheit von Kohlenstoff erfolgt. Man darf also feststellen, daß die gleichzeitige Anwesenheit von Kohlenstoff und

Kupfer in der festen α-Eisenlösung die durch beide Elemente bedingte
Ausscheidung und ihre Wirkung auf die Eigenschaften nicht beeinflußt.

Bei den beschriebenen Versuchen trat die Kohlenstoffausscheidung
vor der Kupferausscheidung ein. Es ist auch möglich die umgekehrte
Reihenfolge dadurch herbeizuführen, daß man den unterkühlten α-Mischkristall rasch auf 650° erhitzt, diese Temperatur, bei der das α-Eisen
schon eine verhältnismäßig hohe Löslichkeit für Kohlenstoff besitzt,
kurze Zeit zur Kupferausscheidung hält, und dann wieder abschreckt.
An die Kupferausscheidung schließt sich dann beim Lagern bei Raumtemperatur, oder rascher beim Erwärmen auf 75 bis 100° die Kohlenstoffausscheidung an. Selbst bei sehr schneller Erhitzung wird sich
der Kohlenstoff ausscheiden, aber in so feiner Form, daß er bei 650°
leicht und schnell wieder gelöst wird. Es folgen also genau genommen
aufeinander: Kohlenstoff-, Kupfer- und wieder Kohlenstoffausscheidung.

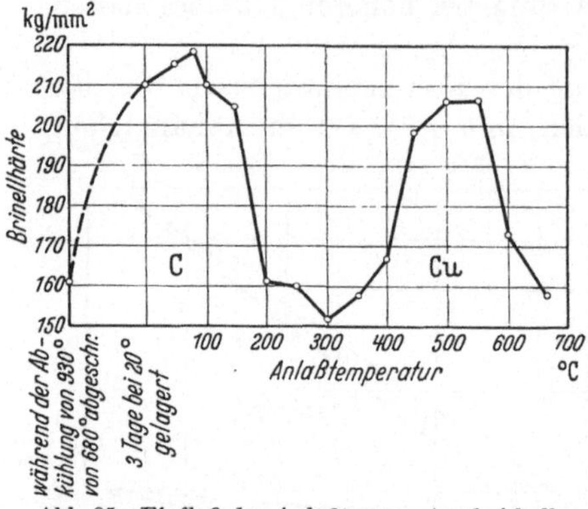

Abb. 85. Einfluß der Anlaßtemperatur bei halbstündigem Anlassen auf die Härte eines an
Kohlenstoff und Kupfer gleichzeitig übersättigten Stahls (Buchholtz und Köster).

G. Lueg (zit. S. 104) hat den Einfluß der Kupferausscheidung auf
die Eigenschaften eines Schienenstahls untersucht. Die Härteänderungen
wurden bereits erwähnt. Der Stahl (A)
enthielt 0,62% C, 0,25% Si, 0,72% Mn,
0,032% P, 0,029% S und 1,12% Cu.
Ein vergleichsweise untersuchter Stahl
(B) unterschied sich hiervon durch einen
Kupfergehalt von nur 0,12%. Die Festigkeitseigenschaften der beiden Stähle im
Walzzustand und nach Normalglühen
bei 780° enthält Zahlentafel 33. In beiden Zuständen hat der Kupferstahl (A)
eine höhere Härte, Streckgrenze und
Festigkeit, aber eine kleinere Formänderungsfähigkeit als der Kohlenstoffstahl (B). Bei der Schlagprüfung

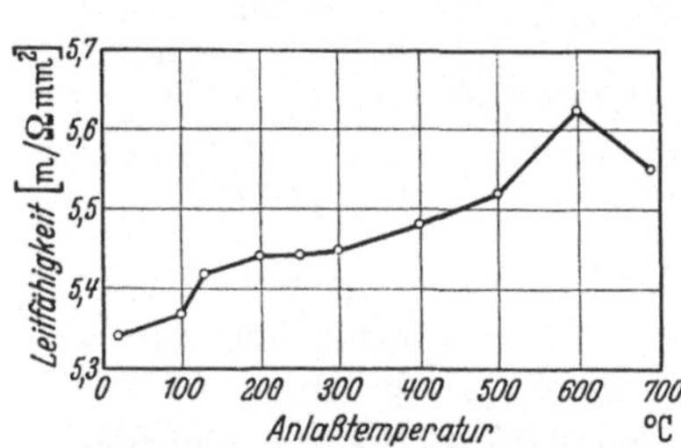

Abb. 86. Änderung der elektrischen Leitfähigkeit beim Anlassen eines an Kohlenstoff und Kupfer übersättigten Stahls mit
0,05% C (Buchholtz und Köster).

erfüllte der letztere die Anforderungen, während der Kupferstahl beim
ersten Schlag brach, sich also spröde verhielt. An dem Kupferstahl wurden
vor allem interessante Beobachtungen über seine Verschleißfestigkeit im
normalgeglühten und anschließend bei 450 bis 600° für verschiedene
Zeiten angelassenen Zustand gemacht. Die Verschleißprüfung wurde
auf der Spindel-MAN-Maschine ausgeführt und besteht darin, daß eine

Zahlentafel 33. Festigkeitseigenschaften von Schienenstählen
mit und ohne Kupferzusatz (Lueg).

Stahl	Zustand	Brinell-härte	Streck-grenze	Zug-festigkeit	Dehnung δ_{10}	Ein-schnürung
		kg/mm²			%	
A	gewalzt	273	56	100	9	12
B	gewalzt	224	50	86	12	21
A	normal-geglüht	250	55	90	8	9
B	normal-geglüht	232	48	86	14	26

ebene Probefläche unter bestimmtem Druck gegen den Rand einer
rotierenden Stahlscheibe von 1 mm Dicke angedrückt wird. Zur Auswertung wird die Größe des aus der Probe herausgeschliffenen Segmentes
benutzt. Aus Abb. 87 ist zu ersehen, daß der Verschleißwiderstand bei
den Anlaßtemperaturen und Anlaßzeiten, die zu einer Härtung infolge
Ausscheidung des kupferreichen ε-Mischkristalls führen, beim Spindel-
Verschleiß abnimmt, während umgekehrt der Verschleißwiderstand
wieder ansteigt, wenn mit dem fortgesetzten Anlassen ein Wiederabfall
der Härte einsetzt, wie dies z. B. bei 450° nach mehr als 25 Stunden,

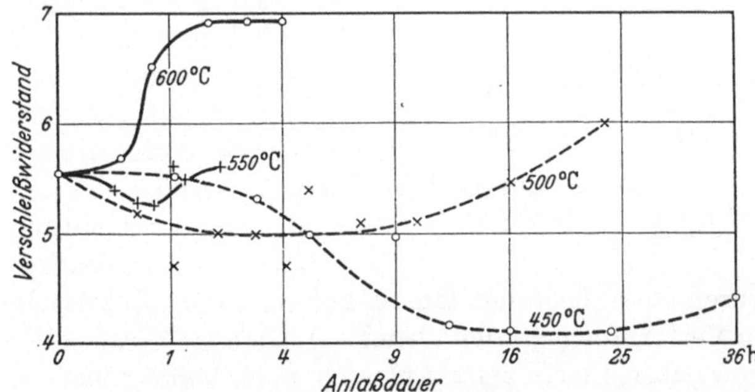

Abb. 87. Verschleißzahlen (Spindel) von Schienenstahl mit 1% Cu in Abhängigkeit
von der Anlaßdauer und Anlaßtemperatur (Lueg).

bei 500° nach mehr als 9 Stunden, und bei 550° schon nach mehr als
1 Stunde der Fall war. Bei 600° tritt die Aushärtung in wenigen Minuten
ein. Nach einer Stunde ist bereits eine weitgehende Erweichung infolge
Ballung der Ausscheidungen und gleichzeitig ein starker Anstieg des
Verschleißwiderstandes eingetreten. Der Spindel-Verschleißwiderstand
des kupferlegierten Schienenstahls erreichte also bei der Aushärtung
sein Minimum gleichzeitig mit dem Maximum der Härte, und nahm
wieder zu, wenn die Härte infolge Koagulation abnahm. Hier liegt also
einer der Ausnahmefälle von der Regel vor, nach der der Verschleißwiderstand mit der Härte zunimmt.

Es ist häufig festgestellt worden, daß Ausscheidungsvorgänge durch
die infolge einer Kaltverformung im Werkstoff hervorgerufenen Eigen-
spannungszustände begünstigt werden, was sich darin äußert, daß

die Ausscheidung bereits bei niedrigerer Temperatur einsetzt oder bei höherer Temperatur rascher verläuft. Bei den Eisen-Kupfer-Legierungen kommt noch hinzu, daß die Ausscheidungstemperaturen im Temperaturbereich der Erholung von den Folgen der Kaltbearbeitung und der Rekristallisation liegen. Dies führt zu einer Überdeckung der Aushärtungswirkung und des entfestigenden Einflusses von Erholung und Rekristallisation bei der Aushärtung kaltverformter Eisen-Kupfer-Legierungen. Untersuchungen hierüber wurden von Smith und Palmer (zit. S. 98) an einem Stahl mit 0,24% C und 1% Cu angestellt. Der Stahl wurde im unterkühlten Zustand verschieden stark kalt gewalzt und dann angelassen. Bei Walzgraden bis zu 10% traten noch erhebliche Festigkeitserhöhungen bei 450° Anlaßtemperatur auf. Die Festigkeitszunahme verminderte sich jedoch zu höheren Walzgraden hin erheblich. Das um 40% kaltgewalzte Blech wies nach dem Aushärten eine niedrigere Streckgrenze, das um 50% kaltgewalzte Blech auch eine niedrigere Zugfestigkeit als vor dem Aushärten auf. Gleichzeitig hatten die stark verformten Bleche nach dem Anlassen eine sehr hohe Zähigkeit.

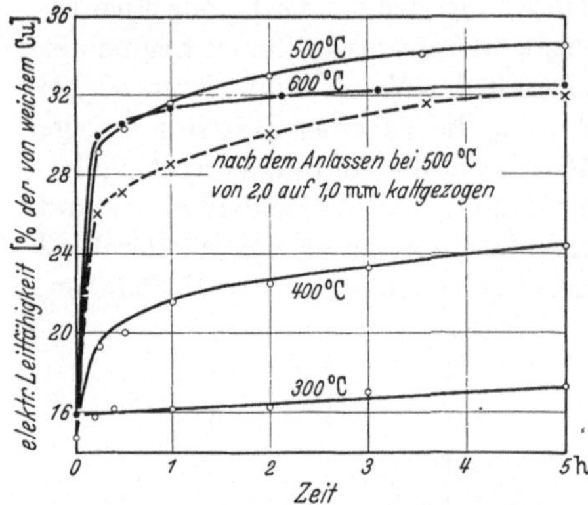

Abb. 88. Anlaßisothermen der elektrischen Leitfähigkeit einer von 850° abgeschreckten 50 Cu-50 Fe-Legierung (Schuhmacher und Souden).

Bei der Deutung dieser Ergebnisse ist zu beachten, daß die Temperaturen der beginnenden Erholung und Rekristallisation mit steigenden Verformungsgraden absinken. Demnach trat bei dem um 10% heruntergewalzten Blech beim Anlassen noch keine merkliche Erholung ein, so daß sich die Aushärtungswirkung zu der verfestigenden Wirkung der voraufgegangenen Kaltbearbeitung addierte. Dagegen stellte sich bei den höheren Verformungsgraden eine zunehmende Entfestigung durch Erholung und Rekristallisation ein, die bei 40 und 50% schließlich so groß war, daß sie die festigkeitserhöhende Wirkung der Ausscheidungshärtung überwog. Die hohe Zähigkeit der stärker abgewalzten Bleche nach dem Anlassen ist wohl nicht ganz eindeutig, aber immerhin wenigstens teilweise mit der Annahme des Einflusses der Korngröße zu erklären. Diese ist, vorausgesetzt, daß bei der niedrigen Temperatur schon vollständige Rekristallisation eingetreten war, als sehr klein anzunehmen.

Die Anlaßhärtung einer Eisen-Kupfer-Legierung mit hohem Kupfergehalt ist von E. E. Schuhmacher und A. G. Souden[1] untersucht worden. Sie war von hoher Reinheit und enthielt 50% Fe und 50% Cu,

[1] Schuhmacher, E. E. u. A. G. Souden: Metals & Alloys 7, 95 (1936).

entsprechend 53,2 At.-% Fe und 46,8 At.-% Cu. Draht von 2,0 mm Durchmesser und Bleche von 2,5 mm Dicke wurden von 850° in Wasser abgeschreckt und bei 300 bis 600° angelassen. (Zur Unterkühlung der Legierung war an sich keine schroffe Abschreckung erforderlich). In den Abb. 88 und 89 sind die beim Anlassen erhaltenen Isothermen der Härte und der elektrischen Leitfähigkeit wiedergegeben. Die Kurven zeigen eindeutig einen Verlauf, wie er durch Ausscheidungsvorgänge bedingt ist. Die Ausscheidung kann sowohl im eisenreichen α-Mischkristall wie im kupferreichen ε-Mischkristall verlaufen. Die Aushärtung erfolgt bei den gleichen Anlaßtemperaturen und -zeiten, wie bei den α-Eisen-Kupfer-Legierungen mit nur bis zu einigen Prozent Kupfer. Während die Leitfähigkeit schon bei 300° Anlaßtemperatur durch ihren Anstieg einen einsetzenden Mischkristallzerfall andeutet, tritt eine wahrnehmbare Härtesteigerung während der längsten berücksich-

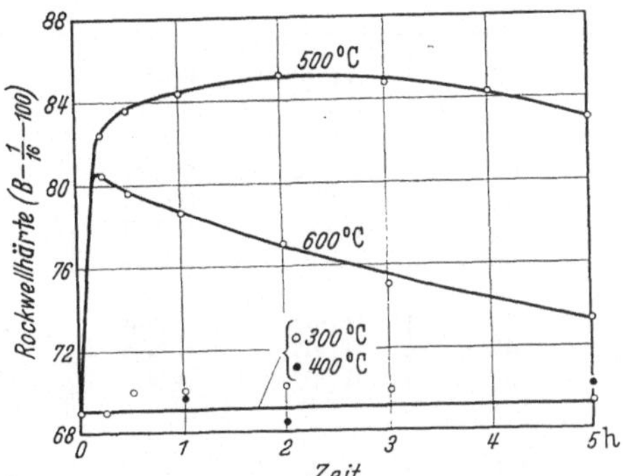

Abb. 89. Anlaßisothermen der Härte einer von 850° abgeschreckten 50 Fe-50 Cu-Legierung (Schuhmacher und Souden).

tigten Anlaßdauer von 5 Stunden erst oberhalb 400° ein. Die höchste bei der Aushärtung erreichte Leitfähigkeit beträgt über 34% von der des weichen Kupfers. Nach Kaltziehen der bei 500° ausgehärteten Drähte von 2,0 auf 1,0 mm bleibt immer noch eine Leitfähigkeit von etwa 32% von der des Kupfers erhalten.

2. Kupferstähle mit weiteren kleinen Legierungszusätzen.

Die Ausscheidungshärtung von Stählen, die neben Kupfer und Kohlenstoff noch eins oder mehrere Legierungselemente enthalten, wird durch diese zusätzliche Legierung nur wenig beeinflußt, wenn die Höhe der Zusätze gering ist. W. Eilender, A. Fry und A. Gottwald (zit. S. 105) haben die Aushärtung von sehr reinen Eisen-Kupfer-Legierungen ohne und mit Zusätzen von Kohlenstoff, Nickel, Mangan und Titan untersucht. Die Zusammensetzung der Versuchswerkstoffe enthält die Zahlentafel 34. Die Anlaßhärtung der Legierungen hoher Reinheit, die vor dem Anlassen bei 900° eine halbe Stunde geglüht und dann an Luft abgekühlt wurden, geht aus Abb. 90 und aus dem rechten Teil der Abb. 91 hervor. Die an den binären Eisen-Kupfer-Legierungen erhaltenen Ergebnisse (Abb. 90) entsprechen denen, die andere Forscher an Legierungen mit technisch üblichen Verunreinigungen erhalten haben. Das gleiche gilt für die reinen Kupferstähle. Demnach beeinflussen die in

technischen Stählen enthaltenen Verunreinigungen an Silizium, Mangan,
Schwefel, Phosphor, Sauerstoff, Stickstoff usw. die Aushärtung von Eisen-
Kupfer- und Eisen-Kupfer-Kohlenstoff-Legierungen nicht merklich.

Zahlentafel 34. (Zu Abb. 90 und 91). Zusammensetzung der Versuchswerkstoffe (Eilender, Fry und Gottwald).

Werkstoff Nr.	C	N$_2$	O$_2$	Cu	Sonstige
			%		
39	0,008	0,006	0,007	0,60	—
40	0,010	0,007	—	1,03	—
41	0,008	0,005	0,008	2,40	—
42	0,010	0,004	—	4,90	—
43	0,05	0,006	—	1,54	—
44	0,13	0,003	0,005	1,71	—
45	0,31	0,004	—	1,75	—
49	0,30	—	—	1,56	1,04 Ti
46	0,008	0,003	0,001	1,58	2,46 Mn
47	0,007	0,004	0,002	1,53	4,85 Mn
50	0,008	0,004	—	1,72	1,12 Ni

Ein Zusatz von 1,12% Ni zu einer Legierung mit 1,72% Cu war ohne
Wirkung auf die Aushärtbarkeit. Der Einfluß eines Titanzusatzes von
1% zu einer Legierung mit 0,3% C und 1,56% Cu sollte zeigen, daß der Kohlenstoff, wenn er durch Titan in unlöslicher Form abgebunden ist, die Kupferausscheidung nicht mehr beeinflußt. Aus Abb. 90 geht indessen hervor, daß der titanhaltige Stahl durch die Aushärtung eine Härtesteigerung um 70 B.E. und der titanfreie Stahl mit 0,31% C und 1,75% Cu um 62 B.E. erfuhr. Einen wesentlichen Einfluß auf die Aushärtung des Kupferstahls hat dem nach auch Titan in der

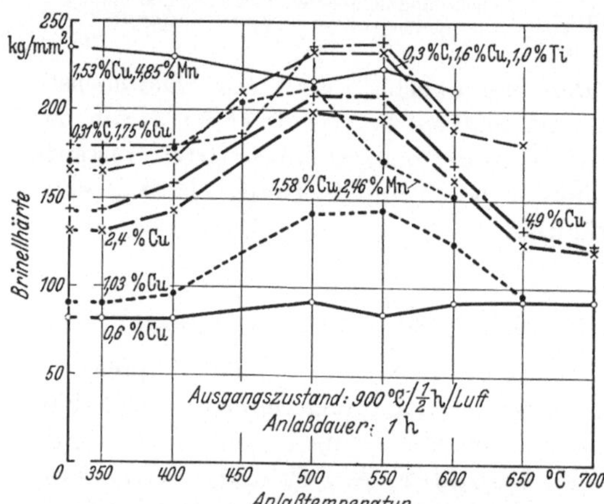

Abb. 90. Aushärtung von Eisen-Kupfer-, Eisen-Kohlenstoff-
Kupfer-, Eisen-Mangan-Kupfer- und Eisen-Kohlenstoff-
Titan-Kupferlegierungen von hoher Reinheit
(Eilender, Fry und Gottwald).

zugesetzten Menge nicht. Die beabsichtigte Wirkung des Titanzusatzes
war aber auch tatsächlich nicht zu erwarten, da einmal, wie Buchholtz und Köster gezeigt haben, der im α-Eisen gelöste Kohlenstoff die Kupferausscheidung nicht beeinflußt, zum anderen aber auch
der Kohlenstoff bei Abkühlung an Luft nicht in der festen Lösung
verbleibt. Diese Gesichtspunkte sind für den vorliegenden Fall deshalb

zu erwähnen, weil der Titanzusatz nicht zur Abbindung des gesamten Kohlenstoffs ausreichte. Schließlich beruht aber der Einfluß des Kohlenstoffs auf die Aushärtung des Stahls durch Kupfer im wesentlichen darauf, daß mit steigendem Kohlenstoffgehalt die Menge des ausscheidungsfähigen α-Mischkristalls abnimmt. Dieser Einfluß überwiegt, kommt dadurch aber vielleicht nicht immer voll zur Auswirkung, daß in einem höher gekohlten Stahl der Ferrit mehr Kupfer als der Ferrit in einem niedriger gekohlten Stahl mit gleichem Kupfergehalt enthält. Weiter ist schließlich noch zu beachten, daß die ausgeschiedene ε-Phase sich an den mit steigendem Kohlenstoffgehalt immer zahlreicher werdenden

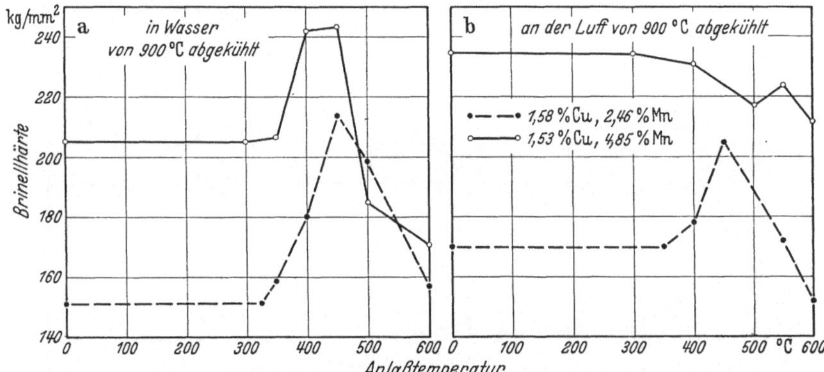

Abb. 91 a und b. Einfluß der Abschreckgeschwindigkeit auf die Ausscheidungshärtung bei Kupfer-Mangan-Stahl (Eilender, Fry und Gottwald).

Karbidteilchen ausscheiden kann und so eine energische Wirkung der Ausscheidung auf die Grundmasse unterbleibt. Die Wirkung des Titans auf die Ausscheidungshärtung des Kupfers über die Änderung der Bindungsart des Kohlenstoffs kann daher in dem geringen Maße erfolgen, in dem die Raumbeanspruchung des an Eisen als Fe_3C von dem Raumbedarf des an Titan als Ti_3C gebundenen Kohlenstoffs abweicht. Ein weiterer geringer Einfluß könnte noch durch eine verschiedene Teilchengröße der beiden Karbide bedingt sein.

Höhere Mangangehalte beeinflussen, den Eisen-Kupfer-Legierungen zugesetzt, vor allem die zur Unterkühlung des α-Mischkristalls notwendige Abkühlungsgeschwindigkeit. In Abb. 91 sind die beim Anlassen der von 900° in Wasser und in Luft abgekühlten Legierungen mit 1,53 bzw. 1,58 % Cu und 2,46 bzw. 4,85 % Mn erhaltenen Härteänderungen gegenübergestellt. Der Werkstoff mit 2,46 % Mn zeigt auch nach Abkühlung in Luft noch eine deutliche Aushärtung, die aber nach Abschrecken in Wasser viel ausgeprägter ist. Der Werkstoff mit 4,85 % Mn weist nach Abkühlung in Luft keine Aushärtbarkeit auf, während sich nach Abschrecken in Wasser eine beträchtliche, wenn auch geringere Härtesteigerung beim

8*

Anlassen als bei dem Werkstoff mit dem niedrigeren Mangangehalt ergibt.
Da die Ausgangshärte der an Luft abgekühlten, höher manganhaltigen
Legierung fast der höchsten Anlaßhärte nach Abschrecken in Wasser entspricht, darf man schließen, daß die Aushärtung beim Abkühlen in Luft
schon während des Abkühlungsvorganges abgelaufen ist. Mangan setzt
bei den untersuchten Gehalten den Beginn des Anstieges der elektrischen
Leitfähigkeit (Mischkristallzerfall) auf niedrigere Temperaturen herab
und verstärkt die Abnahme der Koerzitivkraft beim Anlassen gegenüber
manganfreien Eisen-Kupfer-Legierungen. Eilender und Mitarbeiter

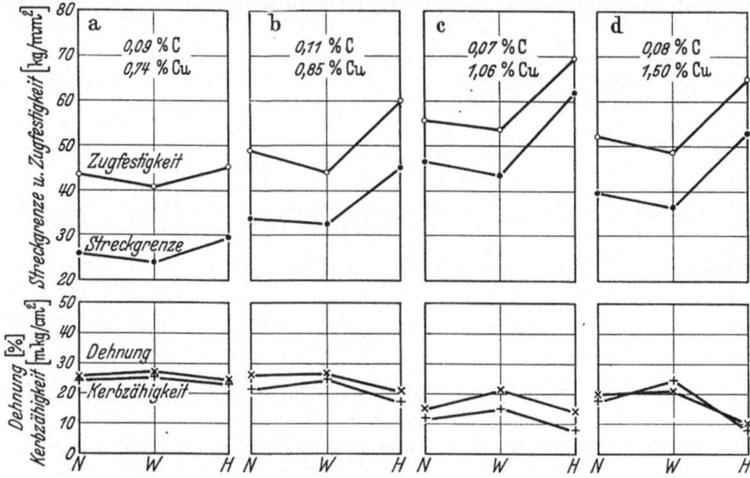

Abb. 92 a bis d. Festigkeitseigenschaften von Kupferstählen im normalisierten (N),
weichgeglühten (W) und anlaßgehärteten (H) Zustand (Rädeker).

deuten ihre Ergebnisse an den Kupfer-Mangan-Eisen-Legierungen mit
der Annahme, daß Mangan die Löslichkeit des Kupfers im α-Eisen-
Mischkristall vermindere. Die während der Abkühlung entstehenden,
feinsten Ausscheidungen sollen durch Keimwirkung den weiteren Mischkristallzerfall beim Anlassen begünstigen. Hierdurch wird der Beginn
der Ausscheidung bei 2,46 % Mn um 60°, durch 4,85 % Mn sogar um mehr
als 100° zu tieferen Temperaturen verschoben. Hiernach müßte sich ein
Teil des Kupfers auch beim Abschrecken in Wasser bereits während
der Abkühlung ausscheiden oder, da dies unwahrscheinlich ist, bei der
Glühtemperatur (900°) überhaupt ungelöst bleiben, denn die Härtesteigerung beginnt nach Wasserabschreckung bei noch etwas tieferer Anlaßtemperatur als nach Luftabkühlung.

Die Ausscheidungshärtung mehrfach legierter Kupferstähle von
technischer Reinheit ist wiederholt untersucht worden. Eine der ersten
Untersuchungen in dieser Richtung stammt von W. Rädeker[1]. Er

[1] Rädeker, W.: Mitt. Forsch.-Inst. Ver. Stahlwerke, Dortmund 3, 173 (1933).

untersuchte Kupfer-, Kupfer-Nickel-, Kupfer-Titan-, Kupfer-Kobalt-, Kupfer-Vanadin- und Kupfer-Molybdän-Stähle im normalgeglühten, weichgeglühten und ausgehärteten Zustand. Die weichgeglühten Stähle wurden deshalb neben den normalisierten geprüft, weil der normalisierte Zustand sich nicht immer genau reproduzieren ließ. Dies wird darauf zurückgeführt, daß sich bei der Abkühlung in Luft stets ein Teil des gelösten Kupfers ausscheidet, dessen Menge je nach den geringfügig wechselnden Warmbehandlungsbedingungen bei dem gleichen Stahl verschieden sein kann. Zum Vergleich mit dem voll ausgehärteten ist

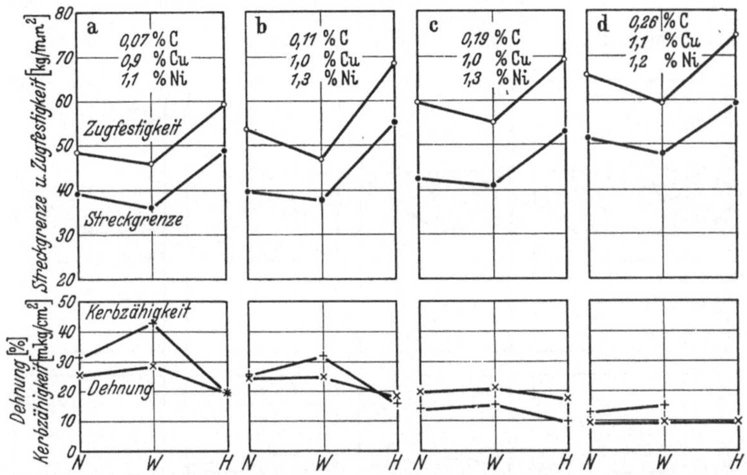

Abb. 93 a bis d. Festigkeitseigenschaften von Kupfer-Nickel-Stählen im normalisierten (N), weichgeglühten (W) und anlaßgehärteten Zustand (Rädeker).

daher der weichgeglühte Stahl besser geeignet. In weichgeglühten Stählen ist der Einfluß des Kupfers auf die Festigkeitseigenschaften sehr gering. Die Weichglühung wurde während 6 Stunden bei 625° ausgeführt. Die Aushärtung wurde unter Bedingungen vorgenommen, die die größte Aushärtung ergeben. Dies war nach 1,5-stündigem Anlassen bei 475° der Fall.

Um die Festigkeitsänderungen der mehrfach legierten Stähle bei der Aushärtung mit denen einfacher Kupferstähle vergleichen zu können, sind in Abb. 92 zunächst die Festigkeitseigenschaften und die Kerbschlagzähigkeit niedrig gekohlter Kupferstähle mit 0,74 bis 1,5% Cu in den drei Warmbehandlungszuständen wiedergegeben. Die Abb. 93 enthält die Festigkeitseigenschaften von Kupfer-Nickel-Stählen mit Kohlenstoffgehalten von 0,07 bis 0,26% bei etwa gleichbleibenden Kupfer- und Nickelgehalten von 0,9 bis 1,1% bzw. 1,1 bis 1,3%. In der Abb. 94 schließlich sind die Festigkeitswerte von Kupfer-Nickel-Stählen mit 0,09 bis 0,29% C, Kupfergehalten von 0,8 bis 1,1% und

Nickelgehalten von 2,4 bis 3,0% wiedergegeben. Die folgende Aufstellung gibt einen Überblick über die größte Änderung der Eigenschaftswerte bei der Aushärtung von Stählen mit etwa gleichen Kohlenstoff- und Kupfer-, aber verschiedenen Nickelgehalten. Die angegebenen Änderungen beziehen sich auf einen Vergleich mit dem weichgeglühten Zustand.

	0,07% C 1,06% Cu 0,0 % Ni	0,07% C 0,90% Cu 1,10% Ni	0,09% C 1,1 % Cu 2,4 % Ni	0,26% C 1,10% Cu 1,20% Ni	0,25% C 1,10% Cu 2,3% Ni
Streckgrenze	$+ 19$	$+ 13$	$+ 16$	$+ 15$	$+ 12,5 \text{ kg/mm}^2$
Zugfestigkeit	$+ 14$	$+ 13$	$+ 17$	$+ 11,5$	$+ 9,5 \text{ kg/mm}^2$
Dehnung	$- 7$	$- 9$	$- 6$	± 0	$- 2\%$
Kerbschlagzähigkeit .	$- 6,5$	$- 22$	$- 14$	$-$	$- 2 \text{ mkg/cm}^2$

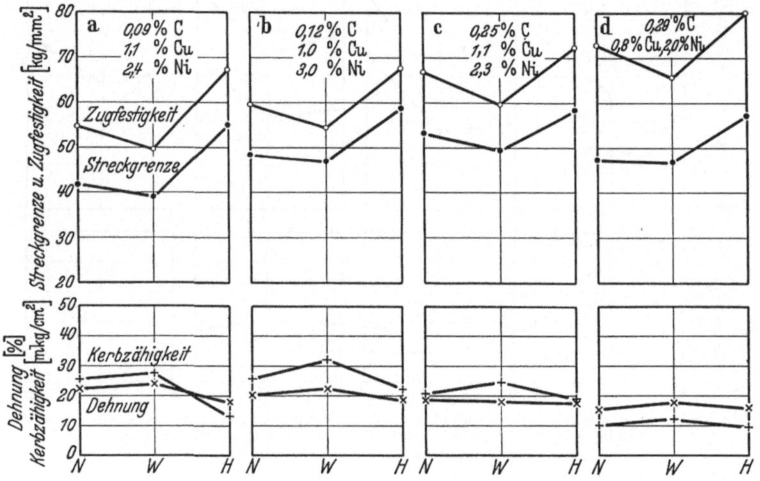

Abb. 94 a bis d. Festigkeitseigenschaften von Kupfer-Nickel-Stählen im normalisierten (N), weichgeglühten (W) und anlaßgehärteten (H) Zustand (Rädeker).

Wie die Aufstellung und vor allem ein eingehenderer Vergleich der Abb. 92 bis 94 erkennen lassen, beeinflußt Nickel in Gehalten bis 3% die Aushärtbarkeit von normalisierten Kupferstählen technisch üblicher Reinheit mit niedrigen bis mittleren Kohlenstoffgehalten nicht eindeutig.

Dieses Ergebnis bestätigt das für Legierungen hoher Reinheit mitgeteilte. Das für Nickelgehalte bis 3% Gesagte gilt auch für Kupferstähle mit folgenden Zusätzen: 0,9% Ti, 1,4% Co, 0,3% V und 0,3% Mo. Die Festigkeitseigenschaften und die Kerbschlagzähigkeit dieser verschiedenen Stähle enthält Abb. 95. Bei allen von W. Rädeker untersuchten Stählen, die neben Kohlenstoff und Kupfer also noch Nickel, Molybdän, Vanadin und Titan enthielten, betrug die Erhöhung der Streckgrenze durch Aushärten im Mittel 13,1 kg/mm², die der Zugfestigkeit 14,7 kg/mm². Dies sind Werte, die auch für Kupferstähle ohne weitere Zusätze zutreffen.

Nach W. Rädeker wird die Temperatur der Kupferausscheidung durch Nickel (bis 3%), Chrom (0,6%), Molybdän (0,33%), Vanadin (0,3%) und Titan (1,4%) nicht verändert. Eine Erniedrigung der Temperaturlage der Kupferausscheidung durch Kaltverformung wird erst durch hohe Verformungsgrade bewirkt.

Im Gegensatz zu Rädeker kommen H. Wentrup und H. Moritz[1] auf Grund von Aushärtungsversuchen an Stählen mit 0,25 bis 1,2% Cu und 0,1 bis 0,3% Mo (Kohlenstoffgehalt nicht mitgeteilt) zu dem Schluß, daß geringe Zusätze von Molybdän die Sättigungsgrenze des Ferrits

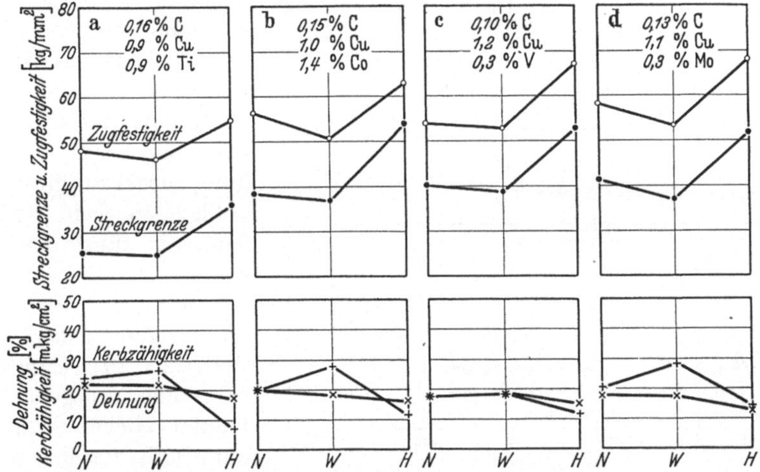

Abb. 95 a bis d. Festigkeitseigenschaften kupferlegierter Stähle mit Mo-, V-, Co- und Ti-Zusatz im normalisierten (N), weichgeglühten (W) und anlaßgehärteten (H) Zustand (Rädeker).

für Kupfer zu niedrigeren Kupfergehalten verschieben. Als Folge von Molybdän-Zusätzen trat die Aushärtung bei niedrigeren Kupfergehalten ein und die Härtesteigerung nahm zu (0,2 bis 0,6% Cr zeigten derartige Wirkungen nicht). Die Versuche bedürfen einer Nachprüfung. Die dritte Möglichkeit der Beeinflussung der Löslichkeit des α-Eisens für Kupfer durch Molybdän, also die Erhöhung der Kupferlöslichkeit, hält schließlich H. L. Miller[2] für gegeben.

Wird ein Kupfer-Vanadin-Stahl mit einem zur Aushärtung ausreichenden Kupfergehalt und einem zur Bindung des gesamten Kohlenstoffgehaltes als Vanadinkarbid (V_4C_3) nicht genügenden Vanadingehalt von Temperaturen, die zur Auflösung des Vanadinkarbides ausreichen, abgeschreckt, so treten beim Anlassen drei verschiedene Ausscheidungsvorgänge ein. Mit steigender Anlaßtemperatur folgen nach Rädeker die Ausscheidung des Eisenkarbides, des kupferreichen ε-Mischkristalls und des Vanadinkarbides einander.

---

[1] Wentrup, H. u. H. Moritz: Stahl u. Eisen **54**, 296 (1934).
[2] Miller, H. L.: Metal Progr. **28**, 28 u. 70 (1935).

Auf die Verlagerung des Steilabfalls der Kerbschlagzähigkeit von Kupferstählen zu höheren Temperaturen infolge der Aushärtung ist weiter oben schon einmal hingewiesen worden. Aus den Abb. 96 und 97 ist die Temperaturabhängigkeit der Kerbschlagzähigkeit von niedriggekohltem Kupfer-Nickel- und Kupfer-Molybdän-Stahl für den normalisierten, weichgeglühten und ausgehärteten Zustand zu entnehmen. Schon die normalisierten Stähle haben gegenüber den weichgeglühten einen nach höheren Temperaturen verschobenen Steilabfall. Dies ist auf die Auswirkung der bei der Luftabkühlung teilweise eintretenden Kupferausscheidung zurückzuführen. Die völlige Ausscheidung beim Anlassen führt zu einer weiteren, stärkeren Verlagerung des Steilabfalls im ungünstigen Sinne. Während der Steilabfall bei dem ausgehärteten Kupfer-Nickel-Stahl erst unterhalb Raumtemperatur einsetzt, beginnt er bei dem ausgehärteten Kupfer-Molybdän-Stahl schon unterhalb 150°. Dieser

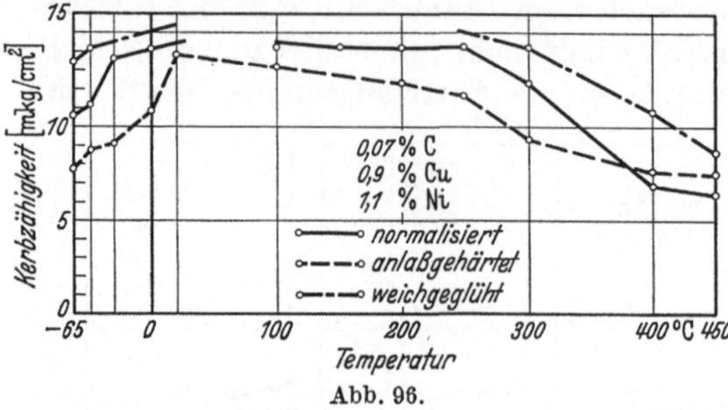

Abb. 96.

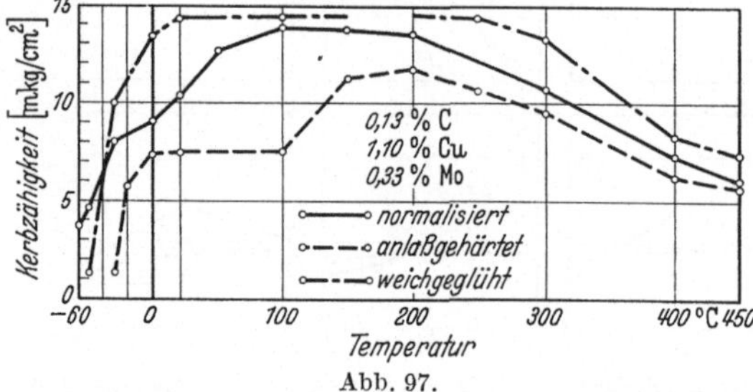

Abb. 97.

Abb. 96 und 97. Kerbzähigkeit von kupferlegiertem Stahl in Abhängigkeit von Temperatur und Ausscheidungszustand. Probeabmessung: 10 × 10 × 60 mm, Schlagquerschnitt 10 × 7 mm, Kerbdurchmesser 2 mm (Rädeker).

Stahl hat auch einen wesentlich ausgeprägteren Kerbzähigkeitsabfall bei niedrigeren Temperaturen als der nickelhaltige Stahl.

W. Rädeker hat auch den Einfluß der Vorbehandlung von Kupferstählen auf ihre Löslichkeit in verdünnten Säuren untersucht. Die Lösungsgeschwindigkeit ist am kleinsten im weichgeglühten Zustand, in dem also die ausgeschiedene ε-Phase in einer verhältnismäßig groben Ausscheidungsform vorliegt, und am größten im Zustand der Höchsthärte, dem der Vorbereitungszustand der eigentlichen Aushärtung (siehe weiter unten) bzw. eine äußerst geringe Teilchengröße der ε-Phase entspricht. Die Löslichkeit des normalisierten Stahls liegt zwischen den angeführten Grenzfällen. Die Lösungsgeschwindigkeit eines Kupfer- und eines Kupfer-Nickel-Stahles in 1 n-Salpetersäure, gemessen an der Gasentwicklung während der Auflösung, gibt die Abb. 98 wieder. Wie weiter oben ausgeführt wurde, beeinflußt der Kupfergehalt die Auflösungsgeschwindigkeit des Stahls in Salpetersäure, im Gegensatz zu beispielsweise Schwefel- und Salzsäure, nicht.

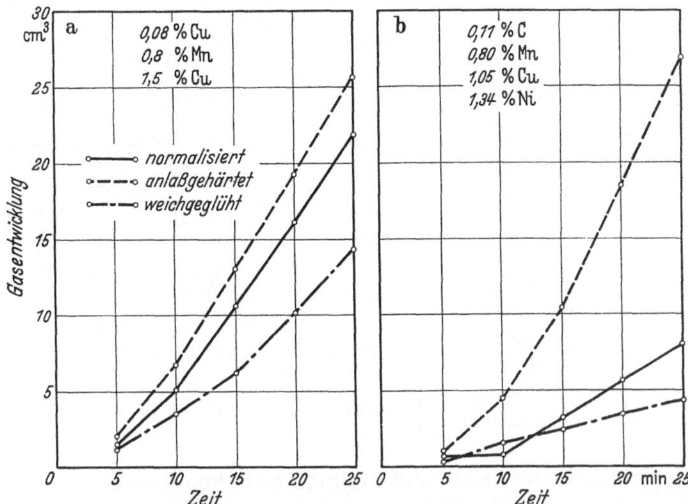

Abb. 98 a und b. Lösungsgeschwindigkeit kupferlegierter Stähle in 1 n-Salpetersäure (Probenoberfläche 13,5 cm²) (Rädeker).

Die Aushärtbarkeit von Kupfer-Chrom-Stählen mit 0,1% C und 1,0% Cr, sowie mit Kupfergehalten bis 1,5% haben Williams und Lorig (zit. S. 104) eingehend untersucht. In Abb. 99 sind die Zugfestigkeitseigenschaften und die Brinellhärte von 10 mm dicken Blechen aus derartigen, normalgeglühten und nach der Normalglühung (also Luftabkühlung) ausgehärteten (3 Stunden bei 500°) Stählen in Abhängigkeit von ihrem Kupfergehalt wiedergegeben. Es zeigt sich, daß die Aushärtung der Chrom-Kupfer-Stähle mit ihrer gegenüber chromfreien Stählen erhöhten Festigkeit im Ausgangs-

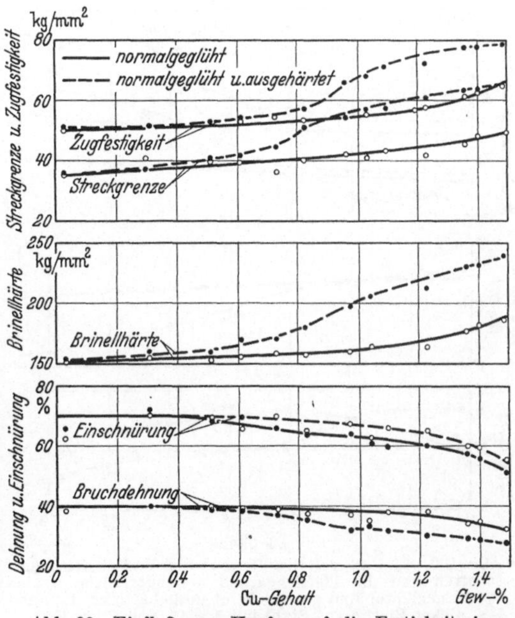

Abb. 99. Einfluß von Kupfer auf die Festigkeitseigenschaften normalgeglühter, sowie normalgeglühter und ausgehärteter, 10 mm dicker Bleche aus Stahl mit 1% Cr und 0,1% C (Williams und Lorig).

zustand nicht merklich von der Aushärtung chromfreier Kupferstähle abweicht. Infolge der Ausscheidung des kupferreichen ε-Mischkristalls

Zahlentafel 35. Einfluß der Aushärtung bei 500° auf die Festigkeits-

Stahl Nr.	Zustand	Zusammensetzung in %			
		C	Cu	Cr	Ni
1	Normalisiert Ausgehärtet	0,17	0,70	0,35	—
2	Normalisiert Ausgehärtet	0,20	0,90	0,45	—
3	Normalisiert Ausgehärtet	0,28	1,0	0,52	—
4	Normalisiert Ausgehärtet	0,065	0,64	0,20	0,40
5	Normalisiert Ausgehärtet	0,22	0,94	—	0,40

steigen Streckgrenze und Zugfestigkeit zwischen 0,6% Cu, wo also auch bei den Chrom-Kupfer-Stählen wie bei den Kupferstählen die Ausscheidung beginnt, bis 1,1% Cu, wo sie ihre größte Wirkung erreicht, rasch an. Der größte Zugfestigkeitsanstieg infolge der Ausscheidungshärtung beträgt etwa 14 bis 17,5 kg/mm². Die Dehnung und Einschnürung werden durch die Aushärtung auch bei diesen niedriggekohlten Kupfer-Chrom-Stählen nicht sehr stark beeinträchtigt. So sinkt beispielsweise für den Stahl mit 1,5% Cu die Bruchdehnung von 32% im normalisierten auf 27,5% im ausgehärteten Zustand, während die Streckgrenze von 49 auf 65, und die Zugfestigkeit von 66 auf 76 kg/mm² ansteigt. Angaben über die Kerbschlagzähigkeit fehlen leider.

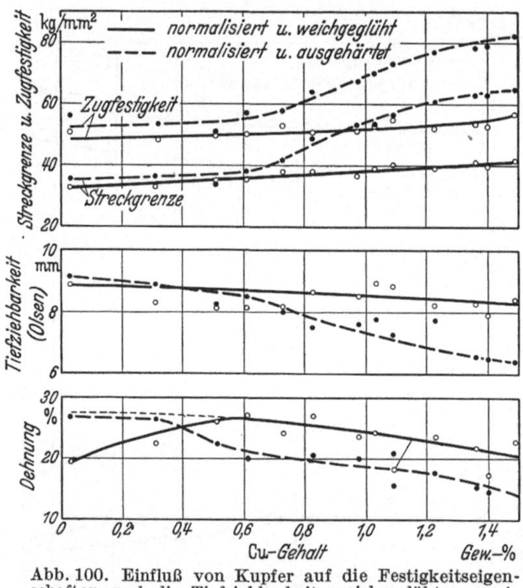

Abb. 100. Einfluß von Kupfer auf die Festigkeitseigenschaften und die Tiefziehbarkeit weichgeglühter, sowie normalgeglühter und anschließend ausgehärteter, 1,1 mm dicker Bleche aus Stahl mit 1% Cr und 0,1% C (Williams und Lorig).

Die vorstehend behandelten, 10 mm dicken Kupfer-Chrom-Stahlbleche wurden zu 1,1 mm Dünnblechen ausgewalzt und deren Festigkeitseigenschaften und Tiefziehbarkeit wiederum für zwei Zustände geprüft. Die Bleche wurden bei 890° eine Stunde geglüht

eigenschaften normalisierter Cr-Cu- und Cu-Ni-Stähle (Faure).

Elastizitätsgrenze		Zugfestigkeit		Dehnung	
kg/mm²	Änderung kg/mm²	kg/mm²	Änderung kg/mm²	%	Änderung %
32 41,5	+ 9,5	51,4 58,4	+ 7	32 25	— 7
37 48	+ 11,0	56 65	+ 9	26 20	— 6
46 58	+ 12,0	66 77	+ 11	22 17,5	— 4,5
33 42,5	+ 9,5	42 49	+ 7	33 29	— 4
37 50	+ 13,0	56 66	+ 10	29 23	— 6

und an Luft abgekühlt und ein Teil anschließend durch 3-stündiges Anlassen bei 500° ausgehärtet, der andere Teil bei 650° 4 Stunden weich-
geglüht. Die Versuchsergebnisse an den Dünnblechen enthält Abb. 100.
Die Streckgrenze und Zugfestigkeit der weichgeglühten Bleche nehmen
mit steigendem Kupfergehalt nur schwach zu, die Streckgrenze etwas
stärker als die Zugfestigkeit. Der festigkeitssteigernde Einfluß des Kupfers
ist also auch bei diesen Kupfer-Chrom-Stählen im weichgeglühten Zustand geringer als im normalisierten Zustand (vgl. Abb. 99). Aus diesem
Grunde ergibt sich auch beim Vergleich der weichgeglühten mit den
normalgeglühten und ausgehärteten Dünnblechen ein größerer Einfluß
der Aushärtung als beim Vergleich der normalgeglühten mit den nach
Normalglühung ausgehärteten 10 mm-Blechen. Außerdem ist nach
Abb. 100 bis 1,4% Kupfer noch eine Zunahme der Aushärtungswirkung
bei den Dünnblechen festzustellen. Bei diesem Kupfergehalt beträgt
gegenüber dem weichgeglühten Zustand die Zunahme der Zugfestigkeit
26, die der Streckgrenze 24 kg/mm². Diese Werte liegen über der
oberen Grenze des für chromfreie Kupferstähle beobachteten Bereiches
der Aushärtungswirkung. Die Tiefziehbarkeit und die Bruchdehnung
werden gegenüber dem weichgeglühten Zustand durch die Aushärtung
merklich erniedrigt. Bei 1,4% Kupfer sinkt die Bruchdehnung von 21
auf 15,5, die Tiefziehbarkeit von 8,3 auf 6,5 mm. Es ist zu berücksich-
tigen, daß die Werte für die Bruchdehnung und Tiefziehbarkeit stark
streuen, was für die Bruchdehnung bei Dünnblechen üblich ist.
Untersuchungen über die Aushärtbarkeit von Kupferstählen mit
verschiedenen Kohlenstoffgehalten und geringen Zusätzen von Chrom-
und Nickel hat M. L. Faure[1] ausgeführt. Es wurde festgestellt, daß
die Auflösung des kupferreichen Mischkristalls bei 680° begann und
bei etwa 750° beendet war. Um das Kupfer größtenteils in Lösung zu

---

[1] Faure, M. L.: Rev. Métall. Mém. **33**, 331 (1936).

halten, braucht ähnlich wie bei den Kupferstählen nur eine Abkühlungs-geschwindigkeit von etwa 1,6°/min überschritten zu werden. Auch bei diesen mehrfach legierten Stählen sind dagegen zur Erreichung des Ausscheidungs-Höchstwertes höhere Abschreckgeschwindigkeiten, besonders im Temperaturgebiet hoher Ausscheidungs- und Ballungsgeschwindigkeit, erforderlich. Es genügt dazu, das auf 680° an Luft abgekühlte Teil wiederholt kurzzeitig in eine Kühlflüssigkeit einzutauchen. Die Abkühlungsgeschwindigkeit von der Aushärtetemperatur ist zwischen der beim Abschrecken in Wasser erreichten Geschwindigkeit und einer solchen von 0,4°/min praktisch bedeutungslos.

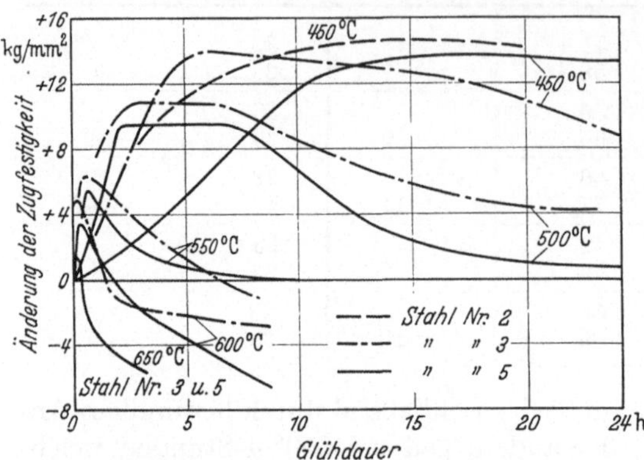

Abb. 101. Einfluß der Anlaßtemperatur und Dauer auf die Änderung der Zugfestigkeit der unterkühlten Stähle 2, 3 und 5 nach Zahlentafel 35 (Faure).

Wie die Zahlentafel 35 zeigt, die die Zusammensetzung und Festigkeitseigenschaften der von Faure untersuchten Stähle im normalisierten und ausgehärteten Zustand (500°) enthält, tritt der Einfluß des unter-

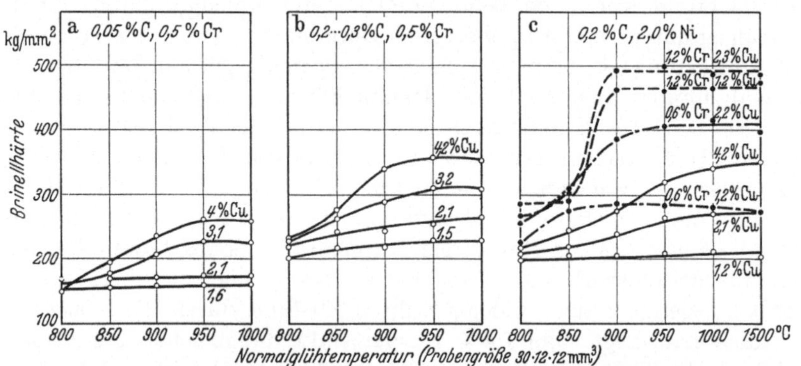

Abb. 102 a bis c. Einfluß der Normalglühtemperatur auf die Härte von Chrom- und Nickel-Chrom-Stählen mit verschieden hohen Kupfergehalten (Harrison).

schiedlichen Gehaltes der Stähle an Kohlenstoff Chrom und Nickel auf die Änderung der Zugfestigkeit und Elastizitätsgrenze durch die Aushärtung völlig zurück gegenüber dem Einfluß des Kupfergehaltes. Die Abhängigkeit der Dehnungsänderung vom Kupfergehalt ist dagegen nicht eindeutig.

Den in Abb. 101 wiedergegebenen Änderungen der Zugfestigkeit der 0,9 bis 1,0% Kupfer enthaltenden Stähle 2, 3 und 5 (s. Zahlentafel 35) in Abhängigkeit von der Anlaßtemperatur und -dauer ist ebenfalls zu entnehmen, daß die abweichende Zusammensetzung der Stähle sich im Gebiet der maximalen Aushärtung nicht bemerkbar macht. Nach längerer Anlaßdauer treten kleine Unterschiede in dem Festigkeitsabfall infolge der Koagulation der ausgeschiedenen Phase auf, wie auch der Festigkeitsanstieg mit verschiedener Geschwindigkeit erfolgte. Während bei 450 und 550° Anlaßtemperatur der Kupfer-Chrom-Stahl 3

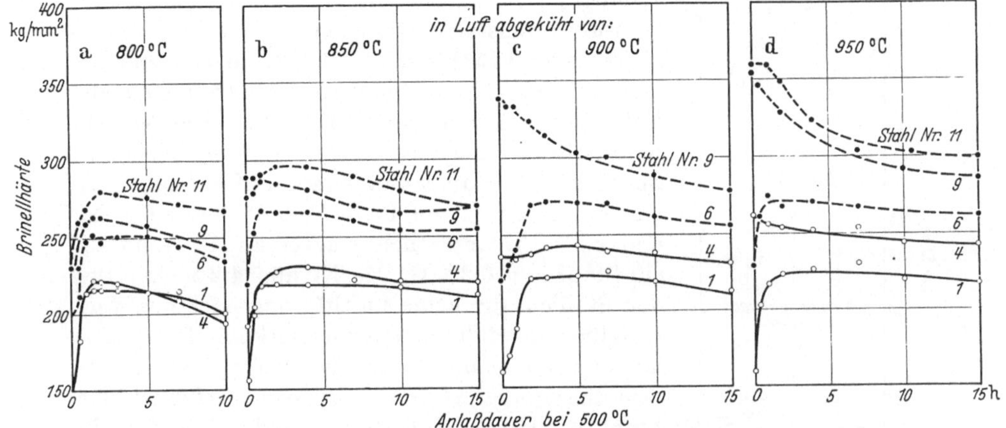

Abb. 103 a bis d. Einfluß der Normalisierungstemperatur und der Anlaßdauer bei 500° auf die Härte von Chrom-Kupfer-Stählen (Harrison).

Stahl Nr.	% C	% Cr	% Cu
1	0,05	0,5	1,6
4	0,04	0,5	4,0
6	0,29	0,5	1,5
9	0,20	0,5	4,1
11	0,24	0,9	4,0

einen stärkeren Festigkeitsabfall als der Kupfer-Nickel-Stahl 5 bei langer Anlaßdauer zeigt, liegen die Verhältnisse bei 500 und 600° umgekehrt. Bei 650° verhalten sich schließlich beide Stähle gleich. Die Chrom- und Nickelgehalte beeinflussen also das gesamte Verhalten der unterkühlten Stähle beim Anlassen zum mindesten nicht eindeutig.

In neuester Zeit hat R. H. Harrison[1] die Ergebnisse umfassender Versuchsreihen an verschiedenen, mehrfach legierten Stählen mit jeweils 0,5 bis 4,5% Cu mitgeteilt. Einige der wichtigeren Ergebnisse sollen noch erwähnt werden. Die hier interessierenden Versuchsstähle hatten folgende Zusammensetzung:

1. 0,05 % C, 0,5% Cr
2. 0,2 bis 0,3% C, 0,5 bis 1,5% Cr
3. 0,2 bis 0,3% C, 1,5 bis 2,3% Ni
4. 0,2 bis 0,3% C, 0,5 bis 0,9% Cr, 1,4 bis 2,6% Ni

0,5 bis 4,5% Cu.

---

[1] Harrison, R. H.: J. Iron Steel Inst. **137**, 285 (1938).

Nach Luftabkühlung von 800°, einer Temperatur, die bei den meisten
Stählen unter Ac_3 lag, wurde bei allen Stählen der größte Härteanstieg
bei Anlaßtemperaturen von 400 bis 450° beobachtet. Die Aushärtungswirkung nahm, gemessen an der Höchsthärte, beim Übergang von 0,05
auf 0,3% C bei gleichbleibendem Chromgehalt von 0,5% ab. Oberhalb
1,5% Cu war für alle Stähle die Ausscheidungswirkung nicht mehr merklich vom Kupfergehalt
abhängig.

Die Chromstähle mit mehr als 3% Cu und die
Chrom-Nickel-Stähle mit 1 bis 3% Cu zeigten eine
mit steigender Normalglühtemperatur zunehmende
Lufthärtung entsprechend Abb. 102. Die Nickel-
Kupfer-Stähle neigten wesentlich weniger als die
Chrom-Nickel-Kupfer-Stähle zur Lufthärtung. So
härtete ein Stahl mit 0,2% C, 0,6% Cr, 2,0% Ni
und 2,2% Cu wesentlich stärker an der Luft als
ein Stahl mit 0,2% C, 2% Ni und 4,2% Cu. Bei
den Stählen, die keine Lufthärtung nach der Normalglühung erfuhren, war die Wirkung der Anlaßhärtung unabhängig von der Höhe der Normalisierungstemperatur. Ein Beispiel hierfür ist der
Stahl 1 (0,05% C, 0,5% Cr und 1,6% Cu) in
Abb. 103. Bei den lufthärtenden Stählen überdecken sich beim Anlassen die Anlaßwirkung und
die Aushärtung. Nach dem Normalisieren bei 800°
zeigen alle in Abb. 103 behandelten, verschieden
legierten Chrom-Stähle eine klare Aushärtungswirkung. Nach Luftabkühlung von 850° ist diese
bei den Stählen 9 und 11 (0,2% bis 0,24% C, 0,5
bis 0,9% Cr und 4,0 bis 4,2% Cu) nur noch sehr
schwach, während nach Luftabkühlung von 900°
bei dem Stahl 9 (der Stahl 11 fehlt für diese Temperatur) schon die erweichende Anlaßwirkung den

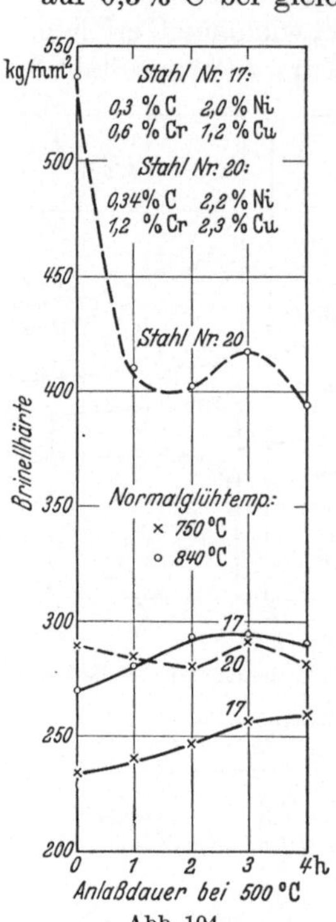

Abb. 104.
Einfluß der Normalisie-
rungstemperatur und der
Anlaßdauer bei 500° auf
die Brinellhärte von
Nickel-Kupfer-Chrom-
Stählen (Harrison).

härtenden Einfluß der Ausscheidung der ε-Phase weit überwiegt.
Dies ist nach Luftabkühlung von 950° für die Stähle 9 und 11 in
hohem Maße, für den Stahl 4 (0,04% C, 0,5% Cr, 4,0% Cu) weniger
ausgeprägt der Fall. Der Stahl 6 (0,29% C, 0,5% Cr und 1,5% Cu)
zeigt mit steigender Normalisierungstemperatur eine steigende Ausgangshärte und einen fallenden Härteanstieg. Aus der Abb. 103 (linker Teil)
ist noch zu entnehmen, daß das Maximum der Aushärtungswirkung bei
1,5% Cu bereits erreicht ist. Die Abb. 104 zeigt den Einfluß der Normalisierungstemperatur und der Anlaßdauer bei 500° noch an zwei Nickel-
Kupfer-Chrom-Stählen. Während der Stahl 17 (0,3% C, 2,0% Ni, 0,6% Cr
und 1,2% Cu) nach Luftabkühlung von 750 und 840° eine Härte-

steigerung infolge überwiegender Ausscheidungswirkung erfährt, zeigt der Stahl 20 (0,34% C, 2,2% Ni, 1,2% Cr, 2,3% Cu) nach Abkühlung von 750° einen schwachen, nach Abkühlen von 840° einen starken Härteabfall infolge der Anlaßwirkung. Ein anschließender, bei dem Chrom-Kupfer-Stahl nicht eingetretener Wiederanstieg der Härte dürfte nicht allein auf die Ausscheidung zurückgehen, da der Wiederabfall der Härte sehr rasch erfolgt.

Außer den vorstehend behandelten Zusätzen von Kohlenstoff, Mangan, Nickel, Kobalt, Chrom, Vanadin, Molybdän und Titan zu Eisen-Kupfer-Legierungen bzw. Kupferstählen sind noch kleine Zusätze von Aluminium, Wolfram, Phosphor und Arsen untersucht worden[1]. Eine nennenswerte Beeinflussung der Ausscheidungshärtbarkeit konnte auch durch diese Elemente nicht festgestellt werden.

3. Einfluß der Kupferausscheidung auf die Warmhärte und das Kriechverhalten in der Wärme.

Die praktische Verwendbarkeit unterkühlter, ausscheidungshärtbarer Kupferstähle ist beschränkt auf Temperaturen unterhalb der Temperatur der beginnenden Ausscheidung, da Eigenschaftsänderungen der in der Wärme verwendeten Werkstoffe im Betriebe unzulässig sind. Höhere Betriebstemperaturen sind für die weichgeglühten Stähle möglich, und zwar bis unterhalb der Temperatur der merklichen Löslichkeitszunahme des α-Eisens für Kupfer. Das Verhalten

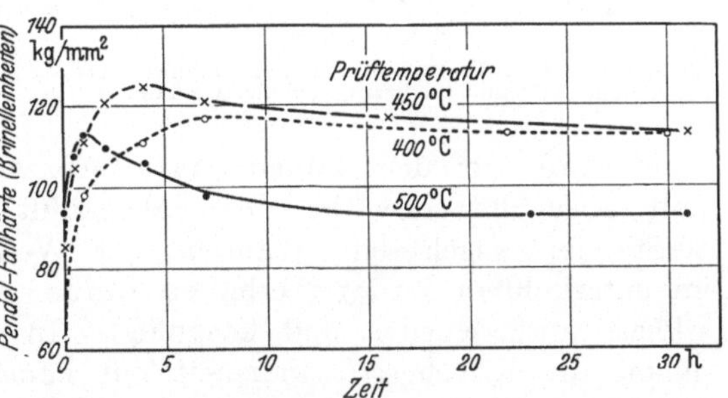

Abb. 105. Pendel-Fallhärte einer von 850° abgeschreckten Eisen-Kupfer-Legierung mit 1,5% Cu bei 400, 450 und 500° in Abhängigkeit von der Glühdauer (Cornelius und Trossen).

unterkühlter, aushärtbarer Kupferstähle in der Wärme ist wegen seiner praktischen Bedeutungslosigkeit auch nur wenig untersucht worden. H. Cornelius und W. Trossen (unveröffentlichte Versuche) haben die Änderung der Härte eines von 850° abgeschreckten Stahls mit 1,5% Cu und etwa 0,05% C bei 400 bis 500° in Abhängigkeit von der Anlaßdauer untersucht. Die Härtemessung geschah mit einem Pendel-Fallhärteprüfer, der die Härtemessung ohne Entfernen der Probe aus der Heizvorrichtung zuläßt[2]. Die Versuchsergebnisse enthält die Abb. 105. Die

---

[1] Smith, C. S. u. E. W. Palmer: Trans. Amer. Inst. min. metallurg. Engrs. Iron Steel Div. **105**, 133 (1933).
[2] Veröffentlichung demnächst.

zu Beginn der Messung bei 450 und 500° schon stark erhöhte Ausgangshärte und der demgemäß geringe Härteanstieg mit zunehmender Anlaßdauer sind darauf zurückzuführen, daß die Ausscheidung schon während
des langsamen Erwärmens auf Versuchstemperatur teilweise abgelaufen
war. Die Härteisothermen unterscheiden sich insofern von den nach
dem Anlassen durch die Härtemessung bei Raumtemperatur erhaltenen,
als der Härteanstieg bereits bei 400° sehr rasch verläuft, aber nicht bei
dieser Temperatur, sondern bei 450° zu der Höchsthärte führt. Die
durchgeführten Versuche gaben keine Anhaltspunkte für eine Deutung
dieser Unterschiede. Der größte Härteanstieg der nach dem Anlassen
(450°) bei Raumtempera-
tur geprüften Proben be-
trug 80 B.E., und zwar
von 110 auf 190 B.E.

P. Grün[1] hat den Ein-
fluß der während des
Dauerstandversuches bei
500° eintretenden Aus-
scheidung des kupfer-
reichen ε-Mischkristalls auf
das Kriechverhalten eines
Silizium - Mangan - Kupfer-
Stahls untersucht. Der

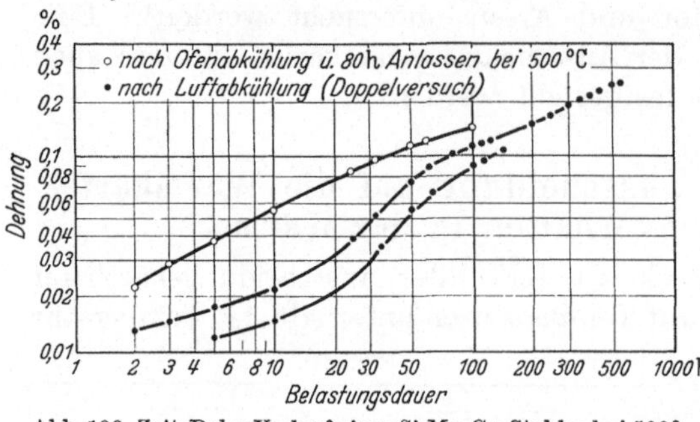

Abb. 106. Zeit-Dehn-Verlauf eines Si-Mn-Cu-Stahles bei 500°
und 9 kg/mm² Zugbeanspruchung (G r ü n).

Stahl wurde vor dem Dauerstandversuch von der Glühtemperatur in
Luft abgekühlt bzw. im Ofen abgekühlt und hiernach bei 500°
80 Stunden angelassen. Während der Werkstoff im ersteren Falle
im unterkühlten Zustand erhalten wurde, war im zweiten Falle die
ε-Phase ausgeschieden und koaguliert. In diesem letzteren Zustand
nimmt die Kriechgeschwindigkeit mit zunehmender Belastungsdauer
bei einer Beanspruchung von 9 kg/mm² allmählich ab, wie Abb. 106 zeigt.
Die luftabgekühlten Proben haben nach Aufgabe der Belastung eine
kleinere Anfangsdehnung als die angelassenen Proben. Während der
Ausscheidung der ε-Phase nimmt die Kriechgeschwindigkeit stark zu,
und nach etwa 100 Stunden hat die Zeit-Dehnungskurve in der doppelt
logarithmischen Darstellung einen nahezu geradlinigen Verlauf. Man
ersieht aus dem Verhalten dieses Kupferstahls, daß die Feststellung
der Dauerstandfestigkeit nach einem Abkürzungsverfahren an ausscheidungsfähigen Stahlproben im Temperaturgebiet der Ausscheidung
zu erheblichen Fehlern führen kann. Die Ursache des verstärkten
Kriechens, das bei dem unterkühlten Mangan-Silizium-Kupfer-Stahl
während der Ausscheidung und allem Anschein nach noch vorwiegend
während der Ballung der Ausscheidungen auftrat, könnte durch folgende
Überlegung geklärt werden: Der Ausscheidungsvorgang selbst und die

---

[1] Grün, P.: Arch. Eisenhüttenw. 8, 205 (1934/35).

Ballung der ausgeschiedenen Phase sind mit Platzwechseln der Atome verbunden, so wie dies auch bei der Rekristallisation und bei allotropen Umwandlungen der Fall ist. Der Platzwechsel der Atome bei den letzteren Vorgängen bedingt eine erhöhte Plastizität, die sog. Platzwechselplastizität[1]. Mit ihr darf auch bei Ausscheidungs- und Ballungsvorgängen gerechnet werden und sie könnte somit zur Deutung des verstärkten Kriechens des ursprünglich unterkühlten Stahls während der Ausscheidung und Ballung herangezogen werden.

4. Zur Theorie der Aushärtung des Eisens durch Kupfer.

Auf Grund unserer allgemeinen Kenntnisse über die Ausscheidungsvorgänge in metallischen Systemen ließe sich schon ein Bild über die Vorgänge auch bei der Ausscheidung des kupferreichen ε-Mischkristalls aus dem α-Eisen-Mischkristall ableiten. Da aber über die Vorgänge bei dieser Ausscheidung eine besondere Arbeit vorliegt, seien die

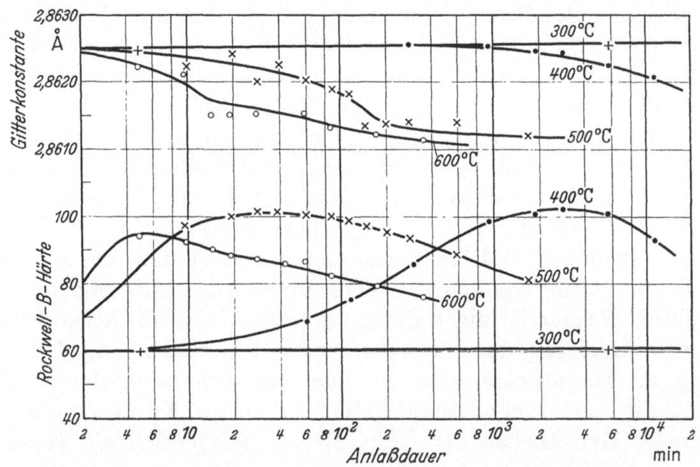

Abb. 107. Änderung der Härte und des Gitterparameters einer Legierung mit 2% Cu mit der Anlaßdauer bei verschiedenen Temperaturen (Norton).

theoretischen Betrachtungen über die Ausscheidungshärtung des Eisens durch Kupfer an Hand der Ergebnisse und Folgerungen aus dieser Arbeit von J. T. Norton[2] angestellt. Es wurden Versuche über die Härteänderungen und die Änderungen des Gitterparameters beim Anlassen einer sehr reinen Legierung mit 2,06% Cu ausgeführt, die von 850° abgeschreckt worden war. Die Anlaßversuche, deren Ergebnisse in Abb. 107 dargestellt sind, wurden bei 300 bis 600° auf Zeiten bis zu 170 Stunden

---

[1] Schmid u. Wassermann: Z. Metallkde. **23**, 127 (1931).

[2] Norton, J. T.: Trans. Amer. Inst. min. metallurg. Engrs. Iron Steel Div. **116**, 386 (1935).

ausgedehnt. Bei 300° ist weder eine Härteänderung noch eine Änderung des Gitterparameters aufgetreten. Besonders bei 400°, aber auch bei 500 und 600°, liegt bereits ein beträchtlicher Härteanstieg vor, bevor die ersten Änderungen des Atomabstandes festzustellen sind. Mit dem Erreichen der größten Änderung des Atomabstandes hat die Härte bei allen Anlaßtemperaturen ihren Höchstwert bereits überschritten. Die Höchsthärte fällt bei allen Anlaßtemperaturen mit einem Gitterparameter von etwa 2,8621 Å zusammen. Die unterkühlte Legierung hatte einen Atomabstand von 2,8625 Å, die kein ausscheidungsfähiges Kupfer mehr enthaltende Legierung einen Atomabstand von 2,8611 Å. Im Zustand der Höchsthärte war demnach nur ein Fünftel bis ein Viertel des ausscheidungsfähigen Kupfers tatsächlich ausgeschieden.

Diese Versuchsergebnisse berechtigen zu dem Schluß, daß die Ausscheidung bei den unterkühlten Eisen-Kupfer-Legierungen von den grundsätzlich gleichen Vorgängen im Gitter begleitet ist, wie sie bei der Aushärtung von Legierungen der Gattung Aluminium-Kupfer-Magnesium (z. B. Duralumin, Bondur, Igedur u. dgl.) und ähnlicher Legierungen festgestellt worden sind. Man darf sich demnach über den Ausscheidungsvorgang der Eisen-Kupfer-Legierungen folgende Vorstellung machen:

Bei der Erhitzung der übersättigten Eisen-Kupfer-Legierungen auf geeignete Temperaturen tritt zunächst eine Sammlung der Kupferatome ein. Diese verbleiben zwar noch im Eisengitter, bilden aber Gruppen, in denen ihre Anordnung schon der angenähert ist, die sie in den nach der vollzogenen Ausscheidung vorliegenden Kriställchen von Kupfer bzw. von kupferreichem ε-Mischkristall einnehmen werden. Diese Sammlung der Kupferatome erzeugt eine Verspannung des α-Eisengitters, die einen erhöhten Formänderungswiderstand (erhöhte Härte) hervorbringt, ohne daß eine Änderung des Gitterparameters feststellbar ist. Zum Teil gleichzeitig, im wesentlichen aber erst nach der Sammlung der Kupferatome tritt die eigentliche Ausscheidung kleinster Kupferkriställchen (bzw. kleinster Kriställchen der ε-Phase) ein. Da hierbei die ausscheidungsfähigen Kupferatome das α-Eisengitter verlassen, tritt neben der Härteänderung eine Abnahme des Gitterparameters ein. Letzterer nimmt mit zunehmender Anlaßdauer infolge der fortschreitenden Ausscheidung auch dann weiter ab, wenn die Härte infolge des die Ausscheidung bereits überwiegenden Einflusses der Koagulation wieder absinkt.

Setzt man voraus, daß die Härtesteigerung durch die Sammlung der Kupferatome und durch die wirkliche Ausscheidung kupferreicher Kriställchen addiert werden dürfen, so kann man über den Verlauf der Härteänderung durch beide Vorgänge ein Schema der Anlaßhärtung unterkühlter Eisen-Kupfer-Legierungen entsprechend Abb. 108 entwerfen. Hiernach ist der Härteabfall nach Erreichen des Höchstwertes durch Sammlung und Ausscheidung auf die abnehmende Gitterverzerrung infolge des Austritts der Kupferatome aus dem Eisengitter und auf die Ballung der ausgeschiedenen, kupferreichen Teilchen der ε-Phase zurückzuführen.

Der die Aushärtungswirkung vermindernde Einfluß des Kohlenstoffs in Kupferstählen ist schon im vorstehenden mehrfach behandelt worden. Die wichtigste Ursache ist die Verminderung des aushärtbaren Bestandteils, des α-Eisen-Kupfer-Mischkristalls, infolge Karbidbildung.

Die Elemente, die ausgesprochene Karbidbildner sind, z. B. Titan, Vanadin, Tantal, Niob, Zirkon usw. werden die Aushärtung von Kupferstählen nicht wesentlich beeinflussen, wenn die Zusätze, die zur Bindung des Kohlenstoffs als Sonderkarbid erforderlich sind, nicht überschritten werden. Über die Wirkung der genannten Zusätze, wenn sie diesen Betrag überschreiten, bzw. in kohlenstofffreien Legierungen, kann man nichts aussagen, da die entsprechenden Mehrstoffsysteme zum größten Teil unbekannt sind.

Eine Reihe Elemente, die bei den in Stählen üblichen Gehalten keine Sonderkarbide, sondern Mischkristallkarbide bilden, wie beispielsweise Mangan und Chrom (unter 1% C und 3% Cr) und die den Perlitpunkt zu niedrigeren Kohlenstoffgehalten verschieben bzw.

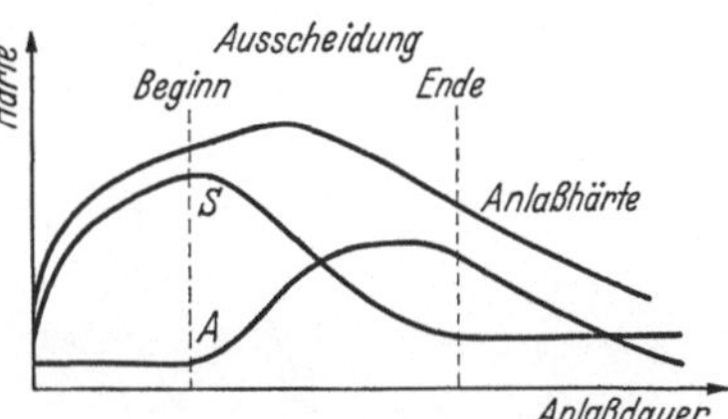

Abb. 108. Zusammensetzung der Anlaßhärte aus dem Einfluß der Sammlung der Kupferatome (A) und der Ausscheidung von kupferreichen Mischkriställchen (S) auf dief Härte. Schematisch (Norton).

nur diese letztere Wirkung im Stahl ausüben, wie z. B. Nickel und Silizium, sollten theoretisch in folgender Weise die Kupferausscheidungshärtung des Stahls beeinflussen: Besonders bei höheren Gehalten des Stahls an Kohlenstoff und den Zusatzelementen wäre eine geringe Verminderung der Aushärtungswirkung infolge der Herabsetzung der Menge des voreutektoidischen Ferrits zu erwarten. Anscheinend sind bei der Ausscheidung der ε-Phase aus dem Ferrit des Perlits infolge wahrscheinlicher Anlagerung der ausgeschiedenen Phase an das Karbid im Perlit nur geringfügige Änderungen der mechanischen Eigenschaften möglich. Mangan und Molybdän scheinen die Löslichkeit des α-Eisens für Kupfer zu vermindern. Ihre Wirkung ist daher auch in kohlenstofffreien Legierungen zu erwarten.

Über die Wirkung der Legierungszusätze, die weder ausgesprochene Karbidbildner sind, noch den Perlitpunkt in der beschriebenen Weise beeinflussen, lassen sich ohne nähere Kenntnis der Mehrstofflegierungen keine Überlegungen anstellen.

5. Aushärtbare Eisen-Nickel-Kupfer-Legierungen mit hohen Nickel- und Kupfergehalten.

Im Dreistoffsystem Eisen-Nickel-Kupfer erstreckt sich entsprechend Abb. 109[1] die Mischungslücke im festen Zustand vom System Eisen-

---

[1] Köster, W. u. W. Dannöhl: Z. Metallkde. **27**, 220 (1935).

Kupfer ausgehend bei Raumtemperatur bis zu den hohen Nickelgehalten
von über 80 %. Zu höheren Temperaturen hin verengert sich die Mischungslücke beträchtlich und reicht bei 1200° noch bis nahe an 30 % Ni
heran. Alle innerhalb der Mischungslücke für 20° liegenden Legierungen
sind durch Abschrecken von hohen Temperaturen unterkühlbar und
aushärtbar. In diesem Konzentrationsbereich liegen drei Gruppen von

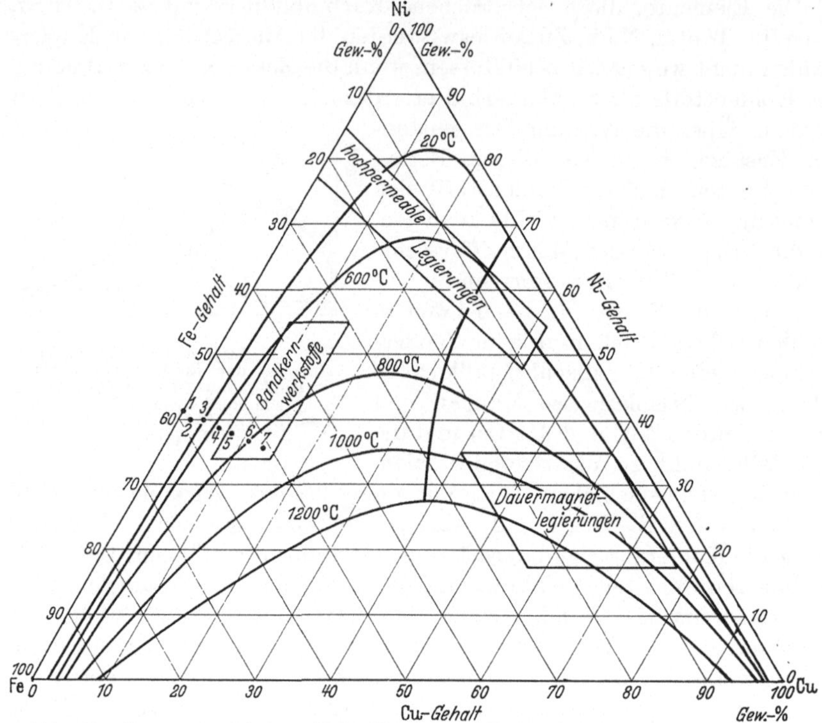

Abb. 109.   Grenzen der Mischungslücke (Köster und Dannöhl) und magnetisch wichtige
Legierungen (Bumm und Müller) im System Eisen-Nickel-Kupfer.

Legierungen, die auf Grund besonderer magnetischer Eigenschaften
technische Bedeutung erlangt haben. In Abb. 109 sind die Gebiete dieser
Legierungen eingetragen. Es handelt sich um die hochwertigen Dauermagnetlegierungen, die hochpermeablen Legierungen und die Band-
kernwerkstoffe für Pupinspulen. Nur die letzteren Legierungen enthalten
überwiegend Eisen und sind daher hier zu behandeln. Sie zeichnen sich
nach geeigneter Behandlung durch eine in allen Richtungen der Blechebene kleine Remanenz aus.

Der Mechanismus der Kupferausscheidung in diesen Aushärtungs-
Bandkernwerkstoffen wurde eingehend von H. Bumm und H. G. Müller[1]

[1] Bumm, H. u. H. G. Müller: Wiss. Veröff. Siemens-Werk 17, 126 (1938)
sowie Metallwirtsch. 17, 644 (1938).

untersucht. Die Zusammensetzungen der Versuchswerkstoffe sind in
Abb. 109 eingetragen und durch die Zahlen 1 bis 7 gekennzeichnet.
Die Legierungen wurden zu dünnen Bändern ausgewalzt und von 1000°
rasch abgekühlt. In Übereinstimmung mit Abb. 109 bestanden alle
Legierungen nach dieser
Abschreckung aus homo-
genen Mischkristallen, die
infolge des hohen Nickelgehaltes ein kubisch-flächen-
zentriertes Gitter (Auste-
nitgitter) hatten. Wie ebenfalls nach Abb. 109 zu
erwarten war, erwiesen sich
die Legierungen 1 bis 3 mit
weniger als 3% Cu als
nicht ausscheidungsfähig,

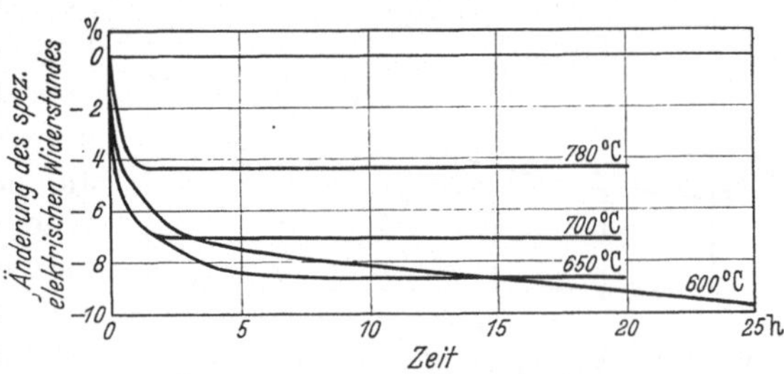

Abb. 110. Änderung des elektrischen Widerstandes der von
1000° abgeschreckten Eisen-Nickel-Kupfer-Legierung mit
13,1% Cu beim Anlassen (Bumm und Müller).

im Gegensatz zu den Legierungen 4 bis 7 mit 55,6 bis 51,7% Fe, 38,3
bis 35,2% Ni und 6,0 bis 13,1% Cu. Diese nach Abschrecken auf Raumtemperatur übersättigten Legierungen zeigten beim Anlassen die ersten
Eigenschaftsänderungen erst bei 500°. Es bestätigt sich also auch an
diesen Legierungen die
Regel, nach der Aus-
scheidungsvorgänge in
austenitischen Eisen-
legierungen bei höherer
Temperatur als in fer-
ritischen Legierungen
einsetzen.

Die Änderungen des
spezifischen elektri-
schen Widerstandes, der
Anfangspermeabilität
und der Koerzitivkraft
der Legierung mit dem
höchsten Kupfergehalt
(13,1%) sind in den

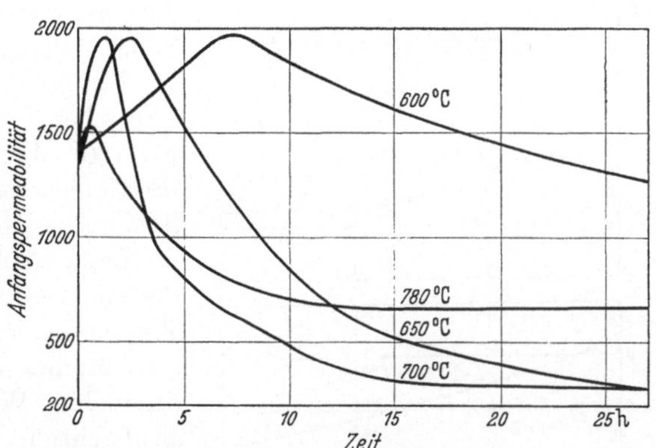

Abb. 111. Änderung der Anfangspermeabilität der von 1000°
abgeschreckten Eisen-Kupfer-Nickel-Legierung mit 13,1% Cu
beim Anlassen (Bumm und Müller).

Abb. 110, 111 und 112 in Abhängigkeit von der Anlaßtemperatur und
Anlaßdauer wiedergegeben. Der elektrische Widerstand fällt beim ersten
Anlassen steil ab und nähert sich dann allmählich einem Endwert. Dieser
steigt mit zunehmender Anlaßtemperatur an, da in der gleichen Richtung die Kupferlöslichkeit zunimmt. Die Anfangspermeabilität durch-
läuft ein mit fallender Anlaßtemperatur flacher werdendes, sich zu
längeren Anlaßzeiten verschiebendes Maximum, das bei 780° nur noch
angedeutet ist. Nach langem Anlassen werden weit unter dem

Ausgangswert des unterkühlten Werkstoffes liegende Anfangspermeabilitäten erhalten. Bei der Anlaßzeit, bei der das Maximum der Anfangspermeabilität auftritt, sind etwa 75% des beim Anlassen überhaupt eintretenden Widerstandsabfalls erreicht. Die Koerzitivkraft spricht auf den Zerfall der festen Lösung nicht an. Auch der von Buchholtz und Köster an einer unterkühlten Eisen-Kupfer-Legierung mit 5% Cu bei kurzen Anlaßzeiten beobachtete, auf das Vorhandensein feiner ε-Teilchen zurückgeführte Koerzitivkraftabfall (vgl. Abbildung 76) tritt bei den hier

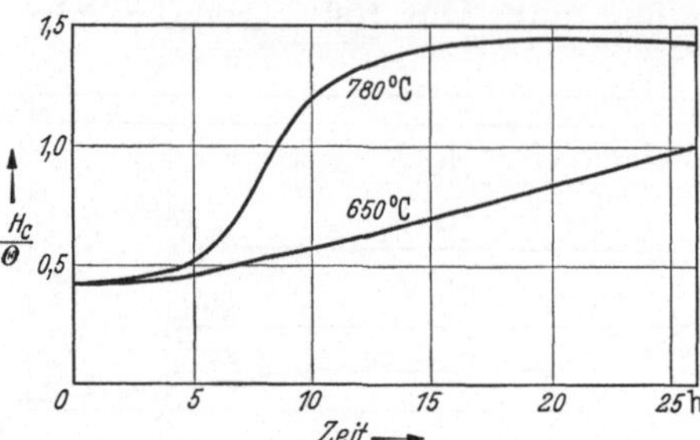

Abb. 112. Änderung der Koerzitivkraft einer von 1000° abgeschreckten Eisen-Nickel-Kupfer-Legierung mit 13,1% Cu beim Anlassen (Bumm und Müller).

behandelten Eisen-Nickel-Kupfer-Legierungen nicht auf. Es wurde daher früher schon darauf hingewiesen, daß es zweifelhaft sei, ob dieser Koerzitivkraftabfall überhaupt mit einem Vorgang nach der eigentlichen Ausscheidung in Zusammenhang stehe. Erst wenn Anlaßtemperatur und Zeit zu einer genügenden Koagulation der ausgeschiedenen Phase geführt haben, steigt die Koerzitivkraft an. Die Koagulation verläuft nach Abb. 112 selbst bei 650° noch ziemlich langsam, bei 780° dagegen, einer Temperatur im Gebiet rascher zunehmender Löslichkeit, verhältnismäßig schnell.

Beim Anlassen der hier behandelten, unterkühlten Eisen-Nickel-Kupfer-Legierungen ist besonders bei Anlaßtemperaturen unter 600° eine anomale Widerstandserhöhung zu beobachten, die bei Anlaßtemperaturen über 600° zweifellos auch auftritt, aber bei den nicht genügend kurzen Anlaßzeiten zu Beginn des Anlassens nicht beobachtet wurde. Die anomale Widerstandserhöhung

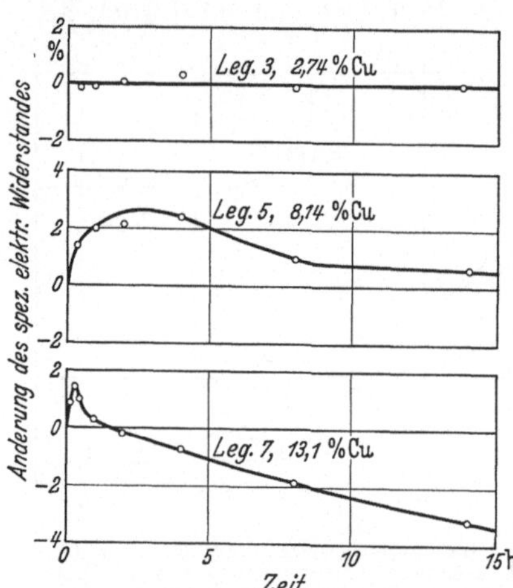

Abb. 113. Änderung des spezifischen elektrischen Widerstandes von 1000° abgeschreckter Eisen-Nickel-Kupfer-Legierungen beim Anlassen bei 500° (Bumm und Müller).

geht für eine Anlaßtemperatur von 500° für die Legierungen mit 8,14 und 13,1% Cu aus Abb. 113 hervor. Da die nicht aushärtbaren Legierungen die Widerstandserhöhung nicht zeigten, (s. Abb. 113, Legierung mit 2,74% Cu) muß sie mit der Ausscheidung in einem Zusammenhang stehen. Die maximale Widerstandserhöhung, die ohne gleichzeitige Änderungen der Koerzitivkraft und der Permeabilität abläuft, ist nicht proportional dem Kupfergehalt der Legierungen, sondern liegt bei etwa 8% Cu vor.

Auf die Deutung der vorstehend im wesentlichen angeführten Versuchsergebnisse zusammen mit Röntgenuntersuchungen soll hier, den Gedanken von Bumm und Müller folgend, etwas näher eingegangen werden. Es ist zunächst folgendes zu beachten:

1. Die Permeabilität ferromagnetischer Stoffe wird durch Verformung erniedrigt, durch Aufhebung des durch die Verformung bedingten Spannungszustandes (Erholung, Rekristallisation) erhöht.

2. Der spezifische elektrische Widerstand spricht ebenfalls auf Änderungen des mechanischen Spannungszustandes an, und zwar bewirkt Verformung Widerstandserhöhung, Entspannung Widerstandserniedrigung.

3. Die Koerzitivkraft steigt an, wenn Gitterverzerrungen entstehen, wie sie durch Spannungen hervorgerufen werden, und sie fällt ab, wenn die durch die Wirkung der Spannungen entstandenen Gitterverzerrungen beseitigt werden.

Aus Röntgenuntersuchungen ist abzuleiten, daß das Gitter der abgeschreckten Eisen-Nickel-Kupfer-Legierungen je nach ihrem Übersättigungsgrade verzerrt ist. Bei den Anlaßtemperaturen, bei denen ein Platzwechsel der Atome soeben einsetzen kann, führen die den Ausscheidungsvorgang einleitenden Platzwechselvorgänge der Kupferatome im übersättigten Mischkristall zu einer Erhöhung des Betrages der hochdispersen Gitterverzerrungen und damit zu den anomalen, bei 500° beobachteten Widerstandserhöhungen. Die sie hervorrufenden Spannungsspitzen werden mit zunehmender Anlaßzeit um so rascher wieder abgebaut, je höher der Übersättigungsgrad des Mischkristalls ist. Die Abnahme des Ausmaßes der anomalen Widerstandserhöhung bei den Legierungen mit den höchsten Kupfergehalten (über 8 bis 13%) wird durch die Überlagerung des eine Widerstandsabnahme bedingenden Mischkristallzerfalls über den zu der Widerstandserhöhung führenden Vorgang erklärt.

Die bei 600° Anlaßtemperatur zuerst eintretende Erhöhung der Anfangspermeabilität wird auf den Beginn der eigentlichen Ausscheidung zurückgeführt. Dabei ist, in Übereinstimmung mit den Ausführungen im vorhergehenden Abschnitt (VI, 4), eine Änderung des Grundgitters feststellbar, ohne daß das Gitter der Ausscheidungen selbst wegen deren hochdisperser Verteilung bereits nachweisbar wäre. Die mit der eigentlichen Ausscheidung verbundene Abnahme der Gitterverzerrungen des ursprünglich übersättigten Mischkristalls ist abhängig von der Zahl der ausscheidenden Kupferatome. Mit zunehmender Anlaßtemperatur und mit ansteigendem Kupfergehalt ergibt sich daher eine zunehmende Steilheit des Permeabilitätsanstieges.

Der mit dem Permeabilitätsanstieg sich einstellende Abfall des spezifischen elektrischen Widerstandes ist, wie früher schon ausgeführt

wurde, dem Übergang des homogenen Zustandes (übersättigter Mischkristall) in den heterogenen Zustand (Mischkristall im Gleichgewichtszustand und Ausscheidungen der kupferreichen Phase) zuzuschreiben.
Bumm und Müller sehen als weitere Ursache für den Widerstands-
abfall die mechanische Entspannung als Folge des Ausscheidungsvor-
ganges an. Das Ansteigen des Widerstandsendwertes hängt damit
zusammen, daß die Menge des gelöst bleibenden Kupfers mit steigender
Temperatur zunimmt.

Während sich der elektrische Widerstand nur während der Ausscheidung ändert, fällt die Anfangspermeabilität infolge der Ballung der
ausgeschiedenen Phase, also nach beendigter Ausscheidung wieder ab.
Dieser Permeabilitätsabfall wird von Bumm und Müller einer starken
Verspannung der kupferarmen, ferromagnetischen Eisen-Nickel-Phase
durch die Koagulation der paramagnetischen, kupferreichen Phase zugeschrieben. Diese Verspannung entsteht durch die stark unterschiedlichen Wärmeausdehnungsbeiwerte der beiden Phasen. Die kupferreiche
Phase hat einen Wärmeausdehnungsbeiwert von etwa $12 \cdot 10^{-6}$ cm/cm °C,
und die eisen- und nickelreiche Phase von 1 bis $6 \cdot 10^{-6}$ cm/cm °C. Aus
zwei Gründen können die infolge der Koagulation entstehenden Spann-
nungen erst wenig oberhalb Raumtemperatur während des Abkühlens
von der Anlaßtemperatur entstehen: oberhalb der Erholungstemperatur
der Festigkeitseigenschaften ist keine Verspannung möglich und oberhalb
200 bis 300° gleicht sich die Wärmeausdehnung der eisen- und nickelreichen Phase sehr rasch an die der kupferreichen an.

Mit dem Beginn des Permeabilitätsabfalles, also nach beendeter Ausscheidung, und mit dem Beginn stärkerer Koagulation tritt beim Anlassen
der Koerzitivkraftanstieg ein. Hierfür soll nun nach Bumm und Müller
weniger die Größe der Spannung als ihre Dispersität maßgebend sein.
Der Anstieg der Koerzitivkraft tritt daher, wie schon Köster wiederholt
festgestellt hat, erst von einer bestimmten Teilchengröße ab ein. Wenn
nun die Koerzitivkraft anschließend an den Anstieg nahezu gleich bleibt,
wie dies nach Abb. 112 bei den hier besprochenen Legierungen beispielsweise bei 780° Anlaßtemperatur der Fall war, so kann man rückwärts
schließen, was Bumm und Müller tun, daß nach Erreichen der zum
raschen Anstieg der Koerzitivkraft führenden Teilchengröße die weitere
Ballung nur sehr langsam verläuft. Letzteres steht mit der Erfahrung
auch an anderen Systemen in Einklang.

Die aus den Versuchsergebnissen an den Aushärtungs-Bandwerk-
stoffen von Bumm und Müller hergeleiteten Deutungen wurden des-
wegen ausführlicher behandelt, weil sie in klarer Weise auf der Wirkung
von Gitterverspannungen auf die Eigenschaften der Legierungen aufgebaut sind. Ob die Deutungen in allen Punkten zutreffend sind, scheint
jedoch nicht völlig sicher. Man kann z. B. einwenden, daß der spezifische
elektrische Widerstand, der ja auch eine spannungsempfindliche Größe

ist, nach Abb. 110 von den durch die verschiedene Wärmeausdehnung der kupferreichen und kupferarmen Phase hervorgerufenen Spannungen offenbar nicht beeinflußt wird.

Es wurde schon darauf hingewiesen, daß die beschriebenen Eisen-Nickel-Kupfer-Legierungen sich durch eine in allen Richtungen der Blechebene anomal kleine Remanenz auszeichnen. Aus Untersuchungen über die Vorgänge beim Anlassen dieser übersättigten und kaltverformten Legierungen (Ausscheidung, Kristallerholung und Rekristallisation) schließen Bumm und Müller, daß die erwähnte, besondere Eigenschaft durch eine gerichtete Kupferausscheidung zustande kommt. Die Orientierung der Ausscheidungen senkrecht zur Walzebene ist durch die in Verbindung mit der Walztextur kristallographisch festgelegten Gleitsysteme gegeben.

Die orientierte Ausscheidung der kupferreichen Phase und die damit verbundene kleine Remanenz in der Blechebene der Eisen-Nickel-Kupfer-Bandwerkstoffe werden durch folgende Behandlung erzielt: Der Werkstoff wird im Temperaturgebiet der homogenen Mischkristalle, etwa bei 1000°, geglüht und dann abgeschreckt. Es folgt das Anlassen bei Temperaturen und Zeiten, die zu der maximalen Widerstandserhöhung führen. Hieran schließt sich ein Kaltwalzen mit starker Abnahme, im allgemeinen über 99%, an.

H. Legat[1] hat kohlenstoffarme Nickel-Kupfer-Stähle nach verschiedenen Vorbehandlungen auf ihre Eignung für Dauermagnete untersucht. Die Untersuchungen erstreckten sich auf folgenden Legierungsbereich: 0,05% C, bis 25% Cu und bis 25% Ni. Während der Nickelgehalt die Beständigkeit des kubisch-flächenzentrierten Mischkristalls, bzw. bei den mittleren Gehalten des Martensits bedingt, ruft das Kupfer in diesen Legierungen die Aushärtbarkeit hervor. Die reinen Kupferstähle zeigten nach dem Abschrecken von hohen Temperaturen im Gegensatz zu den reinen Nickel-Stählen keine im Gefügebild erkennbare Martensitbildung. Die letzteren bestanden nach der Abschreckung bei den höheren Nickelgehalten aus Martensit und Austenit, bei 25% Ni nur aus Austenit.

Nach H. Legat hängt der Verlauf der Anlaßkurven von Remanenz und Koerzitivkraft der von ihm untersuchten, abgeschreckten Kupfer-Nickel-Stähle im wesentlichen von deren Gefüge im abgeschreckten Zustand und damit vom Nickelgehalt ab. Ein martensitisch-austenitisches Abschreckgefüge führt beim Anlassen zu guten magnetischen Eigenschaften. Nach der von H. Legat ausgesprochenen Auffassung, der von W. Dannöhl[2] eine weiter unten behandelte, wesentlich abweichende Deutung entgegengestellt wurde, laufen beim Anlassen derartiger Legierungen folgende Vorgänge ab: Ein Teil des Restaustenits geht über in Martensit. Die kupferreiche Phase scheidet sich aus; der größere Teil des

---

[1] Legat, H.: Metallwirtsch. **16**, 743 (1937).
[2] Dannöhl, W.: Z. Metallkde. **30**, 95 (1938).

Restaustenits wird hierdurch instabil und zerfällt ebenfalls zu Martensit.
Diese teils nebeneinander teils nacheinander verlaufenden Vorgänge
führen zu den in den Abb. 114 und
115 für einen Kupfer-Nickel- und
einen Kupfer-Nickel-Kobalt-Stahl
dargestellten Änderungen der Remanenz und Koerzitivkraft. Die
Eigenschaftswerte gelten für die
gegossenen Stähle. Die Abschrecktemperatur (vgl. Abb. 109) wurde
mit 1250° sehr hoch gewählt, um
einen möglichst weitgehenden Kon-
zentrationsausgleich beim Glühen
vor dem Abschrecken zu sichern.
Kennzeichnend für die Eigenschaftsänderungen beim Anlassen
der Kupfer-Nickel-Stähle ist das
Auftreten des Höchstwertes der
Koerzitivkraft und des Niedrigst-
wertes der Remanenz bei etwa

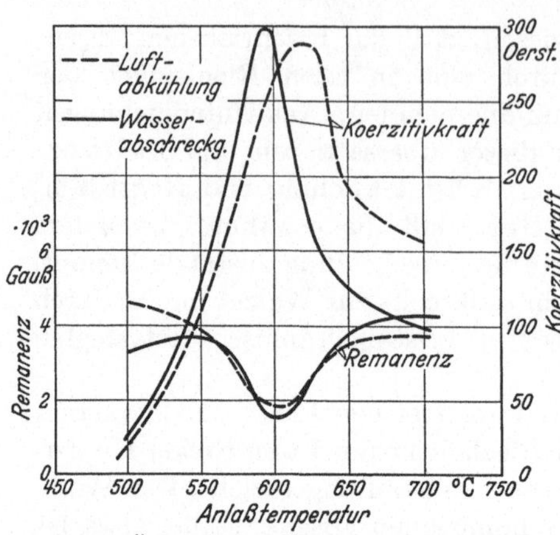

Abb. 114. Änderung von Remanenz und Koerzitivkraft beim Anlassen (¹/₂ Stunde) einer von 1250°
unterkühlten Legierung mit 15 % Ni und 14 % Cu
(Legat).

der gleichen Anlaßtemperatur. Den Einfluß der Abschreckgeschwindigkeit zeigt die Abb. 114.

Die Beobachtung, daß Anlaßdauer und Anlaßtemperatur sich bei den
Kupfer-Nickel-Stählen nicht teilweise gegenseitig ersetzen können,
schreibt Legat dem Umstand zu, daß die
Anlaßwirkung durch zwei Vorgänge, Aushärtung und Zerfall des Austenits zu Martensit bedingt ist. Hiermit wird auch der
eng begrenzte Aushärtungsbereich erklärt.
Da sowohl bei einem durch Anlaßwirkung
herbeigeführten Austenitzerfall, wie auch bei
Ausscheidungsvorgängen in der Regel ein
Anlassen bei höherer Temperatur durch eine
wesentliche Verlängerung der Anlaßdauer bei
tieferer Temperatur in gewissen Temperatur-
grenzen zu der gleichen Anlaßwirkung führt,
ist die erwähnte, hierzu trotz des Zusammen-
wirkens zweier Vorgänge in einem gewissen
Widerspruch stehende Beobachtung von

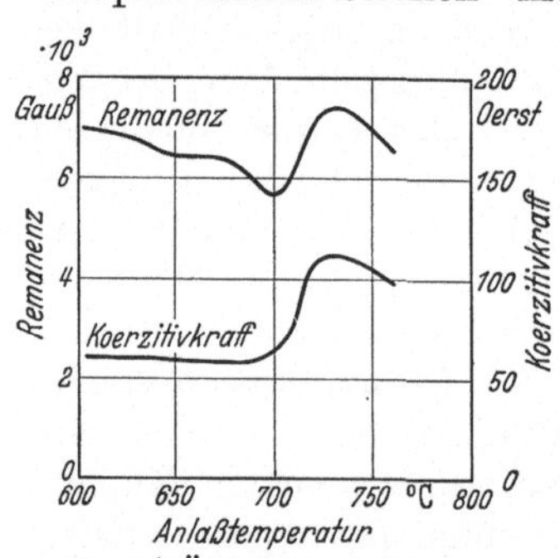

Abb. 115. Änderung von Remanenz
und Koerzitivkraft beim Anlassen
(1 Stunde) einer von 1250° in
Wasser abgeschreckten Legierung
mit 14 % Ni, 16 % Cu und 15 % Co
(Legat).

Legat geeignet, Zweifeln an dem Zutreffen der von ihm gegebenen
Deutung der Anlaßvorgänge bei den Kupfer-Nickel-Stählen Raum zu
geben.

Den Einfluß des Kupfers auf die Remanenz und Koerzitivkraft von
reinem Eisen, und von reinen Eisen-Nickel-Stählen zeigt die Abb. 116

für die ausgehärteten Werkstoffe. In der Abb. 117 ist für die gleichen
Eigenschaften der Einfluß des Nickels auf reines Eisen und reine Eisen-
Kupfer-Stähle nach dem Anlassen dargestellt. Die reinen Kupferstähle

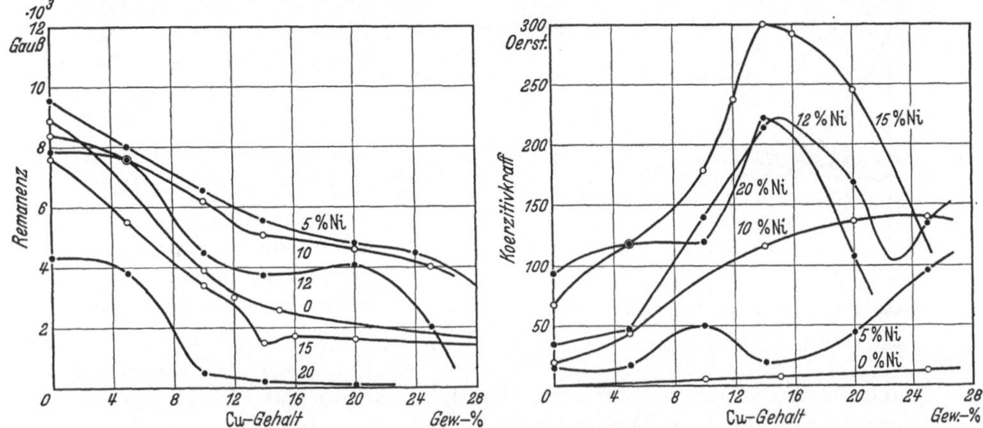

Abb. 116. Remanenz und Koerzitivkraft von ausgehärteten Eisen-Kupfer- und Eisen-Kupfer-Nickel-
Legierungen in Abhängigkeit vom Kupfergehalt (Legat).

mit niedrigem Kohlenstoffgehalt sind im ausgehärteten Zustand auch bei
25% Cu noch nicht magnetisch hart, obgleich bei diesem Gehalt die Remanenz schon stark erniedrigt ist. Ein Höchstwert der Koerzitivkraft

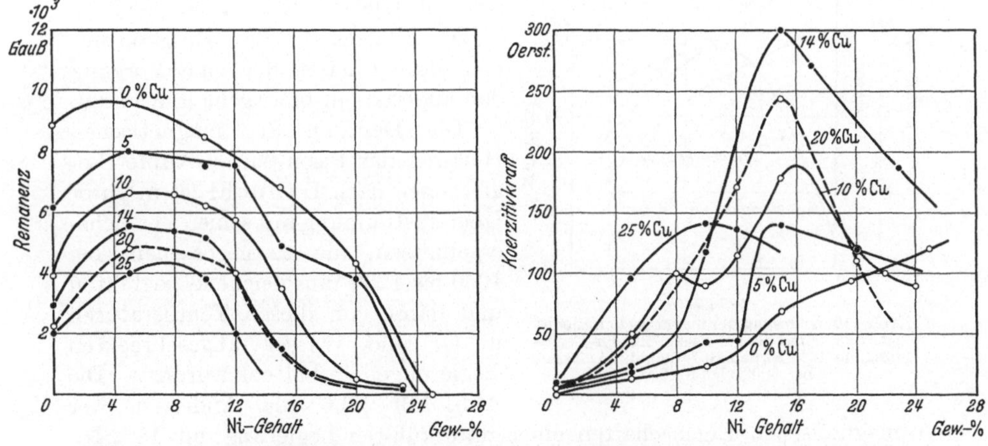

Abb. 117. Remanenz und Koerzitivkraft von angelassenen Eisen-Nickel- und Eisen-Kupfer-Nickel-
Legierungen in Abhängigkeit vom Nickelgehalt (Legat).

von 300 Oersted liegt im ausgehärteten Zustand bei 15% Ni und 15% Cu
vor. Die zugehörige Remanenz erreicht noch rund 1500 Gauß.

Den Einfluß von Kohlenstoff, Silizium und Mangan auf die Remanenz
und Koerzitivkraft eines Stahls mit 15% Ni und 15% Cu im ausgehärteten

Zustand gibt die Abb. 118 wieder. Eine günstige Wirkung dieser Elemente liegt nicht vor. Auch Versuche, die magnetischen Eigenschaften der Kupfer-Nickel-Stähle durch andere Legierungszusätze zu verbessern,

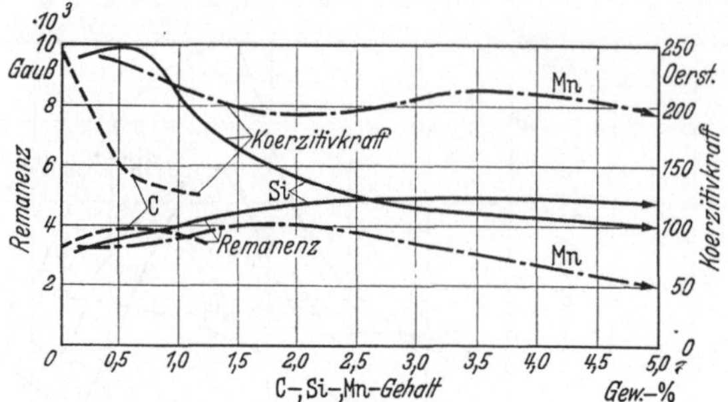

Abb. 118. Einfluß von Kohlenstoff, Silizium und Mangan auf die Remanenz und Koerzitivkraft eines Ni-Cu-Stahls mit 15 % Ni und 15 % Cu im ausgehärteten Zustand (Legat).

schlugen fehl. Folgende Zusätze wurden versucht: Kobalt (s. Abb. 115), Molybdän, Wolfram, Chrom, Vanadin, Titan, Tantal, Zirkon, Silber und Wismut.

Über die zur magnetischen Härtung ferritischer Eisen - Nickel - Kupfer - Legierungen führenden Vorgänge gehen die Auffassungen von H. Legat und W. Dannöhl, wie schon angedeutet wurde, auseinander. Letzterer folgert auf Grund eigener, nachfolgend noch zu beschreibender Versuche, daß die magnetische Härte binärer Eisen-Nickel-Legierungen durch die Neubildung von Austenit zu erklären sei, während Legat den Austenitzerfall als maßgebend ansah. Bei den ternären Eisen-Nickel-Kupfer-Legierungen tritt, nach W. Dannöhl, zu der Neubildung von Austenit noch die Kupferausscheidung hinzu. Je nach der Legierungszusammensetzung leitet der eine Vorgang den anderen ein bzw. geht ihm voran.

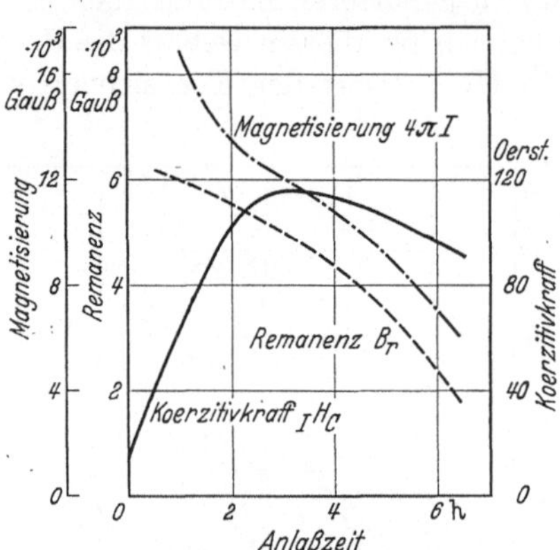

Abb. 119. Änderung der magnetischen Eigenschaften einer Eisen-Nickel-Kupfer-Legierung mit 15 % Ni und 10 % Cu beim Anlassen bei 600° (Dannöhl).

Die Deutung der magnetischen Härtung der Eisen-Nickel-Kupfer-Legierungen nach Dannöhl ist in guter Übereinstimmung mit seinen Versuchsergebnissen, die an gegossenen, bei 1050 bis 1200° ausgleichend geglühten und dann von diesen Temperaturen in Öl und Wasser abgeschreckten Legierungen erhalten wurden. Die Abb. 119 gibt die Änderung der magnetischen Eigenschaften einer unterkühlten Legierung mit 15 % Ni, 10 % Cu, Rest Eisen beim Anlassen bei 600° wieder. Aus dem fast gleichlaufenden Abfall der Magnetisierungsintensität und der Remanenz wird auf die gleichzeitig mit der Kupferausscheidung stattfindende Neubildung von Austenit geschlossen. Beide Vorgänge bewirken zunächst einen Anstieg der Koerzitivkraft, sodann, unter dem Einfluß der eine Abnahme der ferromagnetischen Phase bedingenden Austenitbildung, einen Abfall.

Zahlentafel 36. Koerzitivkraft und Remanenz einer Eisen-Nickel-Kupfer-Legierung in verschiedenen Behandlungszuständen (Dannöhl).

80% Fe, 12% Ni, 8% Cu	Koerzitivkraft Oersted	Remanenz Gauß
Von 1000° in Wasser abgeschreckt . . .	9,8	nicht gemessen
dann 2 Stunden bei 600° angelassen . .	105	5880
dann auf — 182° abgekühlt	88	7140
dann 4 Stunden bei 600° angelassen . .	80	5380

Zahlentafel 36 enthält Versuchsergebnisse an einer Legierung mit 12% Ni und 8% Cu, die nach verschiedenen Behandlungen festgestellt wurden. Die bei der Unterkühlung der von 1080° abgeschreckten und bei 600° 2 Stunden angelassenen Probe auf —182° eingetretene Zunahme der Remanenz, und der Abfall der Koerzitivkraft lassen sich durch die Umwandlung zu Martensit des beim Anlassen gebildeten Austenits mit einem über der mittleren Zusammensetzung der gesamten Legierung liegenden Nickelgehalt deuten. Nach der Tiefkühlung war die Legierung also aus zwei α-Mischkristallen unterschiedlichen Nickelgehaltes mit eingelagerten Ausscheidungen der kupferreichen Phase aufgebaut. Erneutes Anlassen der so aufgebauten Legierung bei 600° hat einen nur kleinen Abfall der Koerzitivkraft, aber eine Verminderung der Remanenz unter den nach dem ersten Anlassen erhaltenen Wert zur Folge. Diese Eigenschaftsänderungen sind hervorgerufen durch die Rückbildung von Austenit aus der nickelreichen α-Phase, Neubildung von Austenit und weitere Ausscheidung der kupferreichen Phase, während die ursprünglich übersättigte α-Phase weiter an Nickel und Kupfer verarmt.

Zahlentafel 37. Magnetische Eigenschaften einer Eisen-Nickel-Kupfer-Legierung bei Raumtemperatur nach verschiedenen Vorbehandlungen (Dannöhl).

73% Fe, 12% Ni, 15% Cu	Nach Warmbehandlung			Nach Warmbehandlung und Abkühlen auf —182°		
	Koerzitivkraft	Remanenz	Sättigung $4\,\pi\,J$	Koerzitivkraft	Remanenz	Sättigung $4\,\pi\,J$.
1 Stunde 1100°, Wasserabschreckung	14	n. b.	n. b.	14	n. b.	n. b.
1 Stunde 570°	307	3950	9650	146	4540	10650
1 Stunde 600°	160	4730	11500	126	5850	13500
2 Stunden 600°	328	3920	8350	111	5650	14000
1 Stunde 630°	133	5340	15750	63	6160	16100

Abschließend sollen noch die in Zahlentafel 37 wiedergegebenen Versuchsergebnisse von Dannöhl an einer wiederum verschieden behandelten Legierung mit 12% Ni und 15% Cu besprochen werden. Die Abkühlung der Proben nach dem Anlassen erfolgte in Luft. Auch diese Legierung zeigte nach Tiefkühlung die Rückbildung des beim Anlassen gebildeten Austenits zu α-Mischkristallen, kenntlich an der Zunahme der Remanenz und magnetischen Sättigung, während die Koerzitivkraft absinkt. Die letzte Spalte der Zahlentafel 37 zeigt nach dem Anlassen bei steigenden Temperaturen und anschließender Tiefkühlung einen Anstieg der magnetischen Sättigung. In Übereinstimmung mit dem Zustandsschaubild Eisen-Nickel ergibt sich hieraus, daß sich bei den niedrigeren Anlaßtemperaturen ein höher nickelhaltiger Austenit als bei den höheren Anlaßtemperaturen neu bildet. Dieser stärker nickelhaltige Austenit ist so stabil, daß er sich auch bei der Abkühlung auf —182° nicht vollständig in den α-Mischkristall umwandelt. Eine eindeutige Trennung der Einflüsse, die die magnetische Härtung bewirken, ist daher noch nicht durchführbar.

W. Dannöhl erzielte mit seinen Legierungen durch Anlaßbehandlung höhere Gütewerte (z. B. eine Remanenz von 3920 Gauß bei einer Koerzitivkraft von 328 Oersted, siehe Zahlentafel 37), als H. Legat. Trotzdem sind aber auch diese

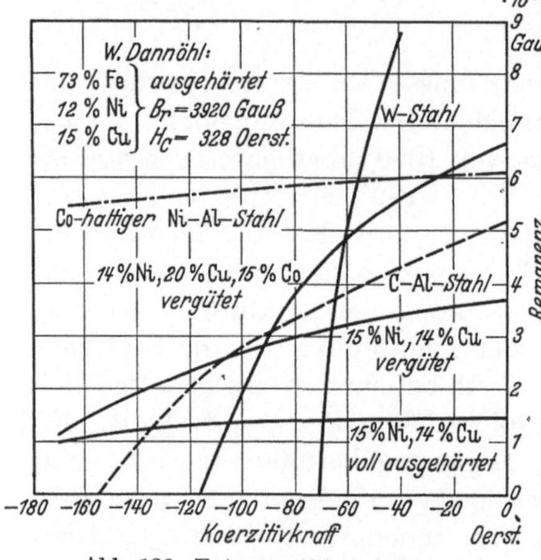

Abb. 120. Entmagnetisierungskurven einiger technisch gebräuchlicher Dauermagnetlegierungen und einiger ferritischer Nickel-Kupfer-Legierungen (Legat).

höheren Gütewerte noch nicht ausreichend um den Werkstoffen, die einen ziemlich beträchtlichen Legierungsaufwand erfordern, eine technische Verwendung zu sichern. In Abb. 120 nach H. Legat sind Entmagnetisierungskurven einiger technisch gebräuchlicher Dauermagnetwerkstoffe und einiger Eisen-Nickel-Kupfer-Legierungen wiedergegeben.

VII. Kupfer in Stählen für besondere Verwendungszwecke.

1. Baustähle.

a) **Witterungsbeständige Stähle.** Stähle mit mindestens 0,2% Cu bilden die wichtige Gruppe der neuzeitlichen, schwerrostenden oder witterungsbeständigen Stähle. Die Schutzwirkung, die das Kupfer in diesen Stählen ausübt, wird besonders durch erhöhte Phosphorgehalte noch verstärkt. Auch andere Zusätze scheinen in der gleichen Richtung zu wirken, worauf im Abschnitt V 8 bα schon eingegangen wurde. Die witterungsbeständigen gekupferten Stähle haben unter den verschiedensten Bezeichnungen Eingang in die Technik gefunden. Sie werden dann verwendet, wenn die Lebensdauer eines Bauteiles durch Rostung und nicht etwa durch andersartigen Verschleiß bedingt ist. Die Wirtschaftlichkeit der gekupferten Stähle kommt darin zum Ausdruck, daß ihre Mehrkosten gegenüber ungekupfertem Stahl etwa 5 bis 8% (gegenüber etwa 30% für Reineisen) betragen, während ihre Lebensdauer um rund 50% größer ist, und zwar schon im ungestrichenen und nicht durch metallische Überzüge geschützten Zustand. Wie alle schwerrostenden Stähle ergeben auch die gekupferten Stähle unter einem derartigen Oberflächenschutz eine verlängerte Lebensdauer gegenüber ebenfalls geschützten, gewöhnlichen Stählen.

Die gekupferten Stähle sind also für alle die Bauteile geeignet, die ohne oder mit Oberflächenschutz den Witterungseinflüssen ausgesetzt sind, wie z. B. Dachbleche, Wagenbleche, Behälterbleche, Eisenbahnschwellen, Schienen, Gittermasten, Geländer, Rohrfreileitungen, landwirtschaftliche Geräte, Drähte, Nägel, Geflechte, Schrauben. Da die Schutzwirkung des Kupfers besonders in rauchgashaltiger Luft zur Geltung kommt, sind die genannten Bauteile in Industriegegenden mit erhöhtem Vorteil aus gekupfertem Stahl herzustellen. Außerdem sind hiernach die gekupferten Stähle besonders geeignet für Ofenrohre, Kaminabzüge, Lokomotivteile u. dgl. Für Teile, die einem Unterwasserangriff ausgesetzt sind, demgegenüber die ungeschützten, gekupferten Stähle keine erhöhte Beständigkeit aufweisen, ist nach sorgfältiger Entrostung ein zweckmäßiger Anstrich notwendig.

Für einige Verwendungszwecke ist die Frage, ob gekupferter Stahl Vorteile bietet, von besonderen Umständen abhängig. Für Eisenbahnschienen wird ein Kupfergehalt nur dann einen Sinn haben, wenn nicht der mechanische Verschleiß die Lebensdauer bestimmt. Letzteres wird im allgemeinen auf stark befahrenen Strecken, Kurven u. dgl. der Fall sein. In Tunneln, in denen die Rauchgase und die erhöhte Feuchtigkeit einen verstärkten Rostangriff hervorrufen können, dürfte im allgemeinen gekupferter Stahl für den gesamten Oberbau (Schwellen, Unterlagsplatten, Laschen, Schrauben, Schienen) am Platze sein. In Amerika wurden schon vor dem Jahre 1927 gekupferte Schienen verlegt[1]. Ein für schwer beanspruchte Schienen in den Alpen verwendeter, naturharter Stahl mit 0,6% C und 1,8% Mn erhält für die weniger stark beanspruchten Tunnelstrecken einen Kupferzusatz[2]. C. Benedetti[3] hält für den Oberbau in Tunnelstrecken einen höheren Kupfergehalt von etwa 0,6% für besonders geeignet. J. Friedli[4] stellte hingegen bei allerdings nur 4 bis 8 Monate langen Versuchen fest, daß sich gekupferte, unlegierte

---

[1] J. Commerce (15. August 1927), vgl. a. Steel 87, Nr 20, 54 (1930).

[2] Walzel, R.: Stahl u. Eisen 58, 1491 (1938).

[3] Benedetti, C.: 2. Internat. Schienentagung Zürich, Juni 1932 (Zürich 1933) S. 113.

[4] Friedli, J.: Stahl u. Eisen 58, 1491 (1938).

und legierte Stähle in Tunneln mit Dampfbetrieb ungünstiger als kupferfreie oder kupferarme Stähle verhielten, während im Freien ein rostverzögernder Einfluß eines Kupfergehaltes von 0,15 bis 0,27% Cu schon deutlich erkennbar war. Ein Sonderanwendungsgebiet liegt im Eisenbahnbau in den Bremsrohrleitungen vor, bei denen durch den Wechsel zwischen kondensierter Feuchtigkeit und Abtrocknung durch die Bremsluft die Vorbedingungen für die Bewährung des gekupferten Stahls gegeben sind[1].

Im Schiffbau empfiehlt K. Daeves[2] die Verwendung gekupferter Stähle mit 0,2 bis 0,3% Cu für Deckaufbauten, Masten, Schornsteine und Teile, die nur dem Korrosionsangriff durch die Atmosphäre oder heiße Gase (Schlote) ausgesetzt sind, dann, wenn die Lebensdauer des Teils kürzer ist als die des gesamten Schiffes. Für die ständig oder vorwiegend mit Seewasser in Berührung stehenden Schiffswände usw. wird kaum gekupferter Stahl verwendet, da er bei Verletzung des Anstriches keine eindeutige Überlegenheit über gewöhnlichen Stahl erwarten läßt. In Deutschland wurden schon Niete aus gekupfertem Stahl in Schiffsblechen aus gewöhnlichem Stahl verwendet, während in Nordamerika umgekehrt gekupferte Bleche und ungekupferte Niete benutzt wurden. Im ersten Falle hat man erwartet, daß die Korrosion sich auf die große Blechoberfläche erstrecken und hier weniger schädlich als an den Nietköpfen sein würde. Im zweiten Falle ging man davon aus, daß die Niete, wenn sie durch Korrosion zerstört sein sollten, leicht und billiger ausgewechselt werden könnten, als die Bleche[3].

Entgegen der vorherrschenden Auffassung, daß gekupferte Stähle für die in dauernder Berührung mit dem Meerwasser stehenden Schiffsteile keine klaren Vorteile bieten, wird von russischer Seite für die Bleche und Nieten des Schiffsrumpfes ein Kupfergehalt von 0,2 bis 0,3% vorgeschlagen. Eine besonders erhöhte Beständigkeit gegen Meerwasser wird für Mangan-Kupfer- und Chrom-Kupfer-Stähle behauptet, die bei hohen Ansprüchen an die Festigkeitseigenschaften mit erhöhtem Kupfergehalt (0,9 bis 1,2%) verwendet werden[4].

Für Träger und ähnliche Teile im Brücken- und Hochbau wird viel gekupferter Stahl unter Anstrich verwendet.

Aus der erhöhten Beständigkeit der gekupferten Stähle gegen den Angriff durch einige verdünnte Säuren (s. Abschnitt V 8 b δ) ergeben sich weitere Verwendungsgebiete.

b) Niedriglegierte, hochfeste Baustähle. Die Entwicklung niedriglegierter Baustähle, die als Massenerzeugnisse keine Vergütung erfahren

---

[1] Daeves, K.: Werkstofftagung Berlin 1927, Bd. II, S. 41 (Düsseldorf 1928).

[2] Daeves, K.: Schiffbau **29**, 423 (1928).

[3] Donaldson, J. W.: Iron Steel Ind. 4, 313 (1930/31).

[4] Samorujew, G. u. I. N. Samorujewa: Metallurg. **10**, Nr 4, 3 u. Nr 5, 17, nach Chem. Zbl. **107 I**, 1692 (1936).

und deren Anwendungsgebiete der Großstahlbau[1] (Brücken- und Hochbau) und der Leichtbau (Lastwagen, Tankwagen, Eisenbahnfahrzeuge, hochbeanspruchte Teile im Schiffbau, Behälterbau, Hochdruckkessel usw.) sind, ist in Deutschland mit dem Begriff des Stahles St 52 verknüpft. Die letzten Vorgänger der heute bekannten hochfesten Baustähle St 52 waren der Kohlenstoffstahl St 48 und der Siliziumbaustahl. Der letztere entsprach als niedriggekohlter Stahl den Anforderungen nach hohen Festigkeitseigenschaften, insbesondere nach erhöhter Streckgrenze. Andererseits hatte er einige Nachteile, so eine starke Neigung zum Lunkern, eine ausgeprägte Abhängigkeit der Streckgrenze von der Profilstärke und eine zu geringe Rostbeständigkeit. In letzterer Hinsicht verhielt er sich noch ungünstiger als der Baustahl St 48. Da aber ein Kupferzusatz die Korrosionsbeständigkeit des Siliziumbaustahls über die des gekupferten St 48 hob[2], was offenbar auf das Zusammenwirken von Silizium und Kupfer zurückzuführen ist, war mit dem Silizium-Kupfer-Baustahl ein Schritt vorwärts getan, wenn auch zunächst die übrigen Nachteile des Siliziumbaustahls im wesentlichen bestehen blieben.

Die wichtigsten Gebrauchseigenschaften der Hochbaustähle sind neben bestimmten statischen Festigkeitseigenschaften und hoher Zähigkeit eine hohe Dauerfestigkeit, Schweißbarkeit und Witterungsbeständigkeit. Wie gezeigt wurde, verdankt das Kupfer seine erste Verwendung als Legierungselement der hochfesten Baustähle dem Streben nach Verbesserung der Witterungsbeständigkeit. Da ein Kupferzusatz zum Stahl außer dieser Eigenschaft die Festigkeitseigenschaften des Stahls günstig beeinflußt und, wie Abb. 121 nach E. H. Schultz und H. Buchholtz[3] zeigt, auch preislich als Legierungszusatz zu Massenstählen günstig liegt, ist ein Kupfergehalt in allen auf den Silizium-Baustahl folgenden Hochbaustählen vorhanden. Die Höhe des Kupfergehaltes kann nach Abb. 122 die die Legierungsbereiche der deutschen Hochbaustahl-Patente nach P. Hoff wiedergibt, zwischen 0,2 und 1,5% liegen. Der vorzugsweise verwendete Kupfergehalt beträgt aber nur höchstens 0,9%.

Von den in Abb. 122 mit ihrer Zusammensetzung angegebenen Baustählen ist ein Teil durch Weiterentwicklung des Siliziumbaustahls (Nr. 1) entstanden, so der schon erwähnte Silizium-Kupfer-Stahl (Nr. 2) mit erhöhter Witterungsbeständigkeit. In dem Silizium-Mangan-Kupfer-Stahl Nr. 5 ist der Siliziumgehalt zugunsten eines erhöhten Kupfer- und Mangangehaltes gesenkt. In diesem Stahl erhöht das Kupfer schon nicht mehr nur die Witterungsbeständigkeit, sondern dient auch der Erzielung eines günstigen Streckgrenzenverhältnisses. Die oben

---

[1] Vgl. Hoff, P.: Die Entwicklung der hochfesten Stähle für den Großstahlbau. Mitt. Kohle- u. Eisenforschg. **2** (1938).

[2] Buchholtz, H.: Mitt. Forsch.-Inst. Ver. Stahlwerke, Dortmund 1, 103 (1929).

[3] Schultz, E. H. u. H. Buchholtz: Z. VDI **73**, 1573 (1929).

angeführten Nachteile des Siliziumstahls waren bei diesem Stahl weitgehend vermieden. Ein weiterer Stahl mit erniedrigtem Siliziumgehalt und demgemäß erhöhtem Mangangehalt und kleinen Zusätzen von Kupfer und Chrom ist Nr. 8 in Abb. 122.

Die übrigen deutschen, hochfesten, niedriglegierten Baustähle zeichnen sich durch niedrige Siliziumgehalte aus. Für ihre Entwicklung wird daher nicht mehr der Siliziumbaustahl als direkter Ausgangspunkt

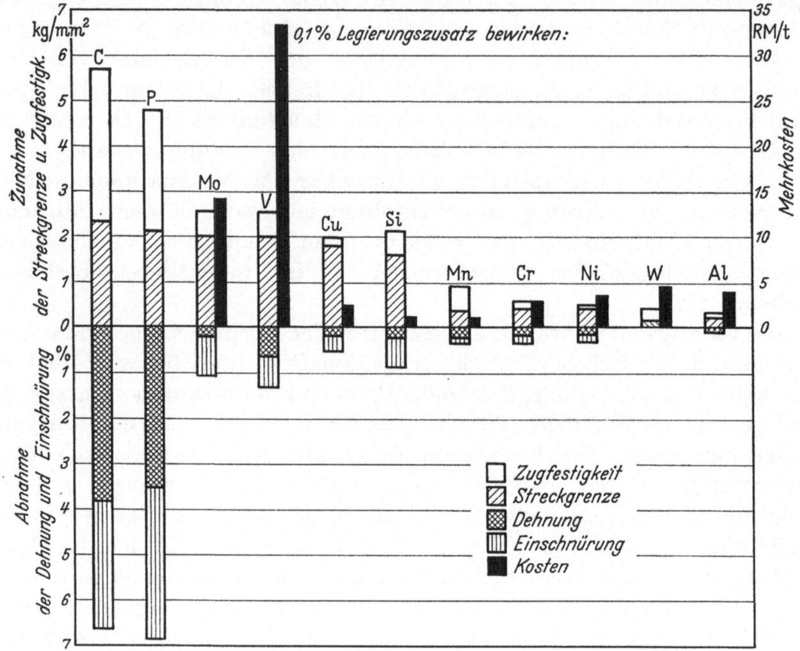

Abb. 121. Wirkung und Kosten von Legierungszusätzen in einem Baustahl mit 0,1% C (Schulz und Buchholtz).

betrachtet, obgleich z. B. für die Chrom-Kupfer-Stähle Nr. 3 und Nr. 4 mäßig hohe Siliziumgehalte zum mindesten vorgesehen sind, und auch bei dem Mangan-Kupfer-Stahl Nr. 7 und bei dem Mangan-Kupfer-Molybdän-Stahl Nr. 6 tatsächlich Siliziumgehalte verwendet werden, die über den in beruhigten Stählen üblichen liegen. Die Siliziumgehalte dieser Stähle sind aber doch so niedrig, daß sie, natürlich auch auf Grund der sonstigen Zusammensetzung, die für den Siliziumstahl erwähnten Nachteile nicht aufweisen. Bei dem Chrom-Kupfer-Stahl Nr. 3 trägt der Kupfergehalt wesentlich zur Erzielung eines hohen Streckgrenzenverhältnisses bei. In gleicher Richtung wirken der erhöhte Mangangehalt und der Chromzusatz, die außerdem die Erreichung der erforderlichen Zugfestigkeit trotz niedrigen Kohlenstoffgehaltes ermöglichen. Der Stahl Nr. 7 ist ein Mangan-Kupfer-Stahl mit gebräuchlichen Mangan-

gehalten von 1,3 bis 1,5 % und einem Kupfergehalt von etwa 0,5 %.
Bei etwas niedrigerem Mangangehalt von etwa 1,2 % und ebenfalls

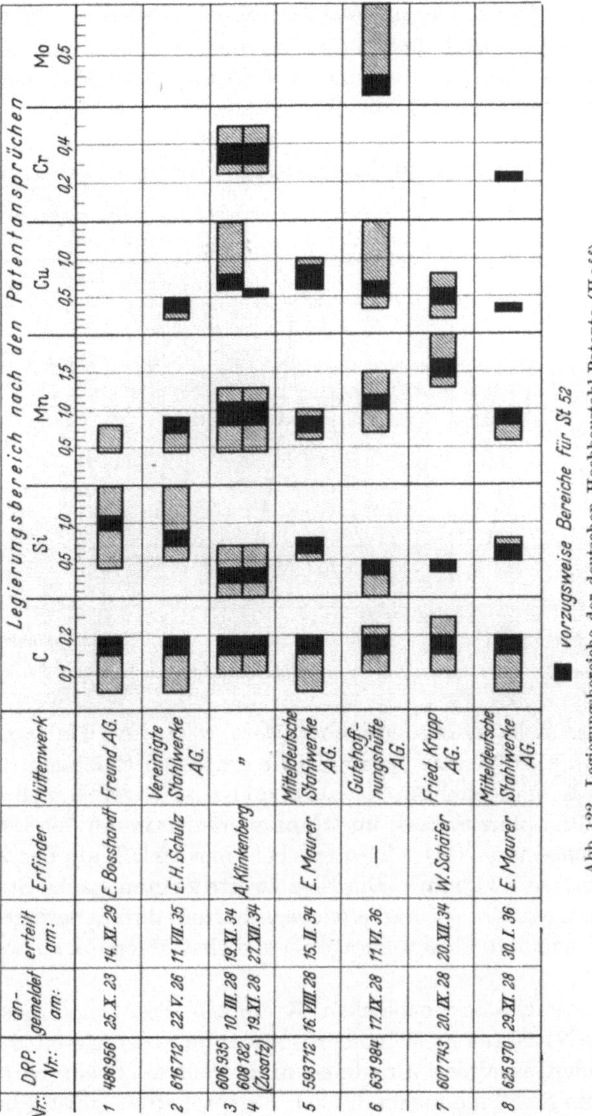

Abb. 122. Legierungsbereiche der deutschen Hochbaustahl-Patente (Hoff).

0,5 % Cu weist der Stahl Nr. 6 außerdem noch 0,1 bis 0,3 % Mo auf.
Nach Angaben von H. Hauttmann[1] bewirkt 0,1 % Mo in einem

---

[1] Hauttmann, H.: Stahl u. Eisen **56**, 632 (1936).

normalgeglühten oder nach dem Walzen unterhalb 700° geglühten Stahl mit 0,18% C, 0,5% Si und 1,2% Mn eine Streckgrenzensteigerung um 3 kg/mm². Die Streckgrenze kann durch Kupferzusätze bis etwa 0,6% je 0,1% Cu um etwa 0,5 kg/mm² weiter erhöht werden.

Erst kurz vor dem Druck dieses Buches erschien eine Arbeit von E. Houdremont, H. Bennek und H. Neumeister[1] über die Wirkung geringer Kupfergehalte auf die Festigkeitseigenschaften von niedriglegierten Baustählen, insbesondere von St 52, auf die daher hier nur noch kurz zusammenfassend eingegangen werden kann, obgleich eine

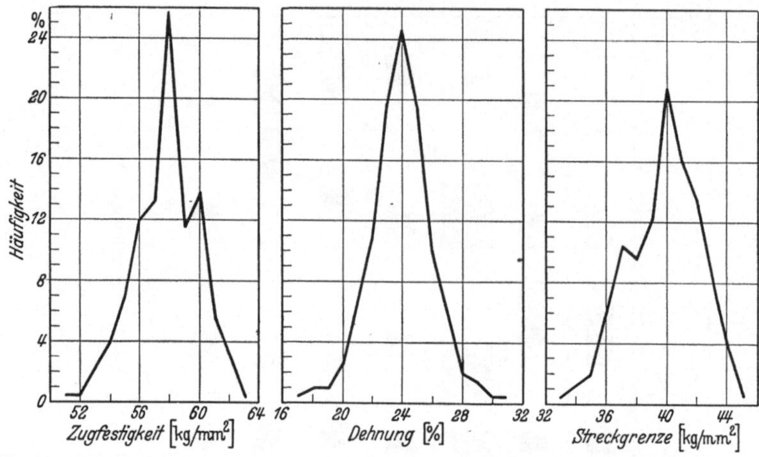

Abb. 123. Häufigkeit der Festigkeitswerte von Mangan-Silizium-Kupfer-Stahl Nr. 5 (Petersen).

ausführlichere Behandlung wünschenswert wäre. An Manganversuchsstählen von der Art des St 52 mit leicht erhöhtem Siliziumgehalt (max. 0,45%) und Kupfergehalten von 0,15 und 0,45% ergab sich als Folge des höheren Kupferzusatzes im Häufigkeitsmaximum eine Erhöhung der Streckgrenze um 1 bis 4 kg/mm², bei einer Erhöhung der Zugfestigkeit um höchstens 2 kg/mm². Die Einzelwerte zeigten starke Streuungen. Die Beeinflussung der Festigkeitseigenschaften durch geringe Kupfergehalte trat bei den Chrom-Mangan-Versuchsstählen nicht so deutlich hervor.

Betriebsversuche an Vorblöcken, Knüppeln, Stangen, Trägern NP 40 und U-Eisen NP 8 aus St 52 vom Mangantypus bestätigten das an den Versuchsstählen erhaltene Ergebnis, nach dem auch ein Kupferzusatz unter 0,5% im St 52 die mechanischen Eigenschaften günstig beeinflußt. Jedoch kann dieser Einfluß durch Unterschiede in der übrigen Zusammensetzung leicht überdeckt werden.

---

[1] Houdremont, E., H. Bennek u. H. Neumeister: Techn. Mitt. Krupp, Forschungsber. 2, H. 9, 99/114 (1939).

Als Schlußfolgerung aus den Versuchen wurde festgestellt, „daß Kupfer als preiswertes Legierungselement geeignet ist, zur Erreichung der für St 52 vorgeschriebenen Festigkeitswerte beizutragen, und daß es in Grenzfällen hierfür entscheidend sein kann".

In den Abb. 123 und 124 sind Häufigkeitswerte der Festigkeitseigenschaften des Mangan-Silizium-Kupfer-Stahls Nr. 5 und des Chrom-Kupfer-Stahls Nr. 3 (nach Abb. 122) aus der laufenden Erzeugung wiedergegeben[1]. Die Form der Kurven zeigt, daß mit dem Mangan-Silizium-Kupfer-Stahl und mit dem Chrom-Kupfer-Stahl gleichmäßige

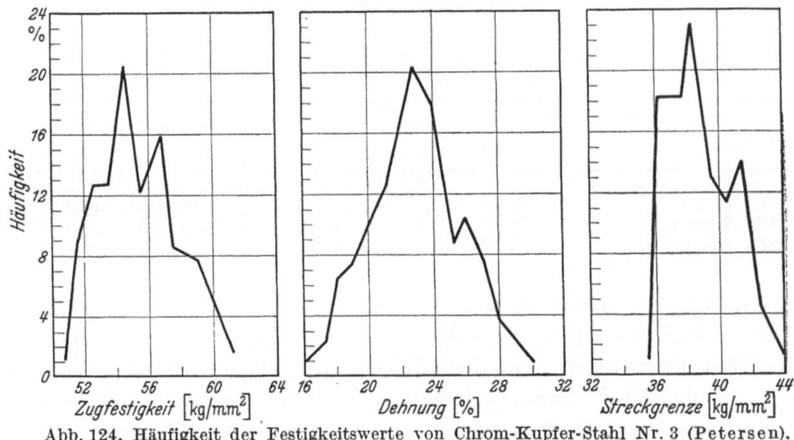

Abb. 124. Häufigkeit der Festigkeitswerte von Chrom-Kupfer-Stahl Nr. 3 (Petersen).

Festigkeitswerte im Gegensatz zu dem Siliziumstahl erreicht werden. Dies gilt auch für die übrigen Stähle in Abb. 122.

Die Stähle St 52 haben bereits im Walzzustande ihre guten Festigkeitseigenschaften, so daß durchweg keine Wärmebehandlung durchgeführt wird. Bleche werden aber normalgeglüht. Eine solche Glühung kann auch bei dicken Abmessungen von Universaleisen die Festigkeitseigenschaften verbessern. Molybdänhaltiger Stahl wird zweckmäßig bei 500 bis 650° geglüht[2].

Nach Abb. 122 ist eine große Anzahl verschieden zusammengesetzter Stähle St 52 vorhanden. Daher ist das Streben nach Vereinheitlichung der Zusammensetzung, vor allem von seiten der Deutschen Reichsbahn, verständlich. Bisher ist eine Vorschrift über die Zusammensetzung noch nicht erzielt worden. Jedoch bestehen folgende Richtlinien[2]: Der Kohlenstoffgehalt soll 0,2% nicht überschreiten. Für den Silizium-Mangan- und Kupfergehalt gelten als Höchstwerte 0,5; 1,2 und 0,55%. Außerdem dürfen folgende Gehalte noch zugesetzt werden: 0,3% Mn,

[1] Peterson, O.: Proc. World. Engg. Congress, Tokio 33, Nr 744 (1929).
[2] Hochheim, R.: Werkstoff-Handbuch Stahl und Eisen N 4—1. 1937.

0,4% Cr oder 0,2% Mo. Über die verlangten Festigkeitseigenschaften bei verschiedenen Abmessungen gibt die Zahlentafel 38 Aufschluß. Die Biegeschwingungsfestigkeit glatter Proben aus St 52 beträgt 30 bis 32 kg/mm². Von praktischer Bedeutung sind die Dauerhaltbarkeitswerte für Niet- und Schweißverbindungen, auf die hier nicht eingegangen werden kann [s. bei P. Hoff (zit. S. 145)]. Bei Bauteilen, die durch häufig wechselnde Lasten beansprucht werden, ist bei dem Entwurf der gegenüber beispielsweise St 37 höheren Kerbempfindlichkeit des St 52 Rechnung zu tragen. In der Kerbschlagzähigkeit bei tiefen Temperaturen übertrifft der St 52 den St 37, so z. B. bei —20°.

Zahlentafel 38. Verlangte Festigkeitseigenschaften von Baustahl St 52. (Hochheim).

Abmessungen Dicke in mm	Streckgrenze	Zugfestigkeit	Mindestbruchdehnung in % δ_{10}
	kg/mm²		
bis 18 mm	$\geqq 36$	52—62	längs 20, quer 18
18—30 mm	$\geqq 35$	52—64	längs 19, quer 17
30—50 mm	$\geqq 34$	52—64	längs 18, quer 16

Die hochfesten Baustähle von der Art des St 52 sind gut schweißbar. Schwierigkeiten in dieser Hinsicht sind bei dicken Wandstärken in neuerer Zeit aufgetreten. Auf den Einfluß der Gehalte der verschiedenen St 52 an Kohlenstoff, Silizium, Mangan, Kupfer, Chrom und Molybdän auf das Verhalten bei der Schmelzschweißung kann hier nicht eingegangen werden [s. Hoff (zit. S. 145)].

In England findet die Weiterentwicklung der hochfesten, niedriglegierten Baustähle in neuerer Zeit erst stärkere Beachtung. J. Welter[1] gibt für den Chromador genannten Stahl folgende Zusammensetzung an: 0,15% C, 0,25% Si, 0,50% Mn, 1,2% Cu, 0,8% Cr. Der gleichnamige Stahl hat jetzt etwa folgende Zusammensetzung[2]: 0,2% C, 0,8% Mn, 0,1% Si, 0,9% Cr und nur 0,3% Cu. Die Festigkeitseigenschaften entsprechen nach Hoff zwar denen des St 52, doch ist die Härtbarkeit des englischen Stahls hoch und die Schweißbarkeit daher schlechter als beim St 52. Ähnliches gilt für einen neueren englischen Stahl mit 0,20% C, 1,6% Mn, 0,15% Si und 0,35% Cu. Weiter wurde nach Hoff ein Stahl folgender Zusammensetzung vorgeschlagen: bis 0,3% C, 0,9% Mn, 0,3% Si, 0,6% Cr, 0,5% Ni und 0,45% Cu. G. H. Andrew und D. Swarup[3] berichten über das hohe Streckgrenzenverhältnis, die hohe Zähigkeit, gute Witterungsbeständigkeit und Schweißbarkeit eines Stahls mit 0,17% C, 0,54% Mn, 0,16% Si, 0,16% P, 0,44% Cr,

---

[1] Welter, J.: Stahl u. Eisen **55**, 736 (1935) nach Jones, J. A.: J. Iron Steel Inst. **121**, 209 (1930).

[2] Roberts, G.: Engineering **137**, Nr 3560, 415 (1934).

[3] Andrew, G. H. u. Swarup, D.: J. Iron Steel Inst. **1936**, 227.

0,54% Cu und 0,2% Al. Für diesen Stahl wurden folgende Eigenschaften angegeben: Streckgrenze 41 kg/mm², Zugfestigkeit 59 kg/mm², Dehnung (δ_5) 33%, Kerbschlagzähigkeit 17,5 mkg/cm². Die günstigen mechanischen Eigenschaften dieses phosphorlegierten Stahls, über dessen praktische Bewährung noch keine Angaben vorliegen, werden darauf zurückgeführt, daß Kupfer und Chrom, die im γ- und δ-Eisen gelöst sind, die Lösungsfähigkeit für Phosphor erniedrigen, so daß dieser nicht in größerem Ausmaß ebenfalls in die feste Lösung aufgenommen wird. Der Phosphor bildet daher ein Netz von Phosphideutektikum, das durch Aluminium verfeinert wird. Im Gegensatz zu dem in fester Lösung befindlichen Phosphor vermindert der in der beschriebenen Art ausgeschiedene Phosphor die Zähigkeit des Stahls nicht, sofern nicht zu hohe Phosphorgehalte vorliegen.

In diesem Zusammenhang sind noch Untersuchungen von J. A. Jones[1] zu erwähnen: Die Versuche hatten folgendes Ergebnis: Von 12 Versuchsschmelzen mit ähnlicher Zusammensetzung wie die amerikanischen Baustähle Cor-Ten und Man-Ten (s. weiter unten) und wie der deutsche Chrom-Kupfer-Baustahl ergab ein Stahl mit 0,6% Cu, 0,6% Cr und 0,8% Si mit niedrigem Phosphorgehalt die besten Streckgrenzen- und Kerbschlagzähigkeitswerte. Nur wenig geringere Werte ergab der Stahl mit 0,67% Cr und 0,15% P (Cor-Ten), während die Mangan-Kupfer-Stähle ein niedrigeres Streckgrenzenverhältnis hatten. Die Erhöhung der Festigkeitseigenschaften, die ein Zusatz von 0,15% P zu Stählen mit 0,5% Cu und 0,65% Cr ergab, konnten auch einfach durch Erhöhung des Kohlenstoffgehaltes von 0,12 auf 0,17% erzielt werden. Dabei hatte der kohlenstoffarme Stahl mit 0,14% P nur eine Kerbschlagzähigkeit von 8,5 mkg/cm² (Izodprobe), der phosphorarme Stahl mit 0,17% C dagegen eine solche von 20 mkg/cm².

Die mechanischen Eigenschaften der Phosphorstähle, die durch Chrom- und Kupferzusätze verbessert werden (vgl. weiter oben), sind hiernach etwa folgendermaßen zu beurteilen: Der Phosphorgehalt ruft keine Änderungen der Festigkeitseigenschaften hervor, die sich nicht schon durch geringe andere Zusätze ebenfalls erreichen ließen. Dabei bringen hohe Phosphorgehalte die Möglichkeit der Kerbschlagzähigkeitsverminderung mit sich, und es ist die Frage, ob man diese im Hinblick auf die bei gleichzeitiger Anwesenheit von Kupfer und Chrom erhöhte Rostbeständigkeit in Kauf nehmen will.

Als französischer hochfester Baustahl [Acier à haute limite élastique, Aciers semi-spéciaux pour construction métalliques, Aciers 54 (Ac. 54)] ist nur ein dem deutschen Chrom-Kupfer-Stahl weitestgehend ähnlicher Chrom-Kupfer-Stahl (Durapso, Durrombho, Chromaro, Chromalox) zu erwähnen. Der Stahl enthält 0,12 bis 0,18% C, 0,2 bis 0,4% Si, 0,7 bis

---

[1] Jones, J. A.: J. Iron Steel Inst. (Frühjahrsversammlung 1937) nach Stahl u. Eisen 57, 665 (1937).

Zahlentafel 39. Zusammensetzung kupferhaltiger

Stahl	Zusammen-		
	C	Mn	Si
Cromansil A	< 0,17	1,05/1,40	0,6/0,9
Cromansil B	< 0,25	1,05/1,40	0,6/0,9
Cor-Ten	< 0,10	0,1/0,5	0,5/1,0
Man-Ten	< 0,30	1,2/1,7	< 0,30
Sil-Ten	< 0,40	< 0,60	> 0,20
Yoloy	0,05/0,25	0,3/0,9	0,1/0,25
R.D.S. 1	< 0,12	0,5/1,0	—
R.D.S. 1 A	< 0,30	0,5/1,0	—
Hi-Steel	< 0,12	0,5/0,7	< 0,30
H.T.-50	< 0,12	< 0,20	< 0,10
Jal-Ten	< 0,35	1,25/1,75	< 0,30
Konik	—	—	—
Mayari R	< 0,14	0,5/1,0	0,05/0,50
A. W. Dyn-El.	0,11/0,14	0,5/0,8	—

0,9% Mn, 0,3 bis 0,5% Cu und 0,4 bis 0,5% Cr[1]. Neuerdings wird eine etwas geänderte Zusammensetzung angegeben: 0,12 bis 0,2% C, 0,1 bis 0,4% Si, 0,7 bis 1,0% Mn, 0,4 bis 0,6% Cu und 0,3 bis 0,5% Cr. Außerdem wird bei auf 0,3% erniedrigtem Mangangehalt ein Molybdänzusatz von 0,07 bis 0,1% erwähnt[2]. Der Chrom-Kupfer-Stahl wird mit einem gleich legierten, aber unsilizierten und niedriger gekohlten Stahl (0,1% C) vernietet. Er unterscheidet sich von dem älteren deutschen Stahl durch die Begrenzung des Kupfergehaltes auf 0,5%. Diese Vorschrift, die eine Versprödung von Schweißverbindungen durch Kupferausscheidungen in der wärmebeeinflußten Zone neben der Schweißnaht verhüten soll, hält Hoff für unnötig engbegrenzt. Auch der französische Chrom-Kupfer-Stahl hat sich praktisch bewährt, was auf Grund der Erfahrungen mit dem deutschen Chrom-Kupfer-Stahl auch zu erwarten war.

Als Baustähle mit guter Witterungsbeständigkeit und hoher Festigkeit werden von Samorujew und Samorujewa (zit. S. 144) folgende genannt:

1. 0,17 bis 0,2% C, 0,45 bis 0,5% Mn, 0,75 bis 0,85% Cu, 0,4 bis 0,5% Cr,
2. 0,28 bis 0,3% C, 0,5 bis 0,7% Mn, 0,3 bis 0,5% Cu.

Der unter 2. genannte Stahl wird in seiner Festigkeit gegebenenfalls noch verbessert durch Erhöhung des Kupfergehaltes auf 0,7 bis 1,0%. Unterlagen über die praktische Bewährung dieser Stähle fehlen.

Die amerikanischen Stähle für den Brücken- und Hochbau sind, abweichend von den vorstehend beschriebenen Stählen, in erster Linie Nickel-, Mangan- und Nickel-Mangan-Stähle, neben Kohlenstoff- und

---

[1] Welter, J.: Stahl u. Eisen **55**, 736 (1935); nach Usine **43**, 32 (1934) Mai-Sondernummer.

[2] Weiter, J.: Ossature métallique **5**, 302 (1936).

niedriglegierter Baustähle von hoher Festigkeit (Cone).

setzung in %

Cu	Ni	Mo	P[1]	Andere
—	—	—	—	0,8/1,1 Cr > 0,15 V
—	—	—	—	0,3/0,6 Cr
0,3/0,5	—	—	0,1/0,2	0,5/1,5 Cr
> 0,20	—	—	< 0,04	—
0,20	—	—	< 0,04	—
0,85/1,10	1,5/2,0	—	—	—
0,5/1,5	0,5/1,0	> 0,1	< 0,10	—
0,5/1,5	0,5/1,0	> 0,1	< 0,04	—
0,9/1,25	0,45/0,65	—	0,1/0,15	—
> 0,35	> 0,50	> 0,05	0,05/0,15	—
> 0,40	—	—	0,04	—
0,1/0,3	0,3/0,5	—	—	0,07/0,3 Cr
0,5/0,7	0,25/0,75	—	0,04/0,12	0,2/1,0 Cr
0,3/0,5	—	—	0,06/0,10	—

Siliziumstählen mit mindestens 0,2% Cu. Die Entwicklung ist hier auf Grund verschiedener Zielsetzung und Rohstoffquellen also andere Wege gegangen als in Europa. Doch finden ähnliche Stähle wie in Europa auch in Amerika für Zwecke des Leichtbaues Verwendung. Darüber hinaus ist eine große Zahl von niedriglegierten, hochfesten Baustählen von den einzelnen Stahlwerken entwickelt worden, die besonders für den Fahrzeugbau zur Verminderung der bewegten Last, sowie für den Behälterbau, auch für den Brückenbau benutzt bzw. empfohlen werden. Soweit die Stähle Kupfer enthalten, und das ist bei einem großen Teil der Fall, bewirken sie bei rostgefährdeten Bauteilen auch eine erhöhte Lebensdauer. Diese Wirkung wird in vielen Fällen durch erhöhte Phosphorgehalte wesentlich unterstützt, die außerdem die Festigkeit erhöhen. In den Stählen auf der Basis Nickel-Kupfer wird die rotbruchverhindernde Wirkung des Nickels ausgenutzt, um die festigkeitssteigernde Wirkung höherer Kupfergehalte zu verwerten. In den Zahlentafeln 39 und 40 nach E. F. Cone[2] sind die Zusammensetzungen, die Festigkeitseigenschaften und die besonderen Eigenschaften der bekannt gewordenen, hochfesten Baustähle mit Kupfergehalt im Vergleich zu dem kupferfreien Chromansilstahl wiedergegeben. Dieser Stahl leitete im Jahre 1929 die amerikanische Entwicklung der niedriglegierten Baustähle ein. Bemerkenswert ist die Feststellung in Zahlentafel 40, wonach der Phosphor-Nickel-Kupfer-Stahl H.T. 50 eine fünfmal so hohe Witterungsbeständigkeit wie üblicher gekupferter Stahl haben soll. Die Witterungsbeständigkeit von Cor-Ten (0,1% C) wird als doppelt so hoch wie die eines gekupferten Stahls mit 0,2% Cu

---

[1] Falls nichts Näheres angegeben ist, beträgt die Summe von P + S 0,035—0,055%.
[2] Cone, E. F.: Metals & Alloys **9**, 243 (1938).

Zahlentafel 40. Eigenschaften der Stähle nach Zahlentafel 39
im Walzzustand (Cone).

Stahl	σ_S Streckgrenze kg/mm²	σ_B Zugfestigkeit kg/mm²	δ_t Dehnung %	Besondere Eigenschaften [1]
Cromansil A	32—38	53—63	—	Schweißbarer Baustahl. Mannigfaltige Anwendung
Cromansil B	33—38,5	60—70	—	Desgl.
Cor-Ten	min. 35	min. 50	min. 22	gut warm- und kaltverformbar, gut schweißbar, Behälter- und Waggon-Leichtbau
Man-Ten	min. 35	min. 56	min. 20	gut warm- und kaltverformbar, gut schweißbar. Behälter- und Waggon-Leichtbau
Sil-Ten	min. 31,5	56—67	min. 18	gut warm- und kaltverformbar. Brückenbau
Yoloy	36—48,5	49—67	21—27 [2]	gut schweißbar, hohe Kerbschlagzähigkeit in der Kälte, höhere Korrosionsbeständigkeit als bei üblichem Kupferstahl
R.D.S. 1 [3]	min. 38,5	min. 49	25	hohes Streckgrenzenverhältnis, hohe Dehnung. Geringe Lufthärtung, daher gute Schweißbarkeit. Gute Verarbeitbarkeit. Hohe Witterungsbeständigkeit
R.D.S. 1 A [3]	min. 49	min. 63	15	
Hi-Steel	38,5—42	min. 53	min. 20	Für elektrisch geschweißte Bauteile. Höhere Witterungsbeständigkeit als bei normalem Cu-Stahl
H.T.-50	min. 35	46—53	25—28	besonders gut schweißbar. P-, Ni- und Cu-Gehalt ergeben 5mal so hohe Witterungsbeständigkeit wie üblicher Cu-Stahl
Jal-Ten	min. 35	min. 56	min. 20	ebenso gut schweißbar wie niedriggekohlter C-Stahl
Mayari R	min. 35	min. 49	—	leicht verarbeitbar und gut schweißbar. Erhöhter Verschleißwiderstand
Dyn-El	36,5—47	55—62	min. 25	leicht verarbeitbar und gut schweißbar

bezeichnet [4]. Diese Feststellung wurde nach 30-monatiger Versuchsdauer gemacht. In Zahlentafel 41 sind noch Festigkeitseigenschaften von Blechen verschiedener Dicke aus Kupfer-Nickel-Molybdän-Stahl wiedergegeben [5]. Diese Stähle (R.D.S. 1 und R.D.S. 1A) werden besonders

[1] Angaben der Herstellerwerke. Alle kupferhaltigen Stähle haben erhöhte Witterungsbeständigkeit.

[2] 200 mm Meßlänge.   [3] Republic Double Strength.

[4] Johnston, R. F.: J. Amer. Weld. Soc. 17 Nr 11, 11 (1938).

[5] Miller, H. L.: Metal Progr. 28, 28 u. 70 (1935).

in Form von Blechen im Eisenbahnwagenbau verwendet. Auf eine eingehendere Besprechung der zahlreichen Stähle nach Zahlentafel 39 muß hier verzichtet werden. Nicht alle Stähle werden sich in der praktischen Anwendung auf die Dauer durchsetzen, viele werden aber in der Zukunft eine immer breitere Anwendung finden. Der erst in neuester Zeit herausgebrachte Mayari-R-Stahl wurde z. B. schon für den Bau einer elektrischen Gichtgasentstaubungsanlage und eines Gasreinigungsturms, also einer Großanlage, verwendet[1], (Bethlehem Steel Co), womit zum mindesten das Vertrauen des Herstellerwerkes zu der Bewährung des neuen Werkstoffes betont wird. Auf die Verwendung niedriglegierter Kupfer-Nickel-Stähle für Bohrrohre soll noch hingewiesen werden[1].

Zahlentafel 41. Festigkeitseigenschaften von Blechen aus Kupfer-Nickel-Molybdän-Stahl (Miller).

Härtestufe	Blechstärke	C %	Streckgrenze kg/mm²	Zugfestigkeit kg/mm²	Dehnung l = 50 mm %	Kerbschlagzähigkeit[2] mkg/cm²
weich	2 mm	0,08	49	56	30	—
mittelhart	12,5 mm	0,23	45	52	50	13,1
mittelhart	Feinblech	0,23	49	63	20	8,6

K. Antipow[3] empfiehlt für Baustahl mit über 35 kg/mm² Streckgrenze und 53 bis 55 kg/mm² Zugfestigkeit bei einer Bruchdehnung von höchstens 22 bis 24% folgende Zusammensetzung: 0,09 bis 0,18% C, 0,64 bis 1,03% Si, 0,35 bis 0,7% Mn, 0,7 bis 1,1% Cr, bis 0,6% Cu, bis 0,1% Ni..

Von der Aushärtbarkeit eines Teils der hochfesten Baustähle durch Kupfer wird offenbar auch in Amerika kein Gebrauch gemacht. Die Aushärtung führt z. B. bei den R.D.S.-Stählen zu einer Festigkeitssteigerung um 10—14 kg/mm² und könnte zur Gütesteigerung etwa von hochwertigen Schweißverbindungen benutzt werden. H. Buchholtz und W. Köster[4] haben schon vor einer Reihe von Jahren darauf hingewiesen, daß die Ausscheidungshärtung durch Kupfer geeignet erscheint, auf größere Schmiedestücke angewendet zu werden, die gewöhnlich einer Vergütung unterworfen werden müssen, und dabei durch Spannungen, Verziehen und Härterisse infolge der erforderlichen, hohen Abschreckgeschwindigkeit gefährdet sind. Die zur Unterkühlung des kupferhaltigen Ferrits erforderliche Abkühlungsgeschwindigkeit ist aber so gering, daß selbst verhältnismäßig große Schmiedestücke nur an Luft abgekühlt zu werden brauchen, um auch im Kern eine Übersättigung und damit die Voraussetzung für die Anlaßhärtung zu erzielen. Die Gefahren der raschen Abkühlung fallen also bei einer Aushärtungsbehandlung weg.

---

[1] Nickel-Ber. **1939**, Nr 1, 2.   [2] Izod-Probe.
[3] Antipow, K.: Stal 8, Nr 12, 56 (1938).
[4] Buchholtz, H. u. W. Köster: Stahl u. Eisen **50**, 687 (1930).

Zahlentafel 42. Mittlere Festigkeitseigenschaften geschmiedeter
und nach Anlaßhärtung

Behandlung	Wellen-durchmesser mm	Verschmie-dungsgrad	Probenentnahme	Streckgrenze kg/mm²	
				obere	untere
Normalisie-rend ge-glüht, Luft-abkühlung	300	4	Rand längs Mitte längs Mitte quer	37 35 34	36 34 33
	100	38	Rand längs Mitte längs	38 37	37 36
Nach der Glühung 4 Stunden bei 500° angelassen	300	4	Rand längs Mitte längs Mitte quer	46 45 43	45 44 42
	100	38	Rand längs Mitte längs	48 47	47 47

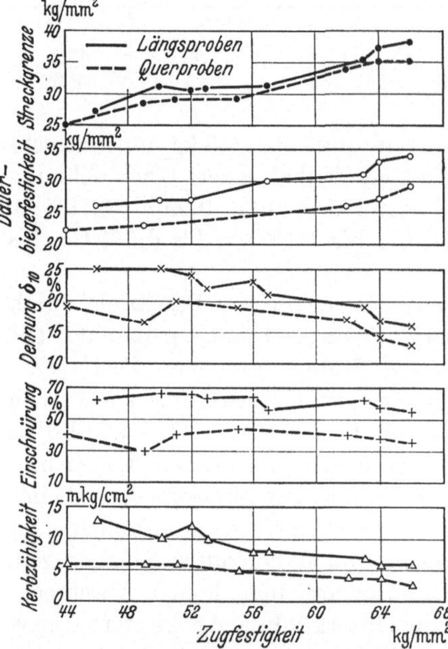

Abb. 125. Mittlere Festigkeitseigenschaften von
geglühten Schmiedestücken aus Chrom-Kupfer-
Stahl in Abhängigkeit von der Zugfestigkeit
(Buchholtz und Köster).

Die Abb. 125 zeigt zunächst die Festigkeitseigenschaften einschließlich Biegewechselfestigkeit und Kerbschlagzähigkeit von Quer- und Längsproben aus geglühten Schmiedestücken aus Chrom-Kupfer-Stählen mit etwa 0,15% C, 0,8 bis 1% Mn, 0,8 bis 1% Cu und etwa 0,4% Cr. Die guten Eigenschaften derartiger Stähle werden durch eine zu einer Aushärtung führende Anlaß-behandlung noch verbessert. Zahlentafel 42 enthält Angaben über die Festigkeitseigenschaften von abgesetzten Wellen aus Chrom-Kupfer-Stahl (0,18% C, 0,01% Si, 0,75% Mn, 0,87% Cu, 0,42% Cr) mit 100 bis 300 mm Durchmesser, die im normalgeglühten und nach Normalglühung bei 500° angelassenen Zustand festgestellt wurden. Die nach einer Normalglühung angelassenen Wellen hatten gegenüber den im Schmiedezustand angelassenen Wellen den Vorteil eines gleichmäßigeren Gefüges und einer höheren Kerbschlagzähigkeit. Daher ist ein Normalglühen der Schmiedestücke vor dem Aushärten angebracht. Die gewählte Anlaßtemperatur entsprach nach

Wellen aus Chrom-Kupfer-Stahl im geglühten Zustand
(Buchholtz und Köster).

Zug-festigkeit kg/mm²	Dehnung δ_{10} %	Ein-schnürung %	Streckgrenze / Zugfestigkeit × 100 %	Kerbzähigkeit mkg/cm²		Dauerbiegfestigkeit kg/mm²	
				nicht gealtert	gealtert	Ober-fläche poliert	Oberfläche $^1/_{10}$ mm tiefe Kerben
51	24	70	73	10,6	10,0	28	25
50	25	69	70	11,9	10,6	—	—
49	18	37	69	7,3	5,0	24	20
52	26	69	73	11,9	10,7	—	—
51	26	69	73	10,8	9,5	28	25
59	18	66	79	10,6	6,7	36	30
58	19	59	78	9,5	6,0	—	—
54	13	36	80	5,0	2,5	31	25
60	21	65	80	9,3	7,4	—	—
59	22	65	80	9,0	6,5	37	30

Abb. 126 (Stahl mit 0,15% C, 0,41% Si, 0,93% Mn, 1,1% Cu und 0,38% Cr) der Temperatur der größten Eigenschaftsänderungen. Nach dieser Abbildung wird die Kerbschlagzähigkeit durch eine dem Anlassen voraufgehende künstliche Alterung beim Anlassen stärker erniedrigt als durch Anlassen allein. Sowohl die Herabsetzung der Kerbschlagzähigkeit bei Raumtemperatur · durch die Aushärtung wie auch durch die Alterung ist auf eine Verschiebung des Steilabfalls zu höheren Temperaturen zurückzuführen.

Von den Ergebnissen in Zahlentafel 42 ist be-

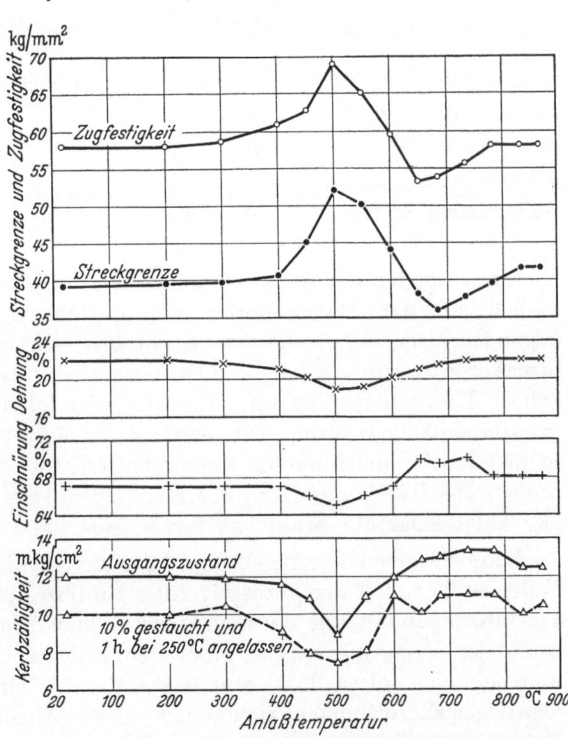

Abb. 126. Einfluß der Anlaßtemperatur bei einstündiger Anlaßdauer auf die mechanischen Eigenschaften eines geglühten Chrom-Kupfer-Stahls (Buchholtz und Köster).

sonders hervorzuheben, daß die Biegewechselfestigkeit der Proben aus den 100 und 300 mm dicken Wellenabschnitten durch die Anlaßhärtung erheblich verbessert wird. Die glatten Längsproben aus den dicken Wellenabschnitten zeigten eine Erhöhung der Dauerfestigkeit um 31%, die glatten Querproben eine Erhöhung um 29%. Die entsprechenden Zahlen für die gekerbten Längs- und Querproben sind 17 und 25%. Glatte Längsproben aus der Mitte der 100 mm dicken Wellenabschnitte zeigten eine Verbesserung der Biegewechselfestigkeit durch Aushärtung um 32%, gekerbte Proben um 17%. Die Kerbempfindlichkeitszahl liegt für die geglühten Wellen bei 1,11 bis 1,20, für die ausgehärteten Wellen bei 1,20 bis 1,22. Es ist also bemerkenswert, daß die Aushärtung die Kerbempfindlichkeit des Chrom-Kupfer-Stahles praktisch nicht erhöhte.

Zahlentafel 43. Mittlere Festigkeitseigenschaften[1] einer 230 mm-Welle und eines 22 mm-Rundeisens aus geglühtem und anlaßgehärtetem Chrom-Kupfer-Stahl (Buchholtz und Köster).

Zustand	Art	Streck-grenze	Zug-festig-keit	Dehnung	Biegewechsel-festigkeit	Kerbschlag-zähigkeit
		kg/mm²	kg/mm²	%	kg/mm²	mkg/cm²
Normalisiert	Welle	36	54	24	29	12
Ausgehärtet	230 mm ⌀	51	66	20	37	8
Normalisiert	Rundeisen	40	55	26	31	13
Ausgehärtet	22 mm ⌀	54	68	20	40	11

Ein Vergleich der Angaben der Zahlentafel 42 für die anlaßgehärteten Wellen mit den Eigenschaften von geglühtem Kohlenstoffstahl ergibt folgendes: Der anlaßgehärtete Stahl hat eine 8 bis 10 kg/mm² höhere Streckgrenze, um 2 bis 3% niedrigere Dehnung und eine gleiche oder höhere Kerbschlagzähigkeit. Die Dauerfestigkeit liegt hoch, die Kerbempfindlichkeit niedrig. Die Aushärtung ergibt auch in großen Querschnitten sehr gleichmäßige Eigenschaften, was ein Vergleich der Längsproben aus Rand und Kern der Schmiedestücke (Zahlentafel 42) ergibt. Der anlaßgehärtete Stahl hat ferner eine hohe Alterungsbeständigkeit.

Beim Vergleich der Eigenschaften von verschiedenen warmverformten Teilen äußert sich der gütesteigernde Einfluß der Durchknetung bei der Warmformgebung nur dann in wesentlichen Eigenschaftsunterschieden, wenn der Verformungsgrad eines der Teile in einem niedrigen Verformungsbereich (etwa 2:1), und das andere in einem höheren liegt. Ein derartiger Einfluß macht sich auch nach der Aushärtung noch bemerkbar. Bei den in Zahlentafel 42 behandelten, verschieden stark heruntergeschmiedeten Wellen sind die Eigenschaftsunterschiede praktisch bedeutungslos. Eine stärkere Auswirkung der Durchknetung und der unterschiedlichen Abkühlungsgeschwindigkeit vor dem Anlassen ergab

---

[1] Längsproben aus der Randzone.

sich jedoch entsprechend Zahlentafel 43 bei einem anderen Chrom-Kupfer-Stahl, (0,18% C, 1% Cu, 0,75% Mn, 0,4% Cr), der zu Wellen von 230 und Rundstangen von 22 mm ausgeschmiedet wurde.

Die Abb. 127 zeigt die Temperaturabhängigkeit der Kerbschlag-zähigkeit für das 22 mm Rundeisen (vgl. Zahlentafel 43) im geglühten, ausgehärteten, sowie im ausgehärteten und gealterten Zustand; außerdem enthält die Abb. 127 die Temperaturabhängigkeit der ausgehärteten und der zusätzlich gealterten Welle von 300 mm Durchmesser (vgl. Zahlentafel 42). ' Die Anlaßhärtung ruft eine stärkere Verlagerung des

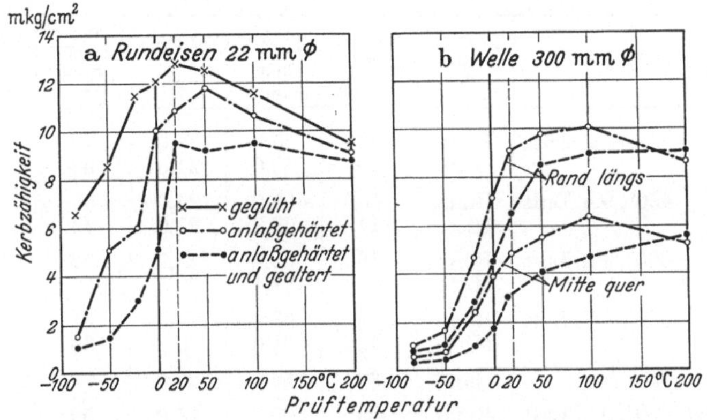

Abb. 127a und b. Einfluß der Anlaßhärtung und einer zusätzlichen Alterungsbehandlung auf die Kerbzähigkeit von geschmiedetem Chrom-Kupfer-Stahl (Buchholtz und Köster).

Steilabfalles zu höheren Temperaturen hervor als die Alterungsbehandlung. Der geschmiedete Chrom-Kupfer-Stahl hat also wie im gewalzten und geglühten Zustand, so auch nach Aushärtung eine hohe Alterungsbeständigkeit, und zwar auch in Schmiedestücken von großen Abmessungen. Die Hochlage der Kerbschlagzähigkeit wird im Gegensatz zum Steilabfall durch die Alterung stärker als durch die Aushärtung beeinflußt.

Buchholtz und Köster kommen zu folgenden Schlüssen über den Wert des aushärtbaren Chrom-Kupfer-Stahls für Schmiedestücke: Der geglühte Stahl ist Kohlenstoffstahl bis 70 kg/mm² Zugfestigkeit und auch vergüteten Stählen mit etwa 1% Ni und 0,3% Cr wegen der höheren Streckgrenze und Kerbschlagzähigkeit überlegen. Die Aushärtung erzeugt eine erhöhte Streckgrenze und Dauerfestigkeit ohne merklich verstärkte Kerbempfindlichkeit. Dies gilt auch für Teile mit großen Querschnitten. Der anlaßgehärtete Chrom-Kupfer-Stahl kann in seinen Gebrauchseigenschaften etwa vergüteten Chrom-Nickel-Stählen bis 70 kg/mm² Zugfestigkeit gleichgesetzt werden. Er zeichnet sich aus durch geringere Kosten, leichte mechanische Bearbeitbarkeit und gleichmäßige Eigenschaften in großen Querschnitten als Folge des Wesens

der Ausscheidungshärtung, die nur eine geringe Abkühlungsgeschwindigkeit vor dem Anlassen erfordert und daher auch im Kern dicker Stücke
wirksam ist.

In Zahlentafel 44 nach E. Houdremont[1] sind die Festigkeitseigenschaften eines Schmiedestückes von 300 mm Durchmesser aus Mangan-
Kupfer-Stahl verschiedener Vorbehandlung wiedergegeben.

Zahlentafel 44. Festigkeitseigenschaften eines Schmiedestückes von
300 mm Durchmesser aus Mangan-Kupfer-Stahl mit: 0,16% C, 0,36% Si,
1,12% Mn, 0,87% Cu (Houdremont).

Vorbehandlung	Proben-lage längs.	Streck-grenze kg/mm²	Zug-festig-keit kg/mm²	Dehnung $l = 5d$ %	Ein-schnü-rung %	Kerbschlag-zähigkeit mgk/cm²
Geschmiedet, unbehandelt	Rand	32	55,3	32,0	49	14,9
	Mitte	30	53,0	24,0	32	11,9
„ 450°, 9 h, Luft	Rand	- 48	65,0	26,0	56	5,7
	Mitte	44	63,7	21,0	43	3,2
„ 500°, 3 h, Luft	Rand	46	62,8	26,7	52	10,1
	Mitte	42	58,4	22,5	32	4,5
„ 525°, 1 h, Luft	Rand	48	63,2	24,3	51	11,9
	Mitte	42	61,0	20,3	36	3,2
850°/Öl	Rand	38	59,2	23,3	63	
Geschmiedet, 450°, 9 h, Luft	Rand	52	69,9	25,0	59	
	Mitte	48	62,8	23,7	44	
„ 500°, 3 h, Luft	Rand	46	63,7	23,7	58	
	Mitte	42	60,1	20,7	41	
„ 525°, 1 h, Luft	Rand	44	61,9	22,5	58	
	Mitte	40	57,5	22,0	39	
900°/Luft	Rand	32	55,3	31,7	68	
Geschmiedet, 450°, 9 h, Luft	Rand	46	66,3	26,0	56	
	Mitte	44	63,2	22,0	43	
„ 500°, 3 h, Luft	Rand	42	62,8	25,0	64	
	Mitte	42	60,1	23,5	49	
„ 525°, 1 h, Luft	Rand	42	61,0	25,0	64	
	Mitte	40	59,2	23,5	47	

c) Niedriglegierte, warmfeste Stähle. Kupfer gehört zu den Legierungselementen, die die Streckgrenze, Zugfestigkeit und Dauerstandfestigkeit des Stahls in der Wärme schon bei verhältnismäßig geringen
Gehalten erhöhen, (vgl. unter anderem Abb. 30). Die Wirkung des
Kupfers in dieser Hinsicht ist bei niedrigen Temperaturen, z. B. 400°,
größer als bei höheren. Kupferzusätze zu Stählen für Kesselbauzwecke
haben daher eine gewisse technische Bedeutung erlangt, wenn diese
auch weit hinter der von Molybdänzusätzen zurücksteht, die in niedrig-

---

[1] Houdremont, E.: Sonderstahlkunde, S. 474. Berlin: Julius Springer 1935.

legierten, warmfesten Stählen der wichtigste Träger der Dauerstandfestigkeit sind. Da diese Eigenschaft durch geringe Zusätze mehrerer Elemente am günstigsten beeinflußt wird, wobei auch die Wirkungen kleiner Gehalte sich nicht addieren, enthalten die warmfesten Stähle im allgemeinen mehrere Legierungselemente in kleinen Mengen. Es ist noch darauf hinzuweisen, daß auch die im vorigen Abschnitt behandelten, niedriglegierten Baustähle hoher Festigkeit zum Teil als warmfeste

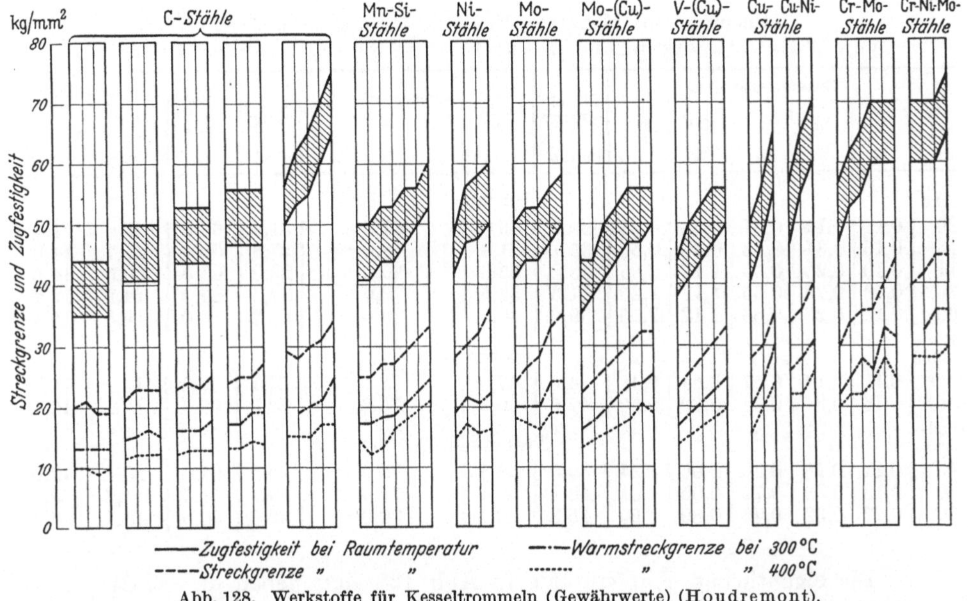

Abb. 128. Werkstoffe für Kesseltrommeln (Gewährwerte) (Houdremont).

Stähle brauchbar sind und auch Verwendung finden, so die Kupfer-Nickel-Stähle, die weiter unten noch eingehender besprochen werden.

Die für die Verwendung in der Wärme wichtigsten Eigenschaften kupferhaltiger Stähle für den Kesselbau sollen nachfolgend, im wesentlichen einer zusammenfassenden Behandlung der Kesselbaustähle durch E. Houdremont[1] folgend, erörtert werden. Für Kesseltrommeln, deren Betriebstemperaturen unter 400° liegen, ist weniger die Dauerstandfestigkeit als vor allem die Warmstreckgrenze praktisch wichtig. In Abb. 128 sind daher für eine große Zahl unlegierter und verschieden legierter Werkstoffe für Kesseltrommeln neben der Streckgrenze und Zugfestigkeit bei Raumtemperatur die Streckgrenzen bei 300 und 400° angegeben. Die angeführten Molybdän-Kupfer- und Vanadin-Kupfer-Stähle enthalten nur 0,2 bis 0,3% Cu. Durch diese Gehalte, die sich

---

[1] Houdremont, E.: Mitteilung Nr. 63 der Vereinigung der Großkesselbesitzer E. V., S. 229. 1937.

bekanntlich häufig als unbeabsichtigte Verunreinigung finden, wird die Warmstreckgrenze nicht merklich beeinflußt. Unter den Betriebsbedingungen der Kesseltrommeln spielt der Kupfergehalt auch als Korrosionsschutz keine Rolle. Die ausschlaggebenden Legierungselemente in diesen Stählen sind Molybdän und Vanadin. Ein absichtlicher Kupferzusatz in der angebenen Höhe wird von Houdremont daher als nicht erforderlich bezeichnet.

Zahlentafel 45. Mittlere Festigkeitseigenschaften von Walzwerkserzeugnissen aus Kupfer-Nickel-Stählen (Nehl).

| Stärke | Zusammensetzung | | | | | Streck-grenze | Zug-festig-keit | $\dfrac{\text{Streckgrenze}}{\text{Zugfestigkeit}} \cdot 100$ | Deh-nung | Ein-schnü-rung | Kerbzähigkeit[1] | |
| | C | Si | Mn | Cu | Ni | | | | | | norma-lisiert | gealtert |
mm	%	%	%	%	%	kg/mm²	kg/mm²	%	%	%	mkg/cm²	mkg/cm²
Blech-stärke							Bleche					
20	0,11	0,14	0,57	0,64	0,48	30,4	45,0	67,0	31,5	68,0	33,0	21,5
15	0,16	0,34	0,88	0,80	0,50	35,1	51,3	68,0	27,3	61,1	25,7	14,9
11	0,10	0,23	0,65	1,12	2,25	42,2	52,6	80,0	23,0	65,0	20,5	14,5
30	0,10	0,23	0,65	1,12	2,25	41,6	52,5	79,0	22,5	69,0	24,2	12,2
60	0,10	0,23	0,65	1,12	2,25	39,0	49,6	79,0	23,2	68,0	19,5	11,9
Ab-messung							Rohre					
63×4	0,11	0,14	0,57	0,64	0,48	34,6	47,0	73,0	27,1	67,8	13,2	10,7
38×4	0,16	0,34	0,88	0,80	0,50	42,6	56,5	75,0	22,5	62,4	12,1	10,1
Wand-stärke							Trommeln					
40	0,11	0,18	0,80	1,05	1,34	39,0	52,8	75,0	25,0	61,6	23,4	13,0
40	0,19	0,33	0,71	0,95	1,31	42,3	59,4	71,0	19,1	51,3	14,2	8,7
70	0,27	0,32	0,76	0,89	1,50	45,3	66,7	68,0	22,0	50,0	11,1	7,4

Die eigentlichen Kupferstähle in Abb. 128 sind neben den binären Stählen die Kupfer-Nickel-Stähle für hochbeanspruchte Trommeln. Die Kupferstähle werden, auch mit geringen Nickelgehalten, für geschweißte Kesseltrommeln verwendet (s. Abschnitt V 7). Festigkeitseigenschaften von betriebsmäßig hergestellten Blechen, Rohren und nahtlos gewalzten Trommeln aus Kupfer-Nickel-Stählen sind in Zahlentafel 45 nach F. Nehl[2] zusammengestellt. Die Wandstärken der Walzwerkerzeugnisse liegen zwischen 4 und 70 mm. Die angegebenen Festigkeitseigenschaften gelten für den normalisierten Zustand. Außer einer Normalglühung ist zur Erreichung der günstigsten Eigenschaften keine besondere Warmbehandlung, (Vergütung), erforderlich. Wie die Kerbschlagzähigkeitswerte in Zahlentafel 45 zeigen, haben die Kupfer-Nickel-Stähle eine hohe Alterungsbeständigkeit. Die durch den Kupfergehalt bedingte hohe Warmfestigkeit wird durch den Zusatz von Nickel nicht beeinträchtigt.

---

[1] Bestimmt an folgenden Proben: bei Blechen und Trommeln: 30 × 15 × 160 mm³. Schlagquerschnitt 15 × 15 mm², Kerbdurchmesser 4 mm; bei Rohren: 12 × 4 × 110 mm³, Schlagquerschnitt 6 × 4 mm².

[2] Nehl, F.: Stahl u. Eisen **53**, 773 (1933).

Für Teile im Dampfkesselbau, deren Betriebstemperaturen 400°
überschreiten, was bei Rohren und Sammlern häufig der Fall ist, ist nicht
mehr die Warmstreckgrenze, sondern die Dauerstandfestigkeit ausschlaggebend. Die Streckgrenze bei
Raumtemperatur und die
Dauerstandfestigkeit bei 400
bis 600° für eine Reihe von
Stählen sind in Abb. 129 angegeben. Unter den Stählen
befinden sich die Kupferstähle
mit kleinen Nickelgehalten und
die Molybdänstähle mit kleinen
Kupfergehalten. Letztere können für die Dauerstandfestigkeit noch von Bedeutung sein.

Durch die Ausscheidungs-
härtung werden die Warm-
streckgrenze und Zugfestigkeit

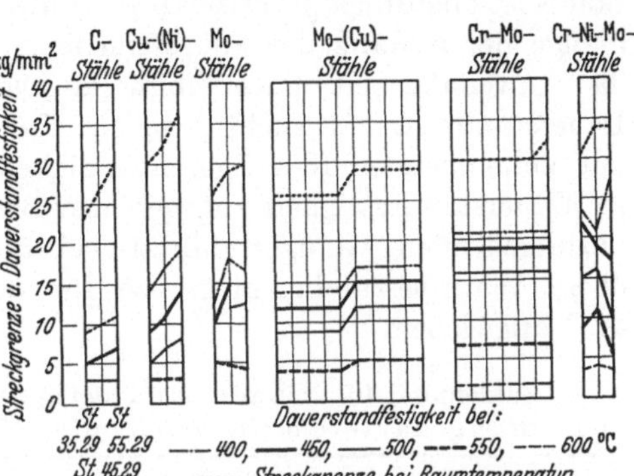

Abb. 129. Rohrwerkstoffe für den Dampfkesselbau
(Gewährwerte) (Houdremont).

von kupferhaltigen Stählen erhöht, wie aus Abb. 130 nach Buchholtz
und Köster (zit. S. 155) für einen Chrom-Kupfer-Stahl ersichtlich ist.
Die Überlegenheit des ausgehärteten über den geglühten Chrom-Kupfer-
Stahl und einen Kohlenstoffstahl
mit 65 kg/mm² Zugfestigkeit ist
nach Abb. 130 bis zu einer Versuchstemperatur von 400° besonders ausgeprägt. Dies gilt vor allem
für die Streckgrenze. Wesentlich
oberhalb 400° geht die Festigkeits-
erhöhung infolge Ballung der ausgeschiedenen ε-Phase allmählich
wieder zurück. Anlaßversuche, die
auch nach der Art von Dauer-
standversuchen unter ruhender Zug-
last ausgeführt wurden, ergaben
nach 7 Wochen bei 425° noch keine
Verminderung der Streckgrenze
und Zugfestigkeit des ausgehärteten
Chrom-Kupfer-Stahls. Bei einer
Anlaßtemperatur von 450° war nach

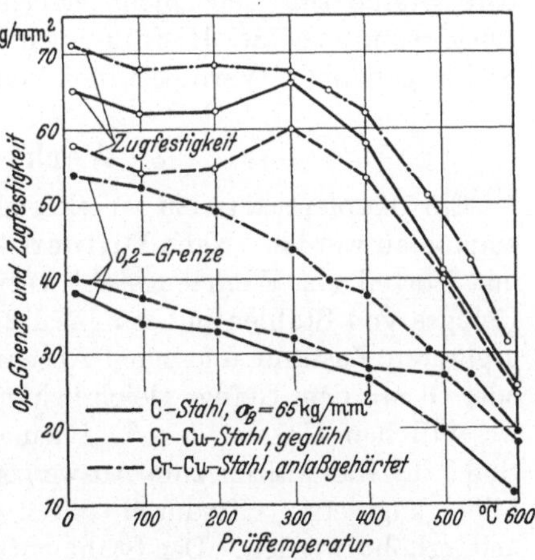

Abb. 130. 0,2-Grenze und Zugfestigkeit von
Kohlenstoff- und Chrom-Kupfer-Stahl
in Abhängigkeit von der Prüftemperatur
(Buchholtz und Köster).

2,5 Wochen ein Abfall der Festigkeitseigenschaften infolge Koagulation
der ausgeschiedenen Phase nachweisbar. Der ausgehärtete Stahl könnte
also Betriebstemperaturen von 400 bis 425° ausgesetzt werden.

Die Zahlentafel 46 zeigt, daß die nach einem Abkürzungsverfahren
ermittelte Dauerstandfestigkeit eines ausgehärteten Chrom-Kupfer-

Stahles um so höher über der eines Kohlenstoffstahles mit bei 300° etwa gleicher Dauerstandfestigkeit liegt, je höher die Versuchstemperatur war. Die bei 500° ermittelte Dauerstandfestigkeit des ausgehärteten Stahls ist allerdings praktisch bedeutungslos. Bei dieser Temperatur sind infolge der Ballung der ausgeschiedenen Phase die Vorbedingungen für die Anwendbarkeit eines Abkürzungsverfahrens zur Bestimmung der Dauerstandfestigkeit nicht gegeben. Im Langzeitversuch wäre bei 500° mit zunehmender Kriechgeschwindigkeit unter der in Zahlentafel 46 als Dauerstandfestigkeit angegebenen Belastung zu rechnen. Wegen der unzureichenden Gefügestabilität bei hohen Temperaturen wurde als obere Warmbeständigkeitsgrenze für den ausgehärteten Stahl schon 425° angegeben.

Zahlentafel 46. Dauerstandfestigkeit von Kohlenstoffstahl und anlaßgehärtetem Chrom-Kupfer-Stahl (Buchholtz und Köster).

Stahlsorte	Dauerstandfestigkeit in kg/mm² bei		
	300°	400°	500°
Kohlenstoffstahl	30	18	6
Chrom-Kupfer-Stahl, anlaßgehärtet	32	23	12

Die Gebrauchstemperatur für unterkühlte, durch Kupfer aushärtbare Stähle soll 400° nicht erreichen, da bei dieser Temperatur die Aushärtung einsetzt. Hierdurch wird wiederum die für schon ausgehärtete Stähle genannte Warmbeständigkeitsgrenze maßgebend.

2. Werkzeugstähle.

Ein Kupferzusatz zu Werkzeugstählen ist schon vor langer Zeit empfohlen worden. Nach Dillner[1] kann Stahl mit 1% C und bis 3% Cu mit Vorteil als Werkzeugstahl verwendet werden. Der Vergleich des Gefüges von Stählen mit 0,7 bis 1,2% C und 1,0 bis 5,0% Cu im weichgeglühten Zustand und nach Abschrecken von 770° bis 1200° in Wasser oder Öl mit dem Gefüge gleich behandelter Kohlenstoffstähle ergibt keine wesentlichen Unterschiede[2]. Kleine Zusätze von Kupfer wurden dem Stahl für Kaltwalzen zum Auswalzen von Edelmetallen, z. B. Gold und Silber, zugesetzt. Hierdurch sollten die Härtefähigkeit und die Polierbarkeit erhöht werden. Der Stahl enthielt 0,80% C, 0,25% Si, 0,30% Mn, 0,05 bis 0,055% P und 0,25 bis 0,35% Cu[3].

Näher untersucht wurde der Einfluß von Kupfer auf Schnellarbeitsstahl. H. J. French und T. G. Digges[4] erwarteten bei ihrer Prüfung

---

[1] Dillner: Kunglig Tekniska Högskolans, Materialprüfanstalt. Stockholm 1896—1906.

[2] Stogoff, A. F. u. W. S. Messkin: Arch. Eisenhüttenw. 2, 321 (1928/29).

[3] Houdremont, S.: Sonderstahlkunde, S. 474. Berlin: Julius Springer 1935.

[4] French, H. J. u. T. G. Digges: Trans. Amer. Soc. Steel Treat. 13, 919 (1928).

der Wirkung von 0,36, 0,79 und 1,77% Cu auf die Eigenschaften von Schnellarbeitsstahl mit 0,65% C, 3,6% Cr, 13% W und 2% V keine Verbesserung des Stahls durch Kupfer. Die Versuche sollten lediglich Klarheit über die Bedeutung unbeabsichtigter Kupfergehalte im Schnellarbeitsstahl bringen. Die kupferhaltigen Stähle ließen sich bei 1180 bis 980° einwandfrei verschmieden. Beim Walzen bei den gleichen Temperaturen zeigten die beiden hochkupferhaltigen Stähle eine geringe Oberflächenrissigkeit.

Ähnliches wurde auch in neuester Zeit wieder festgestellt[1]. Nach dem für den kupferfreien Stahl gebräuchlichen Weichglühen ließen sich die beiden Schnellstähle mit 0,36 und 0,79% Cu gut spanabhebend bearbeiten, während der Stahl mit 1,77% Cu in dieser Beziehung Schwierigkeiten machte.

Die Härte des von verschiedenen Temperaturen abgeschreckten und angelassenen Stahls erwies sich als unabhängig von der Höhe des Kupfergehaltes, wie Abb. 131 zeigt. Auch das Gefüge wird durch die niedrigeren Kupfergehalte bei verschiedener Warmbehandlung nicht beeinflußt. Der höchste Kupfergehalt rief eine etwas verstärkte Neigung zur Kornvergröberung hervor.

Die Schneideigenschaften der kupferlegierten Schnellarbeitsstähle wurden durch Drehversuche geprüft. Bei einer Schnittgeschwindigkeit von 23 m/min, einem Vorschub von 0,7 mm und einer Spantiefe von 4,7 mm (Schruppen) waren die kupferhaltigen Stähle den entsprechenden kupferfreien zumindest nicht unterlegen, während bei 120 m/min Schnittgeschwindigkeit, 0,28 mm Vorschub und 0,25 mm Spantiefe (Schlichten) der hochkupferhaltige Stahl eine klare Unterlegenheit zeigte. Ein Vergleich mit den ebenfalls untersuchten Elementen Antimon, Arsen und Zinn, die in geringen Mengen als Stahlbegleiter auftreten können, ergibt, daß der Einfluß des Kupfers auf die Schneideigenschaften des Schnellarbeitsstahls beim Schlichten geringer ist, als der der drei anderen Elemente.

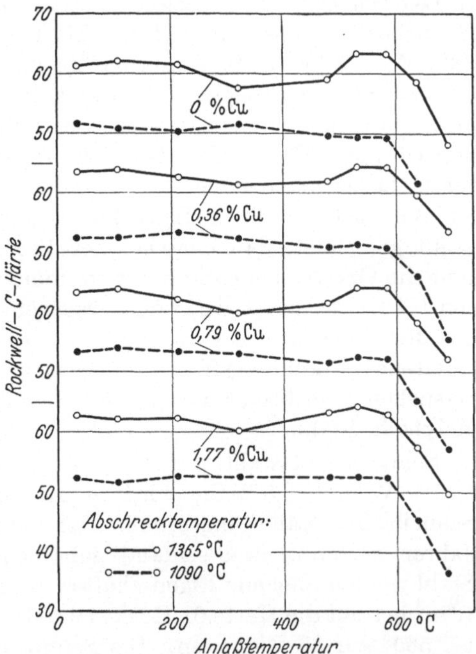

Abb. 131. Härte von kupferhaltigem Schnelldrehstahl beim Anlassen nach Abschrecken von 1090° und 1365° (French und Digges).

---

[1] Gill, J. P.: Alloy Met. Rev. 2, Nr 8, 20 (1938).

Aus ihren Versuchen zogen French und Digges den Schluß, daß im Schnellarbeitsstahl ein niedriger Kupfergehalt im Hinblick auf die Güte des Stahls bei hohen Schnittgeschwindigkeiten eingehalten werden soll. Kupfergehalte, wie sie sich unbeabsichtigt durch Verwendung von kupferhaltigem Schrott ergeben können, sind in jeder Beziehung unbedenklich.

In neuester Zeit wird überraschenderweise das Kupfer in Nordamerika als Legierungszusatz zu Schnellarbeitsstählen angewendet[1]. Die Molybdän-Schnellarbeitsstähle mit 0,7 bis 0,8% C, 3,5 bis 4% Cr, 1,3 bis 1,8% W, 0,9 bis 1,3% V und 8,0 bis 9,5% Mo neigen stärker zur Entkohlung als die üblichen Wolframstähle. Dieser Entkohlungsneigung kann man zwar entgegenwirken durch Bestreichen des Stahls mit einer Boraxlösung. Es wurde aber auch versucht, die Entkohlungsneigung durch Legierungszusätze zu vermindern. Zusätze von 2,5 bis 3% Cu erwiesen sich in dieser Hinsicht als wirkungslos. Anscheinend wurde damit gerechnet, daß eine bei der Verzunderung entstehende Kupferhaut die Oberflächenentkohlung vermindern würde. Auch ein Borzusatz von 0,1% war nicht wirksam. Dagegen erreichte man das angestrebte Ziel durch gleichzeitigen Zusatz von 2,5 bis 3% Cu und 0,12% B. Der so erhaltene, entkohlungsfreie Stahl war schwer schmiedbar. Bei Schneidversuchen erreichte er die gleiche Leistung wie die bekannten Wolfram-Molybdän-Stähle.

Schnellarbeitsstahl mit 0,75 bis 0,85% C, 6% Mo, 6% W, 4% Cr, 1,75% V und 2,5% Cu wird in Nordamerika als einer der besten Schnellarbeitsstähle angesehen. Der kupferfreie Stahl ist seit mehreren Jahren schon in Deutschland gebräuchlich. Für den kupferlegierten Stahl werden folgende Eigenschaften angegeben[2]: Nach Abschrecken von 1275° beträgt die Härte 61 Rockwell-C-Einheiten; sie steigt beim Anlassen bei 565° auf 65 Einheiten. Die Schnittleistung auf Chrom-Nickel-Stahl mit einer Härte von 230 B.E. entspricht der von Stahl mit 0,7 bis 0,75% C, 18% W, 4% Cr, 1% V und 4% Co. Der Kupfergehalt von 2,5% soll die Schmiedbarkeit in keiner Weise beeinträchtigen. Die Entkohlung ist sehr gering und entspricht der, die bei Stahl mit 18% W, 4% Cr und 1% V auftritt. Da aber schon der kupferfreie Stahl nur wenig zur Oberflächenentkohlung neigt, ist die Notwendigkeit für den Kupferzusatz nicht recht zu erkennen.

F. B. Foley[3] und R. H. MacCarroll[4] erwähnen die Verwendung von hochgekohltem, kupferlegiertem Schnellarbeitsstahl für gegossene Ventilsitzringe im Ford-Automobil-Motorenbau. Der Stahl enthält

---

[1] Breeler, W. R.: Amer. Soc. Met. Vortrag 20. Jahresvers. 17./21. Okt. 1938, Detroit.
[2] Alloy Met. Rev. 2, Nr 9, 27 (1938).
[3] Foley, F. B.: Metal Progr. 30, 131 (1936).
[4] MacCarroll, R. H.: Foundry 66, Nr 10, 30 (1938).

1,2 bis 1,4% C, 0,3 bis 0,6% Si, 0,3 bis 0,5% Mn, 2,3 bis 3,5% Cr, 14 bis 17% W und 1,5 bis 2,0% Cu. Hier soll das Kupfer im wesentlichen die Aufgabe erfüllen, die Gießbarkeit des Stahls zu verbessern und durch Erhöhung der Fluidität und Verminderung der Schrumpfung zur Dichtheit des Gusses beizutragen. Letztere ist für Ventilsitzringe und -kegel von größter Bedeutung, da Poren u. dgl. der Anlaß zu rascher Zerstörung durch Ausblasen des Ventils sein können.

3. Rostbeständige und nichtrostende Stähle.

Die Festigkeitseigenschaften bei normaler und erhöhter Temperatur und das Korrosionsverhalten nichtrostender und rostbeständiger Stähle mit Kupferzusätzen sind in den Abschnitten V5c und V8d dieses Buches bereits eingehender besprochen worden. Im Abschnitt V8d finden sich auch Angaben über besondere Eigenschaften derartiger Stähle und Legierungen. In der Zahlentafel 47 sind die wichtigeren Angaben über das Korrosionsverhalten dieser Werkstoffe noch einmal zusammengefaßt wiedergegeben. Die Angaben über den früher noch nicht erwähnten Werkstoff Nr. 1 stammen von W. B. Sallit[1].

Noch nicht erwähnte Stähle mit 18% Cr, 8% Ni, 4% Mo und 4% Cu haben eine besonders hohe Beständigkeit gegen Salz- und Schwefelsäure. Neuerdings hat sich ein Stahl sonst gleicher Zusammensetzung aber mit 13% Ni noch besser gegen Salzsäureangriff bewährt.

Zahlentafel 47. Zusammensetzung und Korrosionsverhalten rostbeständiger und nichtrostender Stähle mit Kupferzusätzen.

Werkstoff Nr.	Zusammensetzung in %							Besonderheiten des Korrosionsverhaltens
	C	Mn	Ni	Cr	Mo	Andere	Cu	
1	0,20	0,60	—	5,0	—	—	1,0	Erhöhte Korrosions- und Hitzebeständigkeit, hauptsächlich in der Petroleumindustrie verwendet
2	~0,12	—	—	12/15	—	—	1,0	Erhöhte Beständigkeit gegen verdünnte Schwefel-, Salz- und Essigsäure
3	0,1 bis 0,35	—	—	16/20	—	—	1,0	Erhöhte Beständigkeit gegen kalte, 10%ige Schwefelsäure und gegen kalte und heiße 50%ige Salzsäure
4	~0,10	0,30	—	15/18	—	—	8/15	Korrosionsbeständigkeit etwa wie 18 Cr- 8 Ni-Stahl, entsprechende Verwendung

[1] Sallit, W. B.: Foundry Trade J. 58, 385 (1938).

Zahlentafel 47. (Fortsetzung.)

Werk-stoff Nr.	Zusammensetzung in %							Besonderheiten des Korrosionsverhaltens
	C	Mn	Ni	Cr	Mo	Andere	Cu	
5	—	—	5	25	3—6% (Cu + Mo)			Schwefelsäurebeständig
6	~0,10	—	8	18	—	—	2/3	Erhöhte Beständigkeit gegen wässerige Schwefelsäure, Ammonchlorid, Salzsäure. Bei 3% Cu unterhalb 30° beständig gegen Schwefelsäure aller Konzentrationen. Unempfindlich gegen Spannungenskorrosion. Verwendung auch für unmagnetische Bandagendrähte
7	~0,10	—	8/9	18	—	0,5 Ti	2/3	Wie Werkstoff Nr. 6. Keine Karbidausscheidung. Beständig gegen interkristalline Korrosion
8	~0,10	—	15/18	18	2,0	0,5 Ti oder 1,3 (Ta + Nb	2,0	Hochbeständig gegen Salzsäurelösungen. Beständig gegen verdünnte Schwefelsäure auch bei etwas erhöhter Temperatur
9	~0,10	—	22	19	1,0	—	1,0	Hohe Beständigkeit gegen heiße H_2SO_4
10	~0,10	4/6	8	18	—	—	2/3	Höhere Korrosionsbeständigkeit als 18 Cr-8 Ni-Stahl. Beständig gegen interkristalline Korrosion auch ohne Nachbehandlung beispielsweise nach dem Schweißen (!)
11	~0,10	8/10	—	~18	—	—	~1,0	Höhere Korrosionsbeständigkeit als ohne Kupfer. Nachteilig: hohe Kaltverfestigung
12	—	—	30	—	—	3,0 Si	3,0	Gute Beständigkeit gegen Schwefelsäure, auch gegen 10%ige siedende. Schmiedbar.
13	—	—	30	—	—	3,0 Si	10,0	Korrosionsverhalten wie Werkstoff Nr. 12, ausgeprägtere Beständigkeit. Gußlegierung

Ein Kupferzusatz von etwa 1% zu den Stählen mit 16 bis 20% Cr soll deren Kornvergröberung und Versprödung nach langzeitigem Verweilen bei Temperaturen oberhalb 600° vermindern, und damit die

Verwendbarkeit der Stähle als hitzebeständige Baustoffe begünstigen. E. Houdremont[1] erwähnt, daß er diese Angabe nicht bestätigen konnte.

Auch dem Stahl mit 15 bis 18% Cr und 8 bis 15% Cu wird ein vermindertes Kornwachstum bei hohen Temperaturen zugeschrieben.

4. Stahlguß.

a) Stahlguß mit niedrigem und mittlerem Kohlenstoffgehalt. Eine der wichtigsten Eigenschaften des Stahlgusses ist seine Gießbarkeit, die in hohem Maße von der Fluidität des Stahls abhängt. Diese Eigenschaft ist auch für Kupfer-Stahlguß wiederholt untersucht worden. M. Alexander[2] gibt an, daß die Gießbarkeit von Stahl durch Kupferzusätze zum mindesten nicht beeinträchtigt wird, was von verschiedenen Seiten bestätigt wird. In Abb. 132 ist der Flüssigkeitsgrad in Abhängigkeit von der Temperatur für weichen Kohlenstoffstahl und für einige ebenfalls niedriggekohlte Kupferstähle nach Versuchen

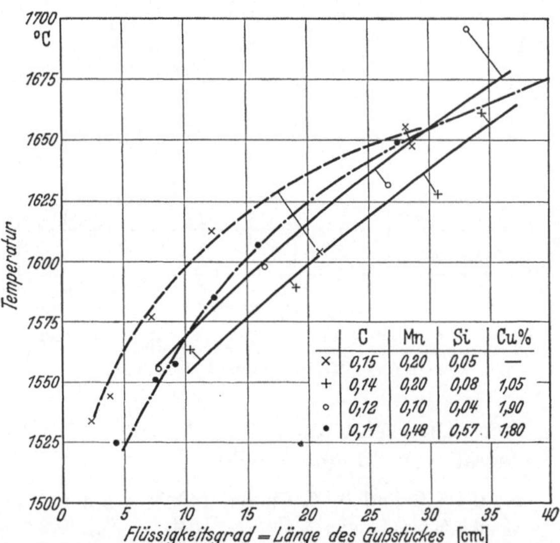

Abb. 132. Flüssigkeitsgrad von weichem Kohlenstoffstahl und kupferlegiertem Stahl in Abhängigkeit von der Temperatur (Sarjant und Middleham).

von R. J. Sarjant und T. H. Middleham[3] wiedergegeben. Der Flüssigkeitsgrad ist ausgedrückt durch die Länge eines in Sand waagerecht gegossenes Stabes von 5 mm Durchmesser. Bei der Bewertung derartiger Versuche ist zu beachten, daß die Streuungen der Versuchsergebnisse sehr erheblich sein können. In dem untersuchten Temperaturgebiet sind die beiden reinen Kupferstähle mit 1 bzw. 2% Cu hinsichtlich ihrer Fluidität dem Kohlenstoffstahl mit etwas höherem Kohlenstoffgehalt größtenteils ein wenig überlegen. Der Stahl mit 1% Cu und 0,14% C, ist dünnflüssiger als der mit 2% Cu und 0,12% C. Auch der Stahl mit 0,5% Mn, 0,6% Si, 1,8% Cu und 0,11% C ist leichtflüssiger

---

[1] Houdremont, E.: Sonderstahlkunde. Berlin: Julius Springer 1935.

[2] Alexander, M.: Copper Steel Castings. Iron Steel Inst. Special Report 23, Third Steel Castings Report 1938, Section III, S. 61.

[3] Sarjant, R. J. u. T. H. Middleham: Iron Steel Inst. Special Report 23, Third Steel Castings Report 1938, Section II, S. 45.

als der unlegierte Stahl. Bei hohen Temperaturen nähert sich die Fluidität aller vier Stähle einem einheitlichen Wert. Den Flüssigkeitsgrad von verschieden legierten Stählen mit 0,2 und 0,4% C, darunter solchen mit Kupfer, haben J. H. Andrew, G. T. C. Bottomley, W. R. Maddocks und R. T. Percival[1] untersucht. Ihre Ergebnisse (der Flüssigkeitsgrad wurde als Länge einer gegossenen Spirale gemessen), sind in Abb. 133 zusammengestellt. Neben den hier angegebenen Elementen enthielten die Stähle noch 0,2% Mn und 0,15% Si, sofern letzteres nicht selbst als Sonderzusatz vorkommt. Während Nikkel, Chrom und Silizium die Dünnflüssigkeit von Stählen mit 0,4% C erniedrigen, wird sie durch Kupfer deutlich erhöht. Bei 0,2% C ist der Einfluß von Kupfer nur

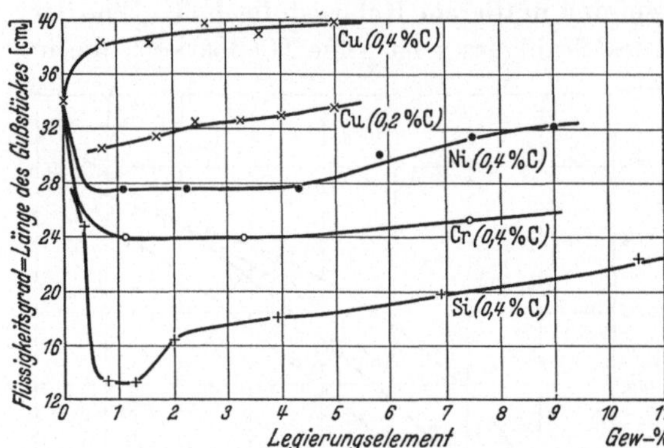

Abb. 133. Flüssigkeitsgrad von Stählen mit verschiedenen Legierungszusätzen 50° oberhalb der Liquidusfläche (Andrew, Bottomley, Maddocks und Percival).

gering. Dies zeigt auch die folgende Aufstellung, nach der ein Flüssigkeitsgrad von 30 cm erreicht wird

mit 0,4% C und 0 % Cu bei 1560°	mit 0,2% C und 0 % Cu bei 1560°
„ 0,4% C „ 1 % Cu „ 1540°	„ 0,2% C „ 1 % Cu „ 1562°
„ 0,4% C „ 2 % Cu „ 1532°	„ 0,2% C „ 2 % Cu „ 1555°
„ 0,4% C „ 4,5% Cu „ 1520°	„ 0,2% C „ 4,5% Cu „ 1540°

Zur Erzielung von Stahlguß mit hohen Festigkeitswerten ist ein Kupferzusatz sehr geeignet. Wichtig ist in dieser Beziehung auch die durch den Kupfergehalt gegebene Aushärtbarkeit. Die Festigkeitseigenschaften von Stahlguß mit 1% Cu, ohne und mit weiteren Legierungszusätzen, wurden von M. Alexander[2] eingehend untersucht. Die Zusammensetzung der Versuchsstähle enthält die Zahlentafel 48. Die Härteänderungen kleiner Proben der kupferhaltigen Stähle nach Normalglühen und Anlassen bei 550° gibt Abb. 134 wieder. Erwartungsgemäß erwies es sich als unzweckmäßig, den Stahlguß auf die höchste durch Aushärtung erzielbare Härte anzulassen, wie sie bei 500° Anlaßtemperatur erreicht wurde, da in diesem Zustand die Kerbschlagzähigkeit zu tief liegt. Günstigere Kerbschlagzähigkeitswerte

---

[1] Andrew, J. H., G. T. C. Bottomley, W. R. Maddocks u. R. T. Percival: Iron Steel Inst. Special Report 23, Third Steel Castings Report 1938, Section II, S. 5.

[2] Siehe Fußnote 2, S. 169.

werden bei 550° Anlaßtemperatur erhalten. Der 1,5% Mn-Stahl und der Nickel-Chrom-Stahl, beide mit etwa 1% Cu, erfuhren bei der Normalglühung der kleinen Proben für die Härtemessungen eine leichte Lufthärtung. Durch die Überlagerung der Anlaßwirkung und der Aushärtung zeigen diese Stähle einen verringerten Härteanstieg beim Anlassen.

Zahlentafel 48. Zusammensetzung der Versuchswerkstoffe zu Zahlentafel 49 und Abb. 134 (Alexander).

Nr.	Zusammensetzung in %					
	C	Si	Mn	Cr	Ni	Cu
1	0,30	0,24	0,45	—	—	—
1 Cu	0,27	0,24	0,60	—	—	1,06
2	0,30	0,24	1,21	—	—	—
2 Cu	0,27	0,21	1,48	—	—	1,05
3	0,27	0,24	0,66	0,75	—	—
3 Cu	0,28	0,24	0,64	0,90	—	1,00
4	0,26	0,23	0,62	—	1,40	—
4 Cu	0,26	0,22	0,72	—	1,49	1,00
5	0,27	0,23	0,66	0,61	1,54	—
5 Cu	0,31	0,22	0,70	0,48	1,36	1,02

Nach Abb. 134 nimmt die Aushärtbarkeit der 1%igen Kupferstahlgüsse bei 550° in folgender Reihenfolge ab: Chrom-, Kohlenstoff-, Nickel-, Mangan- und Nickel-Chrom-Stahl.

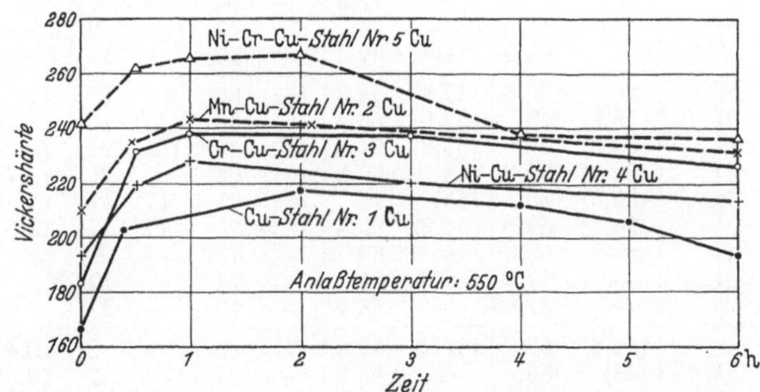

Abb. 134. Anlaßhärtung verschieden legierter, kupferhaltiger Stahlgüsse nach Zahlentafel 48 (Alexander).

Die Festigkeitseigenschaften der verschiedenen legierten Stahlgüsse (Versuchsschmelzen) nach Zahlentafel 48 sind für verschiedene Warmbehandlungszustände in Zahlentafel 49 aufgeführt. Die Warmbehandlungen führte man an Proben von 150 mm Länge und etwa 20 × 20 mm² Querschnitt aus. Die in Zahlentafel 49 eingeklammerten Festigkeitswerte beziehen sich auf die kupferfreien Stähle. Alle Stähle nach Zahlentafel 48 und 49 werden durch Glühen und Normalglühen in bekannter

Zahlentafel 49. Festigkeitseigenschaften von Stahlguß
ohne und mit 1% Cu (Alexander). Zusammensetzung nach Zahlentafel 48.

Stahl Nr.	Warm-behand-lung [1]	Streckgrenze kg/mm²		Zugfestigkeit kg/mm²		Streck-grenzen-verhältnis %		Dehnung δ_5 %		Izod-Schlagarbeit mkg	
C-Stahl	A	(18,3) [2]	34	(42)	57,5	(43)	59	(13)	11	(1,1)	1,1
(1)	B	(20,2)	43,5	(44,5)	65	(45)	66	(23)	14	(1,2)	0,7
und	C	(29,5)	36	(49)	55	(60)	66	(23)	18	(4,2)	4,4
1 Cu	D	(25,2)	35	(45)	54	(56)	65	(30)	20	(3,5)	4,0
	E	(31,0)	51	(50,3)	70	(61)	73	(23)	15	(4,0)	1,4
	F	(30,8)	47,3	(51)	67	(60)	70	(23)	17	(3,3)	1,8
	G	—	49,5	—	64,5	—	77	—	17	—	2,2
	H	—	44	—	61	—	72	—	11	—	2,5
	J	—	42,5	—	60,5	—	70	—	21	—	3,5
Mn-Stahl	A	(24,6)	44,7	(53)	62	(47)	72	(12)	4	(0,7)	0,41
(2)	B	(24,8)	50,3	(53,2)	—	(47)	—	(20)	—	(0,7)	0,41
und	C	(38,5)	47,4	(57,5)	68,2	(67)	69	(20)	17	(3,2)	1,9
2 Cu	D	(32,4)	39,4	(51,7)	62	(63)	63	(24)	16	(2,9)	2,5
	E	(39,6)	61	(58,6)	78	(68)	79	(21)	10	(3,3)	1,2
	F	(38)	54,6	(58,3)	73,5	(65)	74	(21)	6	(3,1)	1,9
	G	—	53,5	—	73	—	73	—	11	—	2,1
	H	—	50	—	69	—	72	—	16	—	2,2
	J	—	47	—	67,5	—	70	—	19	—	2,4
Cr-Stahl	A	(29)	34,5	(52,5)	61,5	(55)	56	(7)	20	(1.0)	1,4
(3)	B	(28,7)	56	(55)	64,5	(52)	87	—	2	(0,83)	0,83
und	C	(34,8)	45,6	(53,7)	66	(65)	70	(9)	22	(2,9)	3,7
3 Cu	D	(26,7)	36	(50,4)	63,7	(53)	56	(20)	21	(2,75)	4,3
	E	(33,1)	60	(56,4)	83	(59)	73	(12)	15	(2,5)	6,9
	F	(35,1)	50	(58,6	70,5	(60)	71	(15)	12	(2,35)	2,6
	G	—	53,5	—	72,5	—	74	—	9	—	1,8
	H	—	51	—	70	—	73	—	9	—	2,5
	J	—	48,3	—	69,2	—	70	—	16	—	2,2
Ni-Stahl	A	(28)	36,6	(47,8)	58,3	(58)	63	—	13	(1,5)	0,7
(4)	B	(28,3)	43	(52,8)	65,2	(54)	66	(15)	15	(1,25)	0,7
und	C	(33,3)	42,5	(55,2)	61,5	(60)	69	(25)	21	(5,0)	3,2
4 Cu	D	(29,3)	39,2	(48)	59,5	(61)	66	—	21	(4,7)	4,4
	E	(35,3)	60	(55)	74	(64)	81	(17)	11	(4,8)	1,9
	F	(34,1)	53	(54,2)	69,5	(63)	76	(14)	17	(3,5)	3,2
	G	—	50,3	—	69	—	73	—	21	—	3,6
	H	—	47,9	—	65	—	74	—	17	—	4,3
	J	—	47,6	—	63,7	—	75	—	21	—	3,7
Ni-Cr-Stahl	A	(44,2)	53	(62)	62,8	(71)	85	(4)	2	(0,41)	0,41
(5)	B	(43)	56,8	—	65,3	—	87	—	2	(0,55)	0,28
und	C	(43,1)	46,6	(70,5)	76,3	(60)	61	(21)	15	(3,0)	1,5
5 Cu	D	(36)	45	(64)	70	(56)	64	(19)	15	(3,45)	3,05
	E	(47,3)	67	(72,5)	89	(65)	76	(17)	13	(2,5)	1,1
	F	(45,7)	60	(70)	83	(67)	73	(20)	13	(3,6)	2,2
	G	—	59,3	—	82	—	72	—	13	—	1,9
	H	—	54,5	—	76,5	—	71	—	12	—	2,5
	J	—	53,2	—	75	—	71	—	12	—	2,75

[1] A = Gußzustand. B = Gußzustand, 4 Stunden bei 500° angelassen. C = Gußzustand, von 900° luftgekühlt. D = Gußzustand, von 900° im Ofen abgekühlt.
E = Gußzustand, von 900° luftgekühlt und 4 Stunden bei 500° angelassen. F = Gußzustand, von 900° luftgekühlt und 2 Stunden bei 550° angelassen. G = Gußzustand,
von 900° luftgekühlt und $1/_2$ Stunde bei 600° angelassen. H = Gußzustand, wie G,
aber $1^1/_2$ Stunden angelassen. J = Gußzustand, wie G, aber $2^1/_2$ Stunden angelassen.
[2] Die Werte in ( ) gelten für die Cu-freien Stähle.

weise verbessert. Die Kohlenstoff- und die Nickelstähle ohne und mit
Kupfer werden im Gußzustand durch Glühen bei 500° nur wenig beeinflußt. Dagegen ruft die gleiche Warmbehandlung bei den Chrom-
und Chrom-Nickel-Stählen ohne und mit Kupfer eine starke Versprödung
hervor. Anlassen nach dem Normalglühen beeinflußt die Eigenschaften
der kupferfreien Stähle nicht maßgebend, und ruft bei den kupferhaltigen
Stählen Ausscheidungshärtung hervor. Diese bedingt eine beträchtliche
Erhöhung des Streckgrenzenverhältnisses und einen Abfall der Kerbschlagzähigkeit. Die auf eine Zugfestigkeit von 70 kg/mm² ausgehärteten
Kupferstahlgüsse hatten folgende Izod-Schlagarbeit in mkg:

Kupferstahl: 1; Mangan-Kupfer-Stahl: 2; Chrom-Kupferstahl: 2,2;
Nickel-Kupfer-Stahl: 2,5; Nickel-Chrom-Kupferstahl: 3.

Die höchste Zugfestigkeit und die optimale Kombination der Eigenschaften ist mit dem Nickel-Chrom-Kupfer-Stahl zu erzielen.

Die größte Erhöhung der Zugfestigkeit durch Aushärtung betrug
gegenüber dem normalisierten Zustand:

Chrom-Kupfer-Stahlguß . . . . 16,5 kg/mm²
Kupfer-Stahlguß . . . . 15,0 kg/mm²
Nickel-Chrom-Kupfer-Stahlguß . . . . 13,0 kg/mm²
Nickel-Kupfer-Stahlguß. . . . . 12,5 kg/mm²
Mangan-Kupfer-Stahlguß . . . . 9,3 kg/mm²

Ausgehend von dem im Ofen abgekühlten Stahlguß wurden durch
Aushärtungsbehandlung folgende größten Festigkeitssteigerungen erzielt:

Chrom-Kupfer-Stahlguß . . . . 19,0 kg/mm²
Nickel-Chrom-Kupfer-Stahlguß . . . . 18,8 kg/mm²
Kupfer-Stahlguß . . . . 16,0 kg/mm²
Mangan-Kupfer-Stahlguß . . . . 15,4 kg/mm²
Nickel-Kupfer-Stahlguß. . . . . 14,6 kg/mm².

Die gleichmäßigere Anlaßhärtung der verschiedenen Stähle nach langsamer Abkühlung gegenüber Abkühlung in Luft ist auf die Abwesenheit
von Lufthärtung zurückzuführen.

Aus Chrom-Kupfer-Stahl (0,25% C, 0,3% Si, 0,7% Mn, 1,0% Cr
und 1,0% Cu) wurden Güsse von 23 und 114 kg Gewicht hergestellt
und geprüft. Nach Aushärtung bei 500° lag die Kerbschlagzähigkeit
niedrig. Aushärten bei höherer Temperatur ergab ausreichende Kerbschlagzähigkeitswerte und eine Zugfestigkeit von 63 kg/mm². Im Hinblick
auf die Festigkeitseigenschaften einschließlich der Kerbschlagzähigkeit
erwies es sich als günstig, wenn vor dem Normalglühen und Anlassen
zur Aushärtung eine Glühung mit Ofenabkühlung durchgeführt wurde.

Die praktische Anwendung von Kupferstahlguß nimmt besonders
in Nordamerika dauernd zu. Nach H. B. Kinnear[1] wurde schon im
Jahre 1925 ein Stahlguß folgender Zusammensetzung in die betriebliche
Erzeugung übernommen: 0,28 bis 0,34% C, 0,6 bis 0,7% Mn, 0,35 bis

---

[1] Kinnear, H. B.: Iron Age **128 II**, 696 u. 820 (1931).

0,45% Si, 0,85 bis 0,95% Cu. Dieser Stahlguß hatte die folgenden mechanischen Eigenschaften: Streckgrenze über 40 kg/mm², Zugfestigkeit über 63 kg/mm², Dehnung über 19%, Einschnürung über 35%. —

Zahlentafel 50. Festigkeitseigenschaften von normalisiertem Kupferstahlguß (Kinnear).

Zusammensetzung			Streck-grenze	Zug-festigkeit	Dehnung $(l_0 = 50\ mm)$	Ein-schnürung	Brinell-härte
C	Mn	Cu					
%	%	%	kg/mm²	kg/mm²	%	%	kg/mm²
0,21	0,61	0,90	48	64	26	45	217
0,23	0,64	0,97	52	68	23	45	223
0,25	0,63	1,03	50	66	23	44	207
0,25	0,75	0,95	53	71	21	46	197
0,27	0,62	0,97	54	71	22	43	223
0,28	0,68	1,07	55	74	22	48	207
0,30	0,75	0,99	54	74	23	49	197
0,31	0,70	0,93	52	73	23	49	197
0,33	0,74	1,02	56	75	20	40	197
0,33	1,04	0,95	63	87	20	39	228

Zahlentafel 51. Eigenschaften von mehrfach legiertem Kupferstahlguß nach verschiedener Vorbehandlung (Kinnear).

Zusammensetzung	Vor-behandlung	Streck-grenze kg/mm²	Zug-festigkeit kg/mm²	Dehnung $(l_0 = 50\ mm)$ %	Ein-schnürung %	Brinell-härte kg/mm²
0,26% C 0,73% Mn	N[1]	42	72	17,5	24	196
0,88% Cu 0,30% Mo	A[2]	61	73	22	41	217
0,29% C 0,72% Mn	N	49	70	18	30	192
0,89% Cu 0,20% V	A	57	75	21,5	44	212
0,35% C 0,73% Mn	N	50	75	17,5	28	207
1,02% Cu 0,63% Cr	A	62	86	17,5	30	228
0,32% C 0,70% Mn	N	48	71	16,5	21	187
1,04% Cu 0,22% Zr	A	62	81	13,0	16	228

Weitere Festigkeitseigenschaften von normalisiertem Kupfer-Stahlguß mit 1% Cu enthält die Zahlentafel 50 nach Kinnear. Es fällt auf, daß bei den verschiedenen Stahlgüssen kein eindeutiger Zusammenhang zwischen der Brinellhärte und der Zugfestigkeit besteht. Der Umrechnungsfaktor von Brinellhärte auf Zugfestigkeit schwankt zwischen

---

[1] Normalgeglüht.   [2] Normalgeglüht und angelassen bei 540°.

0,294 und 0,380. — Zahlentafel 51 enthält Angaben über die Festigkeitswerte von normalgeglühten und ausgehärteten Stahlgüssen, die neben 1% Cu noch Molybdän, Vanadin, Chrom oder Zirkon enthielten. Bei allen vier Stahlarten wird durch die Aushärtung die Streckgrenze stärker als die Zugfestigkeit erhöht. Die Aushärtung und Anlaßwirkung führten gegenüber dem normalgeglühten Zustand bei dem Kupfer-Molybdän- und Kupfer-Vanadin-Stahlguß zu erhöhter Bruchdehnung und Einschnürung, wogegen diese Eigenschaften bei dem Kupfer-Zirkon-Guß erniedrigt wurden und bei dem Kupfer-Chrom-Stahl unverändert blieben. Der Umrechnungsfaktor von Brinellhärte auf Zugfestigkeit hat bei den legierten Stahlgüssen nach Zahlentafel 51 nur wenig streuende Werte. Der Faktor liegt bei 0,36 bis 0,38 für den normalgeglühten und bei 0,335 bis 0,375 für den ausgehärteten Zustand.

Zahlentafel 52. Festigkeitseigenschaften von Kupferstahlguß mit 0,31% C, 0,42% Si und 0,75% Mn nach verschiedenen Warmbehandlungen (Lorig).

Cu-Gehalt %	Warmbehandlung	Streck-grenze kg/mm²	Zug-festigkeit kg/mm²	Dehnung δ_5 %	Brinell-härte kg/mm²
—	1 Stunde bei 900° normal-geglüht	37	60	30	146
1,21		48	68	26	170
1,76		60	80	20	216
2,40		64	85	17	229
—	Von 900° in Wasser abge-schreckt, 1 Stunde bei 650° angelassen	47	65	26	164
1,21		63	74	21	198
1,76		69	80	19	216
2,40		74	85	20	222
—	Normalgeglüht bei 900°, 3 Stunden bei 500° ausgehärtet	38	59	29	146
1,21		58	77	21	201
1,76		63	82	19	215
2,40		66	84	19	223

Ein Zusatz von mehr als 0,2% Ti setzt die hohe Bruchdehnung, Einschnürung und Kerbschlagzähigkeit von ungeglühtem und geglühtem Mangan-Nickel-Kupfer-Stahlguß (0,24 bis 0,29% C, 0,94 bis 1,02% Mn, 0,31 bis 0,87% Si, 0,64 bis 0,86% Ni, 1,26 bis 1,41% Cu) ebenso wie bei entsprechenden kupferfreiem Stahlguß erheblich herab. Die Aushärtbarkeit bleibt bei Anwesenheit von Titan (0,38%) unverändert erhalten[1].

Festigkeitseigenschaften von handelsüblichem Stahlguß mit 0,31% C, ohne Kupferzusatz und mit höheren Kupfergehalten (über 1 bis 2,4%) enthält die Zahlentafel 52 für den normalgeglühten, sowie bei 500° und

---

[1] Duma, J. A.: Trans. Amer. Soc. Met. **25**, 788 (1937).

650° angelassenen Zustand. Im völlig weichgeglühten Zustand bringen Kupfergehalte über 1,2% keinen Anstieg der Festigkeitswerte mehr mit sich. Der Kerbschlagzähigkeitsverlust war auch bei den Stählen nach Zahlentafel 52 nach Aushärten bei 500° groß, ab 550° gering. Der Kupferstahlguß wird häufig auch einer Wärmebehandlung unterworfen, die in einer Abkühlung von 900° auf R. T. in 4 Stunden besteht. Hierbei tritt eine Verbesserung der Festigkeitswerte gegenüber dem normalgeglühten Guß durch teilweise Aushärtung während der Abkühlung ein.

Zahlentafel 53. Festigkeitseigenschaften von handelsüblichem Kupferstahlguß (Sallit).

Zusammensetzung in %	Warmbehandlung	Streck-grenze kg/mm^2	Zug-festigkeit kg/mm^2	Dehnung %	Brinell-härte kg/mm^2
0,13C, 0,62Mn, 1,0Cu	Normalisiert bei 870°	35	49	31	143
	Normalisiert bei 870°, ausgehärtet bei 540°	49	57	24	196
0,11C, 1,04Mn, 1,23Si 1,74Cu	geglüht bei 860°, ausgehärtet bei 490°	61	76	25	285
0,20C, 1,16Mn, 0,70Si, 1,75Cu	geglüht bei 900°	57	66	23	—
0,32C, 1,26Mn, 0,46Si, 1,92Cu	Normalisiert bei 900°, ausgehärtet bei 540°	74	96	16	285
0,35C, 0,73Mn, 0,63Cr, 1,02 Cu	Normalisiert bei 845°	50	76	18	207
	Normalisiert bei 845°, ausgehärtet bei 540°	62	87	18	228
0,28C, 1,01Cr, 1,85Cu	Vergütet: 855°/Öl, bei 675° angelassen	74	83	18	235

Ausgehärteter Kupferstahlguß besitzt in dünnen und dickwandigen Teilen praktisch die gleichen Festigkeitseigenschaften. Die Ursachen sind die bei der Besprechung dicker, ausgehärteter Schmiedestücke angegebenen. Aussichtsreich erscheint auch die Verwendung von Kupferstahlguß für verwickelt gestaltete Gußteile, die eine Abschreckung in Öl oder Wasser, die mit einer Vergütung verbunden wäre, nicht vertragen. Anlaßhärtung durch Kupfer ist dagegen möglich, da eine rasche Abkühlung hierzu nicht nötig ist. Das Maximum der Aushärtung liegt bei 1,5% Cu. Die Aushärtung ist auch bei Stahlguß am wirksamsten bei niedrigen Kohlenstoffgehalten. Niedriggekohlter, ausgehärteter Kupferstahlguß wird an Stelle von hochgekohltem, unlegiertem Stahlguß verwendet. Eigenschaften verschieden warmbehandelter, mehrfach legierter, handelsüblicher Stahlgüsse mit z. T. höheren Kupfergehalten (bis 1,92%) gibt die Zahlentafel 53 wieder [1].

---

[1] Sallit, W. B.: Foundry Trade J. 58, 385 (1938).

Über den Einfluß von Kupfer auf hochlegierten Stahlguß ist wenig bekannt. Zusätze von 1% Cu und 1% Si zu niedriggekohlten Stählen mit 12 bis 16% Cr sollen zu ungewöhnlich gesunden Gußstücken führen[1]. Korrosionsbeständiger Stahlguß, der auch dem Angriff durch verdünnte Schwefel- und Salzsäure bei Raumtemperatur widersteht, enthält 0,15% C, 12 bis 13% Ni, 15 bis 16% Cr und 3% Cu. Die Streckgrenze beträgt 25 bis 40, die Zugfestigkeit 50 bis 60 kg/mm², bei einer Bruchdehnung von 50 bis 40 und einer Einschnürung von 60 bis 40%.

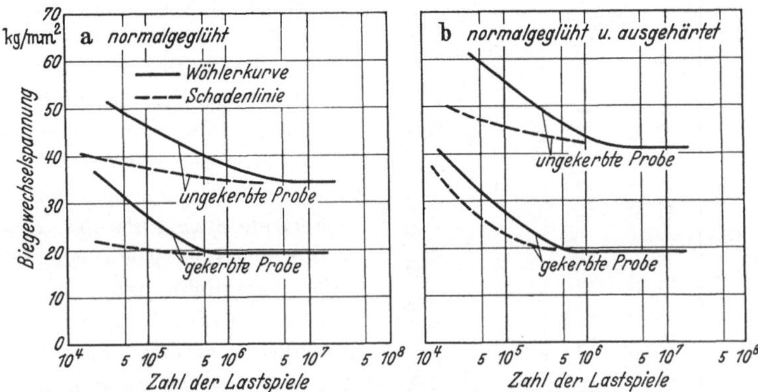

Abb. 135 a und b. Einfluß der Aushärtung auf die Dauerfestigkeit und die Lage der Schadenslinie von Stahlguß mit 0,23% C und 1,2% Cu (Russel).

Untersuchungen über die Dauerfestigkeit und die Schadenslinie von Kupferstahlguß hat H. W. Russel[2] mitgeteilt. Die Ergebnisse enthalten die Abb. 135 a und b. Daraus ist zu entnehmen, daß die am glatten Stab festgestellte Biegewechselfestigkeit durch Aushärtung entsprechend der Erhöhung der Zugfestigkeit ansteigt. Das Verhältnis Biegewechselfestigkeit zu Zugfestigkeit beträgt für den Stahlguß mit 0,23% C und 1,2% Cu im normalgeglühten Zustand 0,56, im ausgehärteten Zustand 0,55. Die Kerbempfindlichkeit des ausgehärteten Stahlgusses war bei Anwendung einer Spitzkerbe von 90° Öffnungswinkel größer als die des normalgeglühten Werkstoffes, so daß die Dauerhaltbarkeit für die gekerbten, normalgeglühten und ausgehärteten Proben etwa auf einer Höhe lag. Die Schadenslinie wird durch die Aushärtung aufgerichtet, also im günstigen Sinne beeinflußt. Diese Wirkung der Aushärtung kommt weniger bei den glatten Proben, sehr stark aber bei den gekerbten Proben zur Geltung. Der Stahlguß ist also im ausgehärteten Zustand gegen Schädigungen der Dauerhaltbarkeit durch Lastwechsel oberhalb der Dauerhaltbarkeit wesentlich unempfindlicher als im normalgeglühten Zustand.

---

[1] J. Amer. Weld. Soc. **1939**, März, Supplement 107.
[2] Russel, H. W.: Metals & Alloys **7**, 321 (1936).

Zahlentafel 54. Festigkeitseigenschaften von Stahlguß (F. Nehl). — (Mittelwerte aus 4 Proben.)

Eigenschaften	Versuchstemperatur														
	20°			100°			200°			300°			400°.		
	A	B	C	A	B	C	A	B	C	A	B	C	A	B	C
Streckgrenze (kg/mm²) .	35,7	46,0	34,5	33,6	43,3	29,0	31,7	41,4	25,8	25,5	35,7	24,5	24,0	30,6	21,7
Zugfestigkeit (kg/mm²) .	52,4	62,1	61,0	48,3	57,2	56,5	47,8	58,1	56,4	47,2	56,6	59,8	42,7	46,4	50,3
$\frac{\text{Streckgrenze}}{\text{Zugfestigkeit}} \cdot 100$ (%) .	68,1	74,1	56,6	69,5	75,8	51,3	66,3	71,3	47,5	53,1	63,1	40,8	56,3	65,8	43,2
Dehnung ($l=11,3 \cdot \sqrt{f}$) (%)	22,5	15,0	17,6	22,1	13,9	18,5	17,3	13,0	16,3	15,3	14,6	20,3	18,0	15,6	25,3
Einschnürung (%) . . .	51,2	41,0	27,6	46,4	42,7	30,5	39,5	36,0	28,0	31,0	24,4	22,0	20,5	23,7	46,9

A: Kupferstahl geglüht. Zusammensetzung in %: 0,16 C; 0,55 Mn; 0,021 P; 0,021 S; 0,34 Si; 1,06 Cu.

B: Kupferstahl geglüht und 1,5 Stunden auf 500° angelassen. Zusammensetzung wie A.

C: Kohlenstoffstahl geglüht. Zusammensetzung in %: 0,38 C; 0,65 Mn; 0,038 P; 0,012 S; 0,39 Si; 0,15 Cu.

Die mechanischen Eigenschaften von Kupferstahlguß in der Wärme werden im folgenden an Hand von Versuchen von F. Nehl[1] besprochen. In Zahlentafel 54 sind die Ergebnisse von Zerreißversuchen bei 20 bis 400° an geglühtem und ausgehärtetem Stahlguß mit 0,16% C und 1,06% Cu denen von geglühtem, kupferfreiem Stahlguß mit 0,38% C gegenübergestellt. Es zeigt sich, daß der Kupferstahlguß bei allen Versuchstemperaturen ein höheres Streckgrenzenverhältnis als der kupferfreie Stahl aufweist. Dessen Dehnung erreicht der ausgehärtete Guß zwar nicht ganz, doch ist bis 300° die Einschnürung größer. Eine höhere Aushärtungstemperatur als 500° wäre nach den jetzigen Erfahrungen vielleicht zweckmäßiger gewesen. Auch beim Vergleich mit anders legiertem Stahlguß (Werte nach A. Rys[2]) schneidet der Kupferstahlguß nach Abb. 136 hinsichtlich Streckgrenze und Zugfestigkeit in der Wärme recht günstig ab. Der ausgehärtete Kupferstahlguß entspricht in seiner Warmfestigkeit bei 400° etwa den übrigen, teureren legierten Stahlgußarten. Oberhalb 400°, beispielsweise bei 500° kann der ausgehärtete Kupferstahl nicht mehr mit Vorteil verwendet werden, weil die Ballung der ausgeschiedenen Phase die Festigkeitswerte allmählich herabsetzt. Außerdem ist ober-

[1] Nehl, F.: Stahl u. Eisen **50**, 685 (1930).

[2] Rys, A.: Stahl u. Eisen **50**, 423 (1930).

halb 400° die Dauerstandfestigkeit maßgebend, in der der ausgehärtete
Kupferstahlguß bei 500° geeignet legiertem Stahlguß, beispielsweise
Chrom-Molybdän-Stahlguß, nicht gleichwertig ist.

Es wurde schon darauf hingewiesen, daß der Kupferstahlguß in Nordamerika eine zunehmende Bedeutung auf verschiedenen Verwendungs-
gebieten hat[1]. Als Beispiel sei die Verwendung von Kupferstahlguß im
Automobilbau (Ford) herangezogen. In den Fordwagen ist Kupferstahlguß mit niedrigem und mittlerem Kohlenstoffgehalt — hochgekohlter

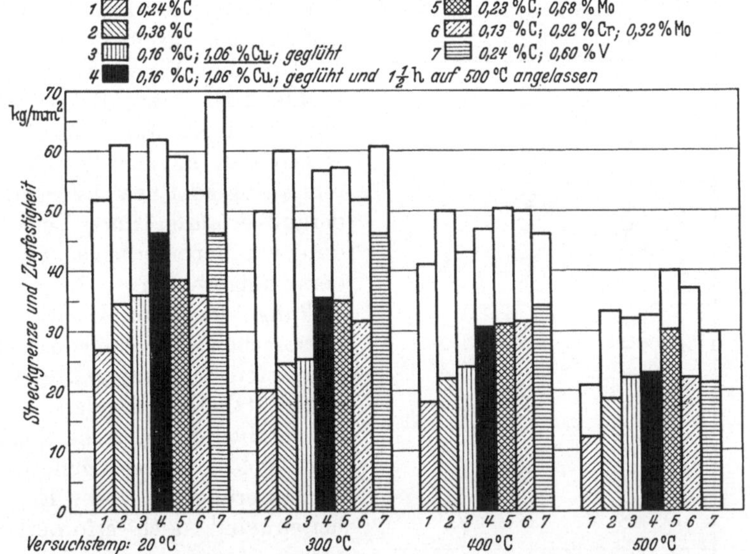

Abb. 136. Warmfestigkeit von verschieden legiertem Stahlguß (Nehl und Rys).

Stahlguß wird im nächsten Abschnitt behandelt — an die Stelle von
Teilen aus Grauguß zum Teil auch von Schmiedestücken getreten. Von
der Aushärtbarkeit des Kupferstahlgusses wird kein Gebrauch gemacht.
Für die Verwendung des Kupfers als Legierungselement dürfte neben
der Steigerung der Festigkeitseigenschaften auch die Verbesserung der
Gießbarkeit mit ausschlaggebend sein. Diese letztere Wirkung des
Kupfers scheint allerdings bei hohen Kohlenstoffgehalten ausgeprägter
zu sein. Die Zahlentafel 55 gibt einen Überblick über die Zusammensetzung, die Warmbehandlung und den Verwendungszweck von Kupferstahlguß im Ford-Automobilbau[2]. In den Jahren 1933 bis 1938 wurden
z. B. 60 Millionen gegossene Schubstangen aus dem Stahlguß Nr. 4 in
Zahlentafel 55 hergestellt.

---

[1] Cone, E. F.: Metals & Alloys 10, 325 (1939).
[2] McCarroll, R. H.: Foundry Trade J. 66, Nr 10, 30 (1938).

Zahlentafel 55. Stahlguß für den Automobilbau bei Ford (Carroll).

Nr.	Verwendungszweck	Zusammensetzung in %					Warmbehandlung
		C	Cu	Si	Mn	Cr	
1	Kupplungshebel, Lenkradnabe	0,15—0,35	1,5—2,9	0,6—0,8	0,4—0,6	—	Normalisieren. Brinellhärte 163 bis 207
2	Lieferwagenringräder, Einsatzteile	0,20—0,35	0,5—1,5	max. 0,4	0,30—0,45	0,9—1,2	Normalisieren, einsetzen und aus dem Einsatz härten oder wiedererwärmen, ölabschrecken und anlassen
3	Schleuderguß, Getriebegegenwelle und Differentialringräder	0,35—0,40	0,5—1,5	max. 0,4	0,65—0,80	0,9—1,1	1. Normalisieren. Brinellhärte 170—196. 2. Zahnräder härten
4	Hinterachswelle, Gehäuseflansch, Lieferwagenuniversalgelenk, Verbindungsgehäuse, Schubstange	0,35—0,40	0,5—1,5	max. 0,4	0,7—0,8	—	1. Normalisieren. Brinellhärte 163—207. 2. Schubstangen ölhärten, anlassen auf 255 bis 280 Brinelleinheiten

A. Finlayson[1] berichtet über die Herstellung eines Fahrgestelles aus Stahlguß für ein viermotoriges Flugzeug von 20 t Gewicht. Erfolg brachte erst die Verwendung von kupferlegiertem Stahlguß mit 0,12 bis 0,2 % C, 1,10 bis 1,35 % Mn, 1,0 bis 1,25 % Si und 1,5 bis 2,0 % Cu. Der Guß wurde nach dem Glühen bei 940 bis 950° vergütet.

Auf die Verwendung von Stahlguß Nr. 3 zur Herstellung von Rohlingen für Tellerräder, Kegelräder, Ritzelwellen, Differentialringräder usw. im Schleudergußverfahren[2] unter Verwendung von Formkernen sei besonders hingewiesen. Die Herstellung der zum Ersatz der entsprechenden Schmiedestücke dienenden Schleudergußteile ist grundsätzlich, besonders auch hinsichtlich der wirtschaftlichen Seite, gelöst. Änderungen, sowie Verbesserungen von Einzelheiten sind noch erforderlich. Durch Verminderung der zerspanten Werkstoffmenge ergibt sich neben dem verminderten Arbeitsaufwand eine Materialersparnis von 25 % durch das Schleudergußverfahren. Die Güte der Stahlgußteile soll die der früher verwendeten Schmiedeteile, die aus Stahl mit 0,35 bis 0,38 % C, 0,65 bis 0,80 % Mn, 0,1 bis 0,2 % Si und 0,9 bis 1,1 % Cr hergestellt wurden, übertreffen. Dies wurde ver-

---

[1] Finlayson, A.: Iron Age 43 (20. 7. 1939).

[2] Cone, E. F.: Metals & Alloys 9, Nr. 10, 275 (1938).

suchsmäßig und im Motor nachgewiesen. Die Ursache dieser Überlegenheit sieht man vor allem in der günstigen, durch das besondere Herstellungsverfahren bedingten Ausbildung des Primärgefüges, während das Sekundärgefüge des Stahlgusses und der bisher gebräuchlichen Schmiedestücke keine Unterschiede aufweist.

b) Stahlguß mit hohem Kohlenstoffgehalt. Kupferstahlguß mit hohem Kohlenstoffgehalt ist vor allem durch die Gußkurbelwellen für den Ford-V-8-Motor bekannt geworden. Die Verwendung des Kupfers in diesem Kurbelwellen-Gußwerkstoff und ähnlichen Werkstoffen für andere Zwecke (auch weiter unten) wird außer mit der Verbesserung der Festigkeitseigenschaften vor allem damit begründet, daß das Kupfer die Leichtflüssigkeit des hochgekohlten Stahlgusses erheblich erhöht, die Schrumpfung vermindert und die Dichtheit des Gusses verbessert[1]. Die Frage, ob die hochgekohlten, kupferhaltigen Gußwerkstoffe von der Art der Kurbelwellen-Gußlegierung, die im wärmebehandelten Zustand Temperkohle enthalten, noch als Stähle anzusprechen seien, wurde von R. H. McCarroll[2] mit folgender Begründung bejahend beantwortet:

1. Der Kohlenstoffgehalt der Werkstoffe liegt im Bereich der Kohlenstoffgehalte des Stahls.

2. Der Elastizitätsmodul entspricht mit 20000 bis 21000 kg/mm² dem des Stahls.

3. In seinen gesamten Eigenschaften entspricht der Werkstoff mehr dem Stahl als irgendeiner Art von Gußeisen oder Temperguß.

Da die Werkstoffe von der Art des Ford-Kurbelwellen-Gußstahls neuartig sind, soll der Werdegang des letzteren an Hand einer zusammenfassenden Darstellung von H. Cornelius und F. Bollenrath[3] kurz beschrieben werden[4, 5]: Zunächst unternommene Versuche, den für geschmiedete Kurbelwellen verwendeten Stahl (0,35 bis 0,4% C, 0,7 bis 0,9% Mn, 0,07 bis 0,15% Si, max. 0,03% P und max. 0,03% S) zu gießen, führten zum Einbrennen in die Formen und zum Verwerfen durch Schrumpfen in den dickeren Querschnitten. Erhöhung des Kohlenstoffgehaltes auf 2,5% und des Siliziumgehaltes auf 2% ergab in Metallgußformen ein weißes, also unbearbeitbares Eisen, das beim Anlassen stark zum Verziehen neigte. Daraufhin ging man zum Guß eines Eisens mit 2% C, 1,75% Si und wechselnden Mengen Cr, Mo und Ni in grünen Sandformen über. Auch diese Güsse erstarrten weiß, zeigten aber einen Fortschritt, bestehend in geringerem Verzug beim Anlassen.

---

[1] U. a. Foley, F. B.: Metal Progr. **30**, 131 (1936). — Cone, E. F.: Metals & Alloys **8**, 303 (1937).

[2] McCarroll, R. H.: Metals & Alloys **7**, 324 (1936).

[3] Cornelius, H. u. F. Bollenrath: Gießerei **1936**, H. 10, 229.

[4] Pat Dwyer: Foundry **41**, 14 u. 47 (1934).

[5] Cone, E. F.: Metals & Alloys **6**, Nr. 10, 259 (1935).

Bei diesem Stand der Versuche ergaben sich als wichtigste Anforderungen an den Kurbelwellenguß:

1. Eingeschränkte Wärmebehandlung zur Verminderung der Gefahr des Verwerfens.

2. Ausreichende Festigkeit und vor allem hohe Verschleißfestigkeit.

3. Im Hinblick auf die Wirtschaftlichkeit war ein Gießverfahren erforderlich, das eine billigere Herstellung der gegossenen gegenüber geschmiedeten Wellen ermöglichte.

Beim Guß des auch für geschmiedete Wellen verwendeten Stahls in trockne Sandformen ergaben sich wiederum Einbrennen in die Form und weitere Gießfehler. Die Verwendung eines höheren Kohlenstoff- (0,5 bis 1%) und Silizium- (bis 2%) Gehaltes führte nicht zur Verbesserung der Vergießbarkeit. Versuche mit 0,75 bis 3% Cu-Zusätzen zeigten die optimale Beeinflussung der Vergießbarkeit und gleichzeitig der mechanischen Eigenschaften bei einem Kupfergehalt von 1,5 bis 2%. Eine Erhöhung des Kohlenstoffgehaltes auf 1,25 bis 1,4% C führte zu einer zusätzlichen Verbesserung der Vergießbarkeit und zu erhöhtem Verschleißwiderstand. Am Motor ausgeführte Verschleißversuche ergaben, daß die günstigste Verschleißfestigkeit bei einem Gefüge mit einer Grundmasse aus körnigem Zementit, fein verteilten Temperkohleausscheidungen und dünnem Zementitnetz auf den Korngrenzen vorliegt. Ein derartiges Gefüge zeigt gleichzeitig gute Bearbeitbarkeit und hohe Festigkeitseigenschaften. Es war durch Wärmebehandlung leicht erzielbar bei einem Zusatz von etwa 0,5% Cr. Wesentlich niedrigere Chromgehalte führten zum völligen Verschwinden des feinen Zementitnetzes, wesentlich höhere durch Überdeckung des graphitisierenden Einflusses von Kupfer und Silizium, der die gewünschte Einschränkung der Wärmebehandlung[1] und damit der Verzuggefahr bedingt, zur weißen Erstarrung und damit zur schlechten Bearbeitbarkeit auch nach der Wärmebehandlung. Die unter den besprochenen Gesichtspunkten entwickelte Legierung hatte die folgende Zusammensetzung (Legierung Nr. 1): 1,25 bis 1,4% C, 0,5 bis 0,6% Mn, 1,9 bis 2,1% Si, 2,5 bis 2,75% Cu, 0,35 bis 0,4% Cr, max. 0,1% P und 0,06% S.

Die Wellen sind nach dem Guß spröde. Sie erhalten das oben beschriebene Gefüge und damit ihre günstigen Eigenschaften nach Dwyer durch Glühen bei 800° mit anschließender Luftabkühlung auf 420°, erneutes Glühen bei 800°, rasche Abkühlung auf 420° und anschließende langsame Abkühlung. Nach B. Finney[2] wird folgende Wärmebehandlung vorgenommen: Erhitzung auf 900° (20 min), Abkühlen auf 540°, Gesamtdauer dieser Behandlung 1,5 Stunden. Erneutes Erhitzen auf 760° (9 min) und langsame Abkühlung auf 370° (Gesamtdauer 2 Stunden).

---

[1] Bildung von Primärgraphitkeimen, die den Zerfall der Karbide beim Glühen begünstigen.

[2] Finney, B.: Iron Age **133**, Nr 15, 28 (1934).

Anschließend endgültige Abkühlung. Die Härte von 340 bis 360 B.E. im Gußzustand wird durch die Wärmebehandlung auf 300 B.E. im Durchschnitt erniedrigt. E. E. Thum[1] gibt folgende Behandlung an. Die Wellen werden im kontinuierlichen elektrischen Ofen auf 900° erhitzt, im Luftstrom auf 540° abgekühlt, auf dem oberen Herd des gleichen Ofens auf 760° erhitzt und an Luft abgekühlt (Härte 286 bis 321 B.E., Bearbeitung mittels Schnelldrehstahl). Die von Cone (zit. S. 181) schließlich angegebene Wärmebehandlung besteht aus einer Glühung bei 900° mit nachfolgender Luftabkühlung und einer weiteren Glühung bei 760° mit langsamer Abkühlung.

Kurbelwellen aus diesem Werkstoff haben sich im Betriebe gut bewährt. Zur Verbesserung ihres Verhaltens gegen stoßartige Beanspruchungen wurden Kupfer- und Siliziumgehalt erniedrigt und, wahrscheinlich zur Gleichhaltung der übrigen Eigenschaften, der Kohlenstoffgehalt erhöht. Damit weist die heute verwendete Legierung folgende Zusammensetzung auf (Legierung Nr. 2): 1,35 bis 1,6% C, 0,6 bis 0,8% Mn, 0,85 bis 1,1% Si, 1,5 bis 2% Cu, 0,4 bis 0,5% Cr, max. 0,1% P und 0,06% S.

Der Guß dieser im Elektroofen aus 50% Stahlschrott und 50% Gußabfall von Kurbelwellen hergestellten Legierungen erfolgt in trockne Sandformen. Die Wirtschaftlichkeit des Gießverfahrens ist durch gleichzeitigen Guß von 4 Wellen in einer Form mit zentralem Einguß erreicht. Die stehende Form wird aus 16 getrennt hergestellten und getrockneten Flachkernen[2], die aufeinandergesetzt werden, zusammengebaut. Die Verbindungen zwischen dem zentralen Einguß und den vier Formen liegen etwa in halber Höhe der Wellen. Haupt-, Verbindungseingüsse und Steiger sind reichlich bemessen.

Die Wärmebehandlung der Legierung Nr. 2 weicht von der der Legierung Nr. 1 ab. Nach Cone (zit. S. 181) werden die Wellen im gasbeheizten Ofen 20 min auf 900° gehalten, an Luft auf mindestens 650° abgekühlt, wiedererhitzt auf etwa 800°, hier 1 Stunde gehalten und in einer weiteren Stunde abgekühlt. Das Gefüge entspricht dem der Legierung Nr. 1. Die Anwesenheit von Temperkohle ist für die guten Laufeigenschaften von besonderer Bedeutung.

Die an Probestäben festgestellten Festigkeitseigenschaften sind folgende:

Elastizitätsgrenze	64,0 und	65,7 kg/mm²
Zugfestigkeit	76,0 ,,	75,2 kg/mm²
Dehnung	2,5 ,,	3,0%
Einschnürung	2,5 ,,	2,0%
Brinellhärte	269,0 ,,	269,0 kg/mm².

---

[1] Thum, E. E.: Metal Progr. **25**, Nr 2, 15 (1934).

[2] Eine Formmaschine stellt 3200 derartige Formteile in 8 Stunden her. Hiermit können 200 Formen zugestellt werden, die den Guß von 800 Wellen zulassen.

Die Härte der Wellen liegt im Mittel bei etwa 300 B.E. Die fertigen
Wellen werden, an beiden Enden gelagert, einem Schlagversuch (22,7 kg,
Fallhöhe 1016 mm) unterworfen. Bei einer Verdrehungsbeanspruchung
von etwa der zehnfachen Größe der im Betrieb wahrscheinlich auftretenden versagen die Wellen nicht.

Einen Gewichtsvergleich und einen Vergleich der bei gegossenen und
geschmiedeten Kurbelwellen zu zerspanenden Werkstoffmengen zeigt die
folgende Zusammenstellung:

	Rohgewicht kg	Fertiggewicht kg	Zerspante Werkstoffmenge kg
Gegossen	31,3	27,2	4,1
Geschmiedet . . .	37,6	29,9	7,7

Von September 1933 bis etwa zum gleichen Zeitpunkt 1935 wurden
1 500 000 Kurbelwellen gegossen. Die höchste Erzeugung an einem
Tage betrug 6500 Wellen.

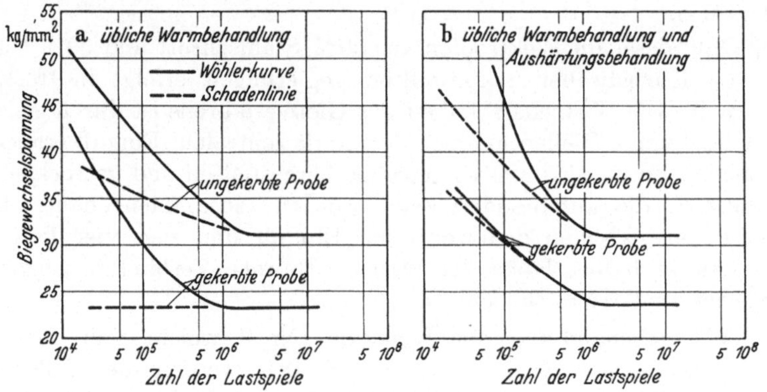

Abb. 137a und b. Biegewechselfestigkeit und Schadenlinie von Ford-Kurbelwellenguß,
ermittelt an glatten und scharf gekerbten Proben verschiedener Vorbehandlung (Russel).

Die gegossenen Wellen haben sich bezüglich ihres Verhaltens im
Betriebe und ihrer Lebensdauer den geschmiedeten Wellen überlegen
gezeigt.

Aus den Abb. 137a und b geht die Höhe der Biegewechselfestigkeit
für glatte und gekerbte Probestäbe (90°-Spitzkerb) aus einer Ford-Guß-
legierung mit 1,66% C, 0,89% Si, 0,70% Mn, 1,78% Cu und 0,65% Cr
hervor. Nach üblicher Warmbehandlung, sowie nach einer außerdem
vorgenommenen Aushärtungsbehandlung liegt die Dauerfestigkeit der
glatten Proben gleichermaßen bei 32 kg/mm², die der gekerbten Proben
bei 23 bis 24 kg/mm². Die Kerbwirkungszahl ist wegen des Vorhanden-
seins von Temperkohle, die eine innere Kerbwirkung schon am glatten
Stab erzeugt, verhältnismäßig klein. Die zusätzliche Aushärtungs-

behandlung, die die Festigkeitseigenschaften des Stahlgusses nicht beeinflußt, was auf Grund des hohen Kohlenstoffgehaltes zu erwarten war, wirkt sich jedoch außerordentlich günstig auf die Lage der Schadenlinie aus (vgl. Abb. 135a und b). Besonders im gekerbten Zustand besitzt die Dauerfestigkeit des einer Aushärtungsbehandlung unterworfenen Stahlgusses eine hohe Unempfindlichkeit gegen Überbeanspruchungen. Die Schadenlinie fällt fast mit der Wöhlerkurve zusammen (Abb. 137b)[1].

Kurbelwellen aus Ford-Stahlguß werden auch in Deutschland hergestellt, und auch die Forschung hat sich hier mit ihnen befaßt. Dabei interessierte besonders die Frage, ob die Gußkurbelwelle in der Lage sei, selbst Kurbelwellen geeigneter Formgebung aus hochwertigem Vergütungsstahl zu ersetzen. Man versprach sich viel von der Kerbunempfindlichkeit und der Dämpfungsfähigkeit der Graphit- bzw. Temperkohle enthaltenden Gußwerkstoffe. Diese im Schrifttum behandelten Vorteile der Gußwerkstoffe und die nachgewiesene Verwendbarkeit der Stahlguß-Kurbelwellen in Automobilmotoren veranlaßten K. Lürenbaum[2] zur Untersuchung der Aussichten für die Verwendung von Gußkurbelwellen auch im Flugmotor. Die Verdrehschwingungsversuche wurden an zylindrischen Hohlstäben, Nockenwellen und naturgroßen

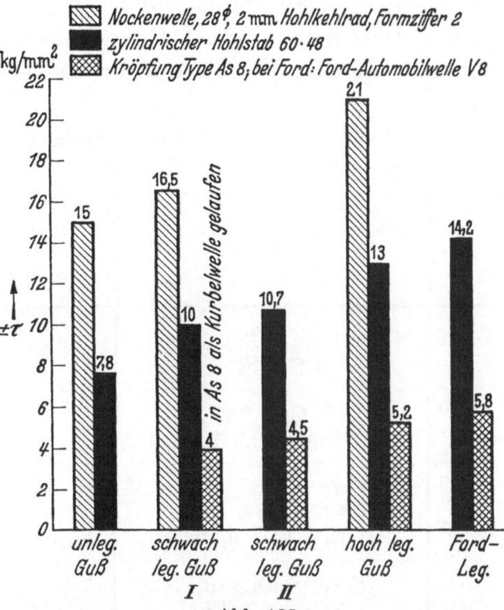

Abb. 138.
Verdrehdauerhaltbarkeit verschiedener Formteile aus verschiedenen Gußlegierungen (Lürenbaum).
Gußeisen: Unlegiert: Grauguß mit rein perlitischer Grundmasse und feinädriger Graphitverteilung 2,8 C; 2,2 Si; 0,8 Mn; 0,08 P; 0,08 S. Schwach legiert I: 2,8 C; 2,2 Si; 0,8 Mn; 0,1 P; 0,08 S; 0,2 Cr; 0,6 Ni. Schwach legiert II: 3,25 C; 1,92 Si; 0,64 Mn; 0,242 P; 0,02 S; 0,75 Cr; 0,48 Ni; 0,5 Mo. Hoch legiert: Wärmebehandelter Grauguß mit perlitisch-martensitischer Grundmasse und knötchenartiger Graphitverteilung 2,8 C (1,4 Graph.); 1,6 Si; 0,5 Mn; 0,06 P; 0,02 S; 1,5 Cu; 0,8 Ni; 0,2 Cr; 0,7 Mo. Von 850° in Öl abgeschreckt und Anlassen auf 360°.
Ford-Legierung: 1,43 C; 0,93 Si; 0,69 Mn; 0,55 Cr; 1,64 Cu; 0,25 Graphit; 0,07 P; 0,04 S. Vorgeschriebene Warmbehandlung, Bruch ähnlich wie bei Stahl.

Kurbelwellen-Einzelkröpfungen ausgeführt. Die Zusammensetzung der Formteile aus dem Ford-Kupfer-Silizium-Stahlguß und aus Gußeisen (davon das eine mit 1,5% Cu), sowie die Angaben über die Verdrehdauerhaltbarkeiten enthält die Abb. 138. Der Kupfer-Silizium-Stahlguß ergab mit ± 5,8 kg/mm² den höchsten Wert der Kröpfungsgestaltfestigkeit

---

[1] Russell, H. W.: Metals & Alloys 7, 321 (1936).

[2] Lürenbaum, K.: Jahrbuch 1936 der Lilienthalgesellschaft für Luftfahrtforschung, S. 348.

aller untersuchten Gußwerkstoffe. Trotzdem lag er damit weit unter den mit hochwertigen Kurbelwellenstählen erreichbaren Werten.

Nach K. Lürenbaum kommen bei dem heutigen Stand der Gußwerkstoffe, die auf Grund ihres Gehaltes an Graphit gegen äußere Kerbwirkungen weitgehend unempfindlich sind, Kurbelwellen aus diesen Werkstoffen für Flugmotoren nicht in Betracht. Eine wesentliche Verbesserung der Dauerhaltbarkeit durch Formgebungsmaßnahmen scheitert nach Lürenbaum an der Kerbunempfindlichkeit der Gußwerkstoffe, die unter diesem Gesichtspunkt als Nachteil angesehen werden könnte.

Zahlentafel 56. Vergleich der Dauerhaltbarkeit von Gußkurbelwellen mit der Form der Ford-V-8-Welle (außer Nr. 6) (Bandow).

Nr.	Werkstoff	Zugfestigkeit	Verdrehdauerhaltbarkeit	Biegedauerhaltbarkeit	
		kg/mm²			
				a [1]	b [2]
3	Perlitguß, 3,3% C, 1,8% Si	27	5,8	5,5	2,1
4	2,8% C, 1,9% Si, 0,7% Mo, 0,3% Cu	33	6,0	—	—
5	Ford Stahlguß, 1,5 C; 1,0% Si, 1,75% Cu; 0,45 Cr	75	8,5	10,5	4,7
6 [3]	Ford Stahlguß, 1,5 C; 1,0% Si, 1,75% Cu; 0,45 Cr	75	12,3	—	10,0

Diese Feststellungen gelten allerdings für den hochwertigen Kupfer-Silizium-Stahlguß mit nur kleinen Temperkohle-Einschlüssen nur in beschränktem Maße. So konnte K. Bandow[4], der nach Zahlentafel 56 auch die Überlegenheit des Kupfer-Silizium-Stahlgusses über andere Gußwerkstoffe hinsichtlich Dauerhaltbarkeit von Kurbelwellen feststellte, durch Ersetzen der Form der V-8-Welle durch eine günstigere eine beträchtliche Erhöhung der Dauerhaltbarkeit der Kupfer-Silizium-Stahlgußwelle erzielen. Die als Vorteil der Gußkurbelwellen angesehene, im Vergleich zu Stahl hohe Werkstoffdämpfung fällt nach Lürenbaum nicht wesentlich ins Gewicht, da die Werkstoffdämpfung nur etwa 30% der Gesamtdämpfung des in Resonanz schwingenden Triebwerks ausmacht. Eine erhöhte Werkstoffdämpfung beeinflußt also nur einen kleinen Teil der Gesamtdämpfung.

---

[1] Bezogen auf den Querschnitt der Kurbelwangen an dem Hauptlagerzapfen.
[2] Bezogen auf den Kurbelzapfenquerschnitt.
[3] Neue Form der Kurbelwelle.
[4] Bandow, K.: Masch.-Bau Betrieb 17, 635 (1938).

Außer für Kurbelwellen wird der Kupfer-Silizium-Stahlguß auch für Lagerbuchsen und zu härtende Teile benutzt. Die Abschreckung geschieht in Öl; es folgt ein Anlassen[1].

In Anlehnung an die Erfahrungen mit dem Kurbelwellen-Stahlguß wurde von Ford auch ein Stahlguß für Automobilkolben[2] entwickelt. Diese werden normalerweise aus Aluminiumlegierungen oder Gußeisen hergestellt. An den Stahlgußkolben, der von Haus aus etwa die gleiche Wärmeausdehnung wie der gußeiserne Zylinderblock besitzt, wurde die Forderung nach hoher Verschleißfestigkeit und einem Gewicht, das nicht höher als das des Aluminiumkolbens sein sollte, gestellt. Die letzte Bedingung setzt also einen dünnwandigen Stahl hoher Festigkeit voraus. Der verwendete Stahlguß hat folgende Zusammensetzung: 1,35 bis 1,7% C, 0,6 bis 1,0% Mn, 0,9 bis 1,3% Si, max. 0,08% S, max. 0,10% P, 2,5 bis 3,0% Cu, 0,15 bis 0,2% Cr. Eine ausreichende Festigkeit wäre auch mit niedrigeren Gehalten an Kohlenstoff, Kupfer und Silizium zu erreichen; jedoch waren die angegebenen Gehalte erforderlich, um eine ausreichende Gießbarkeit sicherzustellen. Mit höheren Gehalten an Kohlenstoff und Silizium könnte zwar die Gießbarkeit noch weiter verbessert werden, doch würden sich ungenügende Festigkeitseigenschaften ergeben. Außerdem ist die angegebene Zusammensetzung in bezug auf Vermeidung des Verwerfens und Wachsens bei der Warmbehandlung günstig. Dies ist insofern besonders wichtig, als bei den Kolben mit zum Teil weniger als 1 mm Wandstärke eine kleine Gewichtstoleranz eingehalten werden muß. Das für die Zerspanbarkeit und das Laufverhalten der Kolben am besten geeignete Gefüge mit körnigem Zementit und Temperkohleausscheidungen wird durch folgende Warmbehandlung erzielt: Erhitzen auf 900°, 20 min Halten, Luftabkühlung auf 650°, Wiedererhitzen auf 760°, 60 min Halten, Abkühlen auf 540° in 1 Stunde. Der so behandelte Stahlguß hat etwa folgende Eigenschaften:

$$
\begin{aligned}
&\text{Elastizitätsgrenze} \ldots \ldots \ldots \ldots \; 49\ \text{kg/mm}^2 \\
&\text{Zugfestigkeit} \ldots \ldots \ldots \ldots \; 63\ \text{kg/mm}^2 \\
&\text{Dehnung } (\delta_5) \ldots \ldots \ldots \ldots \; 5,0\% \\
&\text{Brinellhärte} \ldots \ldots \ldots \ldots \; 207\ \text{bis}\ 240\ \text{kg/mm}^2.
\end{aligned}
$$

Der Guß erfolgt in grüne Sandformen.

Neuerdings[3] wird eine von der vorgenannten abweichende Zusammensetzung für den Kolben-Stahlguß genannt: 1,4 bis 1,6% C, 1,0 bis 1,5% Cu, 0,9 bis 1,1% Si, 0,8 bis 1,0% Mn, 0,08 bis 0,15% Cr. Nach der gleichen Warmbehandlung, die für die erstgenannte Legierung angegeben wurde, hat diese Legierung eine etwas niedrigere Brinellhärte von 190 bis 225 kg/mm².

---

[1] McCarroll, R. H.: Foundry **66**, Nr 10, 30 (1938).
[2] Cone, E. F.: Metals & Alloys **7**, 85 (1936).
[3] MacCarroll, R. H.: Foundry **66**, Nr 10, 30 (1938).

Schließlich wurde bei Ford noch ein chromfreier Kupfer-Silizium-Stahlguß für Bremstrommeln entwickelt, den E. F. Cone[1] beschrieben hat. Der Stahlguß enthält 1,55 bis 1,7% C, 0,9 bis 1,1% Si, 2,0 bis 2,25% Cu, 0,7 bis 0,9% Mn, max. 0,08% S und max. 0,1% P und wird ebenso warmbehandelt wie der Stahlguß für Kolben. Das Gefüge, das im Gußzustand Zementit als Korngrenzennetz und als Nadeln in einer perlitisch-troostischen Grundmasse aufweist, besteht nach der Warmbehandlung vorwiegend aus gut ausgebildetem Perlit mit rundlichen Temperkohleeinschlüssen. Neben der Begünstigung der Gießbarkeit und der Temperwirkung soll das Kupfer dem Grundgefüge eine erhöhte Härte verleihen, und besonders die Härte von kleinen Ferritinseln, die nach der Warmbehandlung auftreten können, erhöhen. Eine größere Härte und damit bessere Bremseigenschaften der Trommeln könnten durch Steigerung des Mangan- oder Chromgehaltes erreicht werden. Im Hinblick auf die damit verbundene Erschwerung und Verteuerung der spanabhebenden Bearbeitung wurde aber auf diese Maßnahme verzichtet. Der warmbehandelte Stahlguß hat die folgenden Festigkeitseigenschaften:

Elastizitätsgrenze . . . . $49\ \mathrm{kg/mm^2}$
Zugfestigkeit . . . . $60\ \mathrm{kg/mm^2}$
Dehnung (δ_5) 7%
Brinellhärte . . . . $220\ \mathrm{kg/mm^2}.$

5. Sonderwerkstoffe.

Die weiter oben schon erwähnten kupferreichen Eisenlegierungen mit vorzugsweise 50% Cu werden von W. Kroll[2] für Gegenstände empfohlen, die wie Kolben, Zylinder und Führungen von Kraftmaschinen einen guten Wärmedurchgang, geringe Wärmedehnung und große Warmhärte bei guten Gleiteigenschaften haben sollen. In diesem Zusammenhang ist auch die Abb. 139 von einigem Interesse, die die Festigkeitseigenschaften einer geschmiedeten Legierung mit 50% Fe und 50% Cu in Abhängigkeit von der Temperatur wiedergibt. Die Zugfestigkeit bleibt bis etwa 300°, die Dehnung bis etwa 400° nahezu konstant, während Streckgrenze und Einschnürung bei Temperatursteigerung über Raumtemperatur sofort abfallen. Oberhalb 750° steigen Dehnung und Einschnürung sehr stark an, und zwar auf 140 bzw. 70% bei 870°.

Die gleich zusammengesetzten Legierungen wurden von E. E. Schuhmacher und A. G. Souden (zit. S. 5) auf ihre Eignung für elektrische Leitungsdrähte untersucht, die bei relativ hoher elektrischer Leitfähigkeit eine hohe Zugfestigkeit und ausreichende Korrosionsbeständigkeit haben sollen. Die wichtigsten Feststellungen an Legierungen mit 37,5 bis 70% Cu, insbesondere mit 50% Fe und 50% Cu waren folgende:

<hr>

[1] Cone, E. F.: Metals & Alloys 8, 303 (1937).
[2] DRP. 655 547.

1. Die günstigste Kombination von elektrischer Leitfähigkeit und Zugfestigkeit wird erreicht durch Aushärten bei 500° und anschließendes Kaltziehen der Drähte.

2. Mit 50 Cu—50 Fe erzielt man eine Leitfähigkeit von 30% der des weichgeglühten Kupfers und eine Zugfestigkeit von 126 bis 134 kg/mm².

3. Die Korrosionsbeständigkeit (365 Tage an der Atmosphäre) nimmt mit zunehmendem Eisengehalt ab. An Landluft dürften die Legierungen ausreichend beständig sein. Sie sind für die Verwendung in See- oder Industrieluft ungeschützt dagegen nicht geeignet.

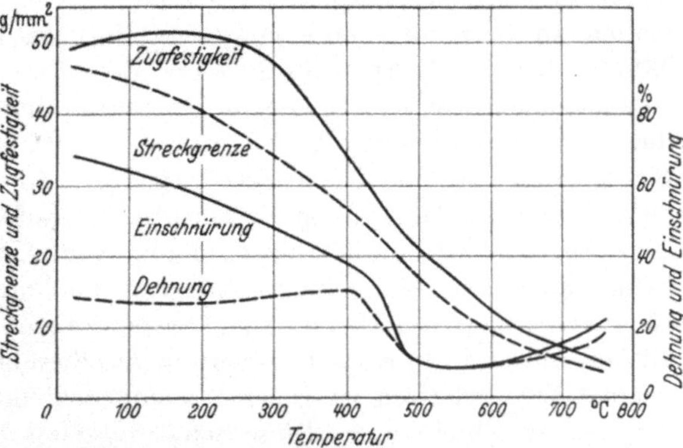

Abb. 139. Ergebnisse von Zerreißversuchen kurzer Dauer in der Wärme an einer geschmiedeten Legierung mit 50% Cu und 50% Fe (Simpson und Banister).

4. Die 50 Fe—50 Cu-Legierung läßt sich gut verzinnen.

In Abb. 140 ist das Gefüge im Längsschnitt eines Drahtes aus einer 50 Fe-50 Cu-Legierung wiedergegeben, der von 6,4 mm auf 1 mm Durchmesser kalt heruntergezogen wurde. Der eisenreiche Mischkristall erscheint hell, der kupferreiche dunkel.

Eine technische Bedeutung hat der Zusatz von Kupfer zu Stählen und Legierungen mit magnetischen Sondereigenschaften. Ein Stahl mit 0,4% C, 14% Mn, 3% Al und 2 bis 3% Cu kann als Austauschwerkstoff für nickelhaltige, unmagnetische Stähle dienen[1] (z. B. 0,1 bis 0,4% C, 25 bis 26% Ni oder 0,5% C, 14 bis 16% Ni und 4,5 bis 5,5% Mn). Die ternären Aushärtungsbandkernwerk-

Abb. 140. Kaltgezogener Draht aus einer Legierung mit 50% Cu und 50% Fe. Längsschnitt. Geätzt mit NH₄OH — H₂O₂. $V = 125$ (Schuhmacher und Souden).

stoffe für Pupinspulen[2] enthalten Eisen und Nickel im Verhältnis 60 zu 40 bis 45 zu 55 und außerdem 9 bis 15% Cu. Die Legierungen, die

---

[1] Messkin, W. S. u. B. E. Sonin: Katschestw. Stal **1935**, Nr 7, 15/22. Nach Stahl u. Eisen **56**, 744 (1936).

[2] Bumm, H. u. H. G. Müller: Wiss. Veröff. Siemens-Werk **17**, 126 (1938).

sich nach geeigneter Vorbehandlung durch eine in allen Richtungen
der Blechebene anomal kleine Remanenz auszeichnen, sind weiter oben
schon ausführlicher besprochen worden. Auch in Dauermagnet-Werk-
stoffen spielt Kupfer eine gewisse Rolle. In Legierungen mit 20 bis
33% Ni, 9 bis 12% Al, 5 bis 20% Co, Rest Fe, die zur Erreichung ihrer
magnetischen Bestwerte eine Abschreckbehandlung erfordern, führt allerdings ein Kupferzusatz bzw. ein teilweiser Ersatz des Nickels durch
Kupfer nicht zu einem günstigen Ergebnis. In Legierungen mit 20 bis
28% Ni, 9 bis 15% Al, Rest Fe bewirkten Kupferzusätze eine Erhöhung
der Koerzitivkraft im Gußzustand ohne die Remanenz zu beeinträchtigen. Es gelangten Kupferzusätze von 3,6 und 9% zur Anwendung[1].
Nach Horsburgh und Tetley[2] erwies es sich als schwierig, mit Eisen-
Nickel-Aluminium-Kobalt-Legierungen besonders hochwertige Dauer-
magnet-Eigenschaften zu erzielen, wenn nicht die Wandstärke der Guß-
magnete sehr klein war. Diese Schwierigkeit konnte durch Zusatz von
Kupfer behoben werden. Es ergab sich eine Legierung mit 18% Ni,
10% Al, 12% Co und 6% Cu, Rest Fe. Die Remanenz (5800 bis 6300 Gauß)
und die Koerzitivkraft (700 bis 750 Oersted) dieser Legierung werden
nur noch übertroffen von den entsprechenden Eigenschaften des neuen
K.S.-Stahls (Honda, Masumoto und Shirakawa) auf der Legierungs-
grundlage Eisen-Kobalt-Nickel-Titan. (Dieser Werkstoff ermöglicht die
Erzielung einer Remanenz von 6000 bis 6500 Gauß bei einer Koerzitivkraft von 750 bis 900 Oersted).

Es soll noch erwähnt werden, daß Kupfer wie alle übrigen Beimengungen (außer Kobalt) zu Invarstahl (35 bis 37% Ni) dessen Niedrigstwert der thermischen Ausdehnung erhöht. Den Einfluß des Kupfers
kennzeichnen die folgenden Vergleichszahlen. Der Niedrigstwert der
Ausdehnung wird erhöht

$$
\begin{array}{lll}
\text{durch} & 1\%\ \text{C} & \text{um } 5{,}0 \;\cdot 10^{-6}\ \text{mm/mm°C}\\
\text{,,} & 1\%\ \text{Si} & \text{,, } 1{,}5 \;\cdot 10^{-6}\ \text{mm/mm°C}\\
\text{,,} & 1\%\ \text{Mn} & \text{,, } 1{,}0 \;\cdot 10^{-6}\ \text{mm/mm°C}\\
\text{,,} & 1\%\ \text{Cr} & \text{,, } 1{,}0 \;\cdot 10^{-6}\ \text{mm/mm°C}\\
\text{und} & 1\%\ \text{Cu} & \text{,, } 0{,}65 \cdot 10^{-6}\ \text{mm/mm°C.}
\end{array}
$$

Der Niedrigstwert der Ausdehnung bleibt aber in der ursprünglichen
Größe erhalten, wenn man je 1%-Kupferzusatz den Nickelgehalt um
0,4% herabsetzt. Praktisch ist ein Kupferzusatz zum Invar jedoch bedeutungslos[3].

---

[1] Zaymovski, A., P. Deniso u. N. Volkenstein: Katschestw. Stal **18**,
Nr 5, 60 (1938). Nach Nickel-Ber. **1939**, Nr 2, 29.

[2] Nach J. A. Rabbitt: Japan. Nickel Rev. **7**, Nr 1, 4 (1939).

[3] Guillaume, Ch. E.: Génie civ. **77**, 16 (1920).

B. Kupfer im Gußeisen.

I. Einleitung.

R. Vazie hat im Jahre 1822 ein Patent auf den Zusatz von 1% Messing zu Gußeisen genommen. Der Zusatz, in dem das Kupfer wahrscheinlich der ausschlaggebende Bestandteil war, sollte das Gußeisen beständiger gegen den Angriff durch saure Grubenwässer machen. Bevor Untersuchungen über die Wirkung des Kupfers auf Gußeisen vorlagen, bestand die Ansicht, daß Kupfer die gleiche Wirkung wie Schwefel auf Gußeisen ausübe[1]. Die ersten Angaben über die Eigenschaften von kupferhaltigem Gußeisen auf Grund von Versuchen dürften von W. Lipin[2] stammen. Nach ihm erhöhen Kupfergehalte bis zu 7% die Dünnflüssigkeit des Gußeisens. Auf die Form des Kohlenstoffs schien Kupfer keinen Einfluß zu haben. Das Eisen blieb bis 4,9% Kupfergehalt grau. Die Zugfestigkeit zeigte mit zunehmendem Kupfergehalt eine steigende Tendenz. Im ganzen gesehen schien ein Kupferzusatz zum Gußeisen weder Vornoch Nachteile mit sich zu bringen. Nach Lipin haben zahlreiche Forscher die Frage der Wirkung des Kupfers im Gußeisen bearbeitet. Auf ihre Ergebnisse wird in den folgenden Abschnitten eingegangen, wobei noch zahlreiche Lücken unserer Kenntnisse hervortreten werden. Die technische Bedeutung eines Zusatzes von Kupfer allein zum Gußeisen ist auch zur Zeit noch gering und auf Einzelfälle beschränkt. Eine wesentliche praktische Bedeutung hat ein Kupfergehalt nur in hochlegiertem austenitischen Gußeisen erlangt, bei dessen Erschmelzung Monelschrott verwendet wird. Dieses Eisen, das noch eingehend zu behandeln ist, enthält daher vor allem noch Nickel, sowie in den meisten Fällen auch Chrom.

II. Der Aufbau des kupferhaltigen Gußeisens.

Hinsichtlich der Löslichkeit von flüssigem Kupfer in flüssigen Eisen-Kohlenstofflegierungen mit Kohlenstoffgehalten bis 3,6% sei auf die von Iwasé und Mitarbeitern untersuchten und in den Abb. 6 und 7 wiedergegebenen Gleichgewichte des flüssigen Systems Eisen-Kupfer-Kohlenstoff für 1450 und 1540° verwiesen. Die Löslichkeit des Kupfers in flüssigen Eisen-Kohlenstoff-Legierungen nimmt mit steigendem Kohlenstoffgehalt ab. Bei 1450° und 1,8% C sind etwa 14,5% Cu, bei der gleichen Temperatur und 3,6% C noch etwa 6,0% Cu im flüssigen Eisen löslich. Die technisch in Betracht kommenden Zusätze liegen außer bei austenitischem, mehrfach legiertem Gußeisen weit unter der Löslichkeitsgrenze von 6% Cu bei 3,6% C. Daher sind in der Praxis keine Entmischungen zu erwarten. Auf das in Abb. 5 dargestellte Dreistoffsystem

---

[1] Nach R. Moldenke: Trans. Amer. Inst. min. metallurg. Engrs. **75**, 468 (1927).
[2] Lipin, W.: Stahl u. Eisen **20**, 536 u. 583 (1900).

Eisen-Kupfer-Kohlenstoff nach Ishiwara und Mitarbeitern soll hier nur hingewiesen werden. Da das Randsystem Eisen-Kupfer in mehreren Punkten nicht mehr den neueren Erkenntnissen entspricht, können die Aussagen des Schaubildes wenigstens zum Teil nur als ungefährer Anhalt dienen.

Angaben über die Löslichkeit von Kupfer im technischen Gußeisen sind wiederholt gemacht worden. Sie beruhen zumeist auf Versuchen an nur einer oder wenigen Gußeisensorten und scheinen außerdem nicht den Gleichgewichtsbedingungen zu entsprechen. Nach A. J. N. Smith[1] wurde die Löslichkeit des flüssigen Gußeisens für Kupfer zu 5 bis 9% angegeben. Die feste Löslichkeit des Kupfers in Gußeisen (α-Eisen) wurde früher zu 3 bis 4% Cu angenommen. Dieser Auffassung sind E. Söhnchen und E. Piwowarski[2] auf Grund von Untersuchungen über den Einfluß des Kupfers auf die physikalischen Eigenschaften von Grauguß entgegengetreten. Nach diesen Forschern sind in Gußeisen mit etwa 3% C, 2,25% Si und 0,7% Mn im α-Zustand etwa 0,5 bis 1,0% Cu löslich. Diese Werte erscheinen mit Rücksicht auf die Löslichkeit des Kupfers im reinen α-Eisen (vgl. Abb. 2) annehmbar, sofern man unterstellt, daß sie für Temperaturen in der Nähe von

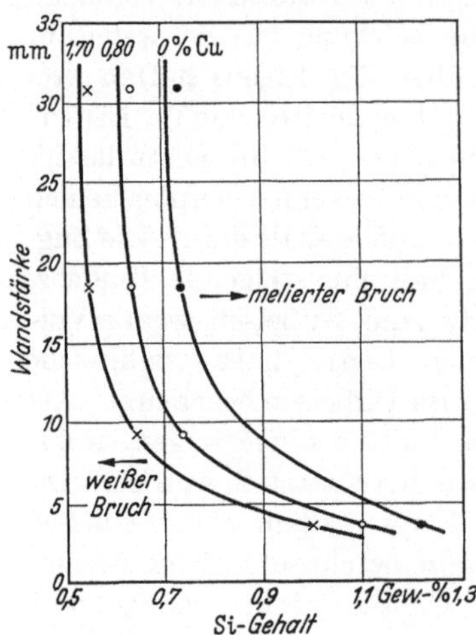

Abb. 141. Beziehungen zwischen Wandstärke, Siliziumgehalt, Kupfergehalt und Graphitbildung von Gußeisen (Lorig und Smith).

mindestens etwa 700° gelten sollen. Über die Löslichkeit des Kupfers in dem im γ-Gebiet befindlichen, technischen Gußeisen scheinen keine Versuche ausgeführt worden zu sein.

Zahlreiche Beobachtungen liegen vor über den Einfluß des Kupfers auf die Graphitbildung. Eine Anzahl Forscher[3] stehen auf dem Standpunkt, daß Kupfer keinen nennenswerten Einfluß auf die Graphitbildung ausübt, bzw. diese Folgerung ergibt sich aus den mitgeteilten Versuchsergebnissen. Die Ansicht, daß Kupfer die Graphitbildung erschwere, ist nur selten vertreten worden[4]; dagegen herrscht die Meinung vor, daß

---

[1] Smith, A. J. N.: Foundry Trade J. **1935**, 402.

[2] Söhnchen, E. u. E. Piwowarski: Gießerei **21**, 449 (1934).

[3] Stead, J. E.: J. Iron. Steel Inst. **1901**, Nr 2, 104. — Hamasumi, W.: Sci. Rep. Tôhoku Univ. **13**, 133 (1924). — Pfannenschmidt, C.: Gießerei **16**, 179 (1929). — Kopp, H.: Mitt. Forsch.-Anst. Gutehoffn., Nürnberg **3**, 192 (1934/35). Söhnchen, E. u. E. Piwowarski: Arch. Eisenhüttenw. **7**, 371 (1933/34).

[4] Lipin, W.: Stahl u. Eisen **20**, 536 u. 583 (1900). — Boegehold, A. L.: US. Patent 1 707 753. 1929.

Kupfer die Graphitbildung bzw. den Zementitzerfall begünstige[1]. Nach
Lorig und Smith[1] entspricht die graphitisierende Wirkung von 0,8 bis
1% Cu etwa der von 0,1% Si, wie auch aus Abb. 141 hervorgeht. In
diesem besonderen Falle enthielt das Gußeisen außer Silizium und Kupfer
2,8 bis 2,9% C, 0,5 bis 0,6% Mn, 0,15% S und 0,15% P. Unter der Annahme einer graphitisierenden Wirkung des Kupfers ist eine Abnahme
der Schrecktiefe mit steigendem Kupfergehalt zu erwarten, die auch
verschiedentlich festgestellt worden ist. Andererseits hat man in dieser
Beziehung auch keinen oder nur einen bedeutungslosen Einfluß beobachtet.
Man ist auf Grund der angeführten Meinungsverschiedenheiten über die
Graphitbildung und die Schrecktiefe
im kupferhaltigen Gußeisen gezwungen
anzunehmen, daß die Wirkung des
Kupfers mit abhängig ist von dem
Gehalt des Gußeisens an weiteren Elementen. Dieser Gedanke ist auch schon
versuchsmäßig nachgeprüft und bestätigt worden. Nach L. W. Eastwood,
A. E. Bousu und C. T. Eddy[2] fördert
Kupfer die Graphitbildung und ver-
mindert die Schreckwirkung in Eisen

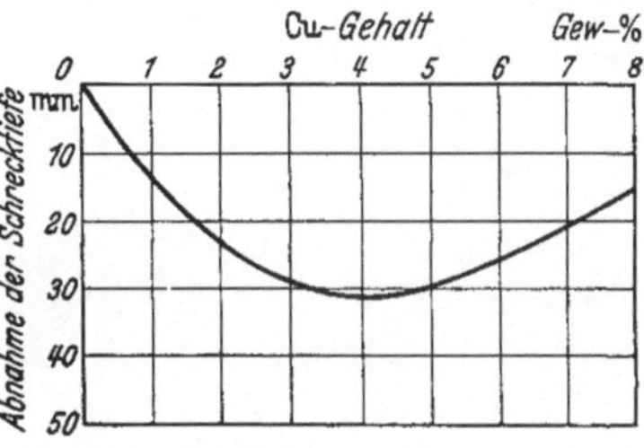

Abb. 142. Einfluß von Kupfer auf die
Schrecktiefe von Hartguß (Taniguchi).

mit niedrigem Siliziumgehalt, während es keine Wirkung ausübt, wenn
der Siliziumgehalt 2% beträgt, und sogar die Graphitbildung schwach
behindert und die Schreckwirkung etwas erhöht, wenn der Siliziumgehalt
größer als 2,5% ist. Diese Ergebnisse scheinen dazu geeignet, scheinbare
Widersprüche im Schrifttum aufzuklären. Neben dieser Rückwirkung der
Zusammensetzung des Gußeisens auf den Einfluß des Kupfers auf die
Graphitbildung ist nach einem Hinweis von A. J. N. Smith[3] auf Ergebnisse englischer Versuche die Höhe des Kupferzusatzes von Bedeutung.
Kupfergehalte von 2 bis 5% sollen die Graphitisierung begünstigen,
während höhere Gehalte im entgegengesetzten Sinne wirken. Der genauere Kupfergehalt zwischen 2 und 5%, bei dem die graphitisierende
Wirkung allmählich aufhört und in eine karbidstabilisierende übergeht,
soll abhängen von der Zusammensetzung des Gußeisens. In diesem
Zusammenhang sei auf die in Abb. 142 wiedergegebenen Versuchsergebnisse von K. Taniguchi[4] über die Abhängigkeit der Schrecktiefe bei

---

[1] Vgl. u. a.: Smalley, O.: Foundry Trade J. **26**, 519 (1922); 27, 3 u. 31 (1923). —
Donaldson, J. W.: Foundry Trade J. **32**, 553 (1925). — Rolfe, R. T.: Iron
Steel Ind. 1, 205 u. 237 (1927/28). — Hurst, J. E.: Iron Steel Ind. 5, 319 u. 363 (1932).
Eddy, C. T.: Foundry **62**, 15 (1934). — Lorig, C. H. u. C. A. Smith: Trans.
Amer. Foundrym. Ass. **42**, 211 (1934). — Hird, J.: Foundry Trade J. **52**, 318 (1935).
[2] Eastwood, L. W., A. E. Bousu u. C. T. Eddy: Trans. Amer. Foundrym.
Ass. **1936** (Mai) 51.
[3] Smith, A. J. N.: Foundry Trade J., 13. Juni **1935**, 402.
[4] Taniguchi, K.: Japan. Nickel Rev.; April **1933**, 28.

Hartguß vom Kupfergehalt hingewiesen. In dem gesamten untersuchten Konzentrationsbereich bis 8 % Cu wurde eine Abnahme der Schrecktiefe festgestellt. Die stärkste Verminderung der Schrecktiefe tritt bei 4 % Cu ein. Sowohl niedrigere wie auch höhere Gehalte wirken schwächer. Diese Feststellungen von Taniguchi sind nicht mit den obigen Angaben

$V = 28$

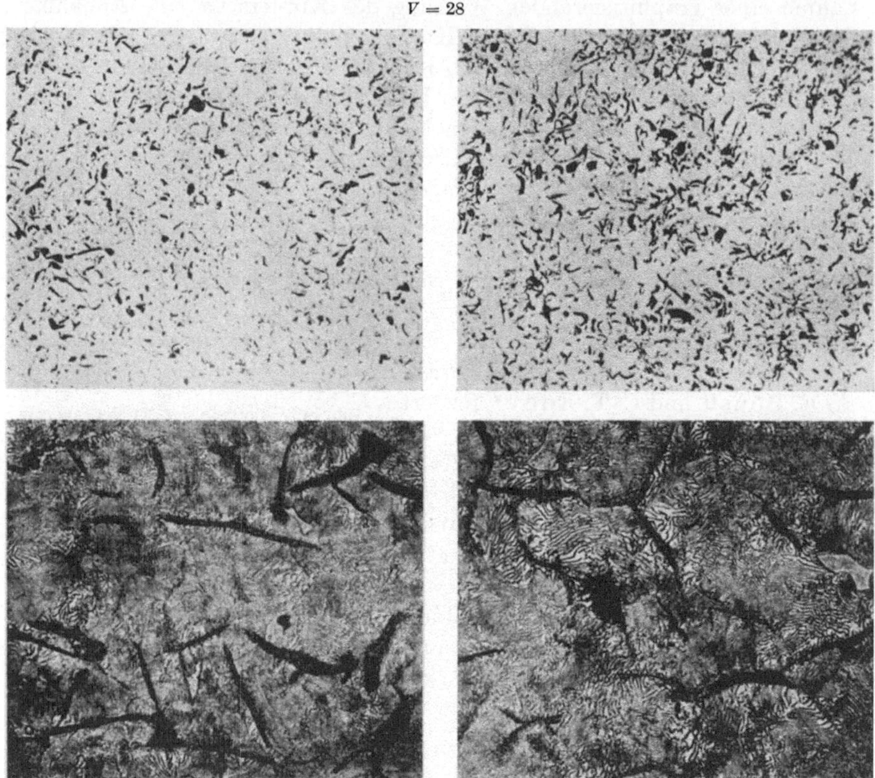

$V = 280$

Abb. 143. Graphitverteilung und Gefüge von Zylinderguß ohne Kupfer (links) und mit 2,36 % Cu (rechts) (Kopp).

nach Smith zu vereinbaren. Über die Bedeutung der Höhe des Kupfergehaltes, ebenso wie der Zusammensetzung des Gußeisens für den Einfluß des Kupfers auf die Graphitbildung sind nach dem Vorstehenden zur weiteren Klärung noch wesentlich mehr Versuche erforderlich.

Der Einfluß des Kupfers auf die Form, Größe und Verteilung des Graphits, sowie auf die Ausbildung der Grundmasse des Gußeisens ist noch nicht völlig geklärt, da offenbar zahlreiche Faktoren vorliegen können, die die Wirkung selbst höherer Kupfergehalte überdecken. Man darf daher mit Sicherheit annehmen, daß die Gefügeausbildung des technischen Gußeisens nicht wesentlich durch einige Prozent Kupfer verändert wird. Auf Grund der bisherigen Erfahrung ist es wahrscheinlich, daß Kupfer eine geringe Graphitverfeinerung hervorruft. Doch wurde auch in dieser Hinsicht die gegenteilige Wirkung eines Kupferzusatzes von 1,35% zu Gußeisen mit 3,7% C, 1,0% Si, 0,1% S, 0,2% P und 0,65% Mn festgestellt. Aus den von H. Kopp[1] mitgeteilten Gefügebildern von Zylinderguß mit 3,3% C, 1,8% Si, 0,75% Mn, 0,4% P, 0,1% S ohne Kupfer und mit einem Kupferzusatz von 2,36% ist überhaupt kein erwähnenswerter Einfluß des Kupfers auf die Gefügeausbildung zu entnehmen. Die Gefügebilder sind in Abb. 143 wiedergegeben. Das kupferhaltige Eisen zeigt einen etwas gröberen und mehr zur Nesterbildung neigenden Graphit. Der von einem Kupferzusatz auf Grund der Erniedrigung der kritischen Abkühlungsgeschwindigkeit durch Kupfer im Stahl zu erwartende Einfluß auf die Grundmasse, also eine Verfeinerung des Perlits bzw. seine Überführung in Sorbit ist aus Abb. 143 nicht zu entnehmen, wurde jedoch von anderer Seite mehrfach beobachtet. So wird unter anderem darauf hingewiesen, daß das Gefüge schwerer Gußteile mit

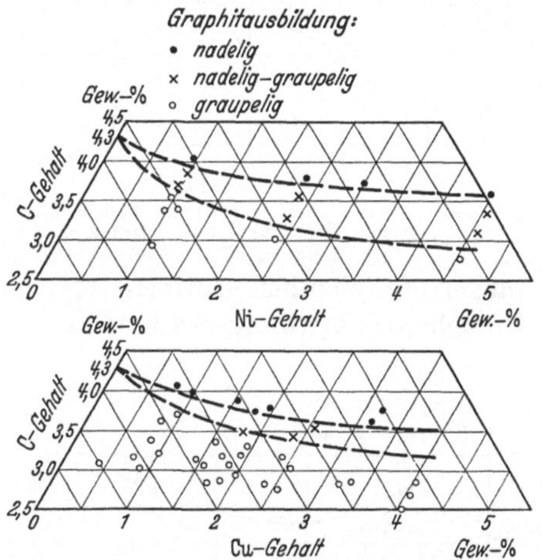

Abb. 144. Einfluß von Kupfer und Nickel auf die Graphitausbildung in untereutektischen Eisen-Kohlenstoff-Legierungen (von Keil und Ebert).

3,2% C, 2,75% Si, 1,0% P und 2,5% Cu, für die ein Nickelzusatz aus preislichen Gründen ausschied, wesentlich günstiger war, als das des entsprechenden kupferfreien Eisens. Im Gegensatz zu diesem enthielt der kupferlegierte Guß nur wenig Ferrit; die Grundmasse war ganz vorwiegend feinperlitisch und der Graphit etwas verfeinert [J. Hird (zit. S. 193)].

Den Einfluß des Kupfers auf die Ausbildung des Graphits in reinen Eisen-Kohlenstoff-Legierungen haben O. von Keil und F. Ebert[2] untersucht. Die Ergebnisse an den untereutektischen, zur weißen Erstarrung neigenden Versuchswerkstoffen enthält Abb. 144, in der zum Vergleich auch die mit Nickelzusätzen erzielten Ergebnisse wiedergegeben sind. Kupfer begünstigt hiernach die Bildung von nadeligem Graphit etwas schwächer als Nickel. Der nadelige Graphit ist nach v. Keil und Ebert das Kennzeichen der Erstarrung nach dem stabilen System, während der graupelige Graphit aus dem Zerfall des metastabilen Eutektikums

---

[1] Kopp, H.: Mitt. Forsch.-Anst. Gutehoffn., Nürnberg **3**, 192 (1934/35).
[2] Keil, O. von u. F. Ebert: Arch. Eisenhüttenw. **6**, 523 (1932/33).

herrührt. Die Grenze zwischen beiden Erscheinungsformen ist bei kupfer- wie auch nickelhaltigen Legierungen nicht scharf.

Der Unterschied zwischen dem kritischen Kohlenstoffgehalt, der in Abb. 144 das Gebiet des nadeligen und graupeligen Graphits voneinander trennt, und dem eutektischen Kohlenstoffgehalt reiner Eisen-Kohlenstoff-Legierungen kann als Maß für die Begünstigung der Erstarrung nach dem stabilen System dienen. Demgemäß zeigt Abb. 145 die graphitfördernde Wirkung von Kupfer und Nickel. Beide Elemente fördern die Graphitbildung in reinen Legierungen nur ziemlich schwach, Kupfer noch schwächer als Nickel. Eine Umkehr der Wirkung des Kupfers bei höheren Gehalten (s. weiter oben) ist nach Abb. 145 nicht zu erwarten. Die die Graphitbildung begünstigende Wirkung von Kupfer und Nickel scheint nach Abb. 145 eine additive Eigenschaft zu sein, die nach von Keil und Ebert auf eine vermehrte Dissoziation des Eisenkarbids in der Schmelze unter dem Einfluß der Legierungszusätze zurückzuführen ist.

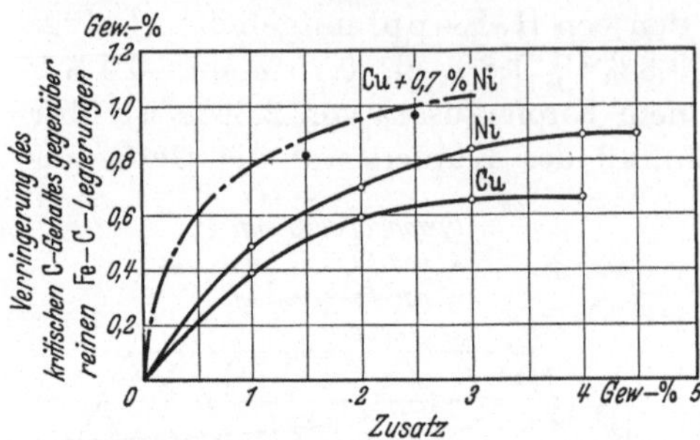

Abb. 145. Graphitfördernde Wirkung von Kupfer und Nickel (von Keil und Ebert).

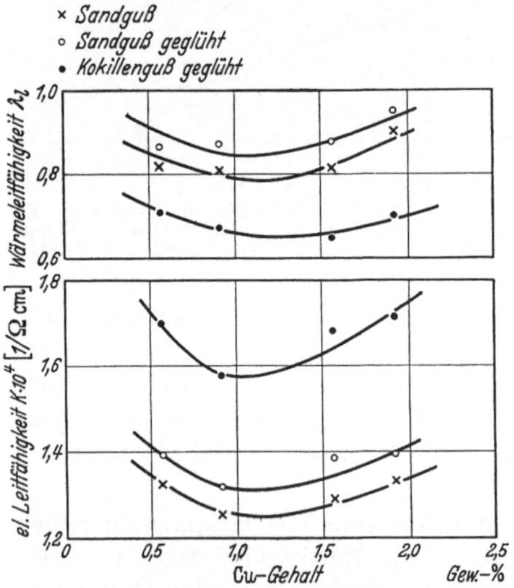

III. Physikalische Eigenschaften.

Die physikalischen Eigenschaften von Gußeisen mit Kupferzusätzen sind hauptsächlich von E. Söhnchen[1], sowie von E. Söhnchen und E. Piwowarski[2] beschrieben worden. Abb. 146 zeigt die Abhängigkeit der elektrischen Leitfähigkeit und der Wärmeleitfähigkeit von Gußeisen mit 3% C und 3% Si in Abhängigkeit vom Kupfergehalt. Beide Eigenschaften sollen hiernach bei etwa 1,2% Cu ein

Abb. 146. Einfluß von Kupfer auf die elektrische Leitfähigkeit und die Wärmeleitfähigkeit von Gußeisen mit 3% C und 2,3% Si (Söhnchen und Piwowarski).

[1] Söhnchen, E.: Arch. Eisenhüttenw. 8, 29 (1934/35).
[2] Söhnchen, E. u. E. Piwowarski: Gießerei 21, 449 (1934).

Minimum durchlaufen. Die Eigenschaftsabnahme wird durch den Eintritt von Kupfer in die feste Lösung, der Wiederanstieg auf ausgeschiedenes bzw. freies Kupfer zurückgeführt. Demnach könnten bei hohen Temperaturen bis 1,2% Cu im α-Mischkristall des Gußeisens der angegebenen Zusammensetzung gelöst sein, wenn man eine ausgeprägte Unterkühlbarkeit des α-Mischkristalls (bei der Abkühlung nach dem Guß und nach dem Glühen) voraussetzt. Die Wärmeleitfähigkeit von Zylinderguß mit 3,3% C und 1,8% Si wird nach allerdings nur überschlägiger Prüfung (H. Kopp, zit. S. 195) durch Kupfer erniedrigt und soll bei 2,36% Cu noch 93% der Leitfähigkeit des kupferfreien Werkstoffs betragen. Rolfe (zit. S. 193) glaubt, daß die Wärme-

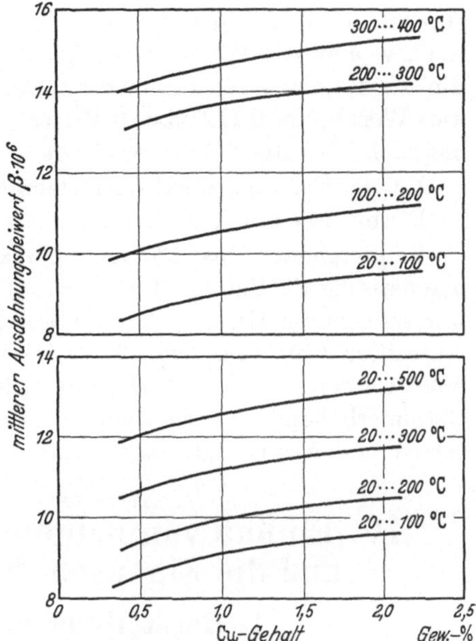

Abb. 147. Einfluß von Kupfer auf den mittleren Ausdehnungskoeffizienten von Gußeisen mit 3% C und 2,3% Si (Söhnchen und Piwowarski).

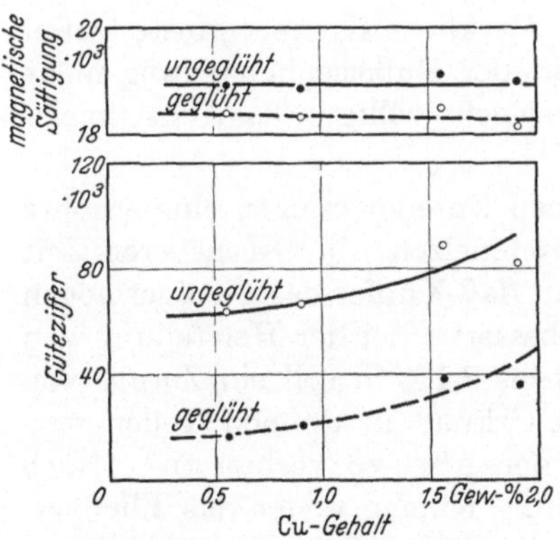

Abb. 148. Einfluß von Kupfer auf die magnetische Sättigung und die Güteziffer ($\mathfrak{B}_r \times \mathfrak{H}_c$) von Gußeisen mit 3% C und 2,3% Si (Söhnchen und Piwowarski).

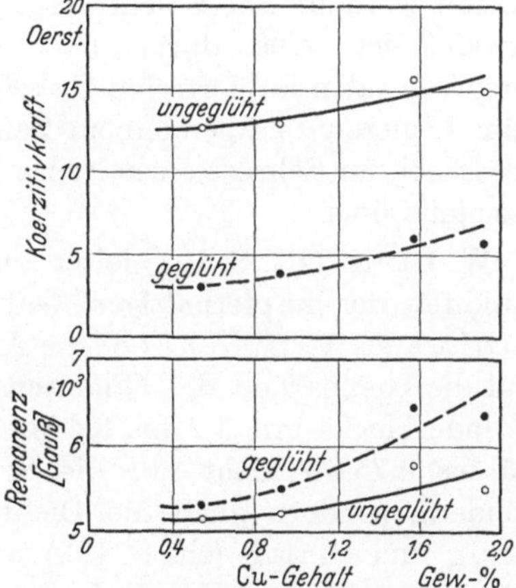

Abb. 149. Remanenz und Koerzitivkraft von Sandguß mit 3% C und 2,3% Si in Abhängigkeit vom Kupfergehalt (Söhnchen).

leitfähigkeit des von ihm untersuchten Gußeisens mit 3,7% C und 1% Si durch einen Zusatz von 1,35% Cu erhöht wurde. In neuester Zeit hat J. W. Donaldson[1] die Wärmeleitfähigkeit von kupferlegiertem Gußeisen

---

[1] Donaldson, J. W.: Foundry Trade J. **60**, Nr 1191, 513 (1939).

untersucht. Ein Gußeisen mit 3,2% C, 1,56% Si und 0,72% Mn hatte bei 100 bzw. 400° eine Wärmeleitfähigkeit von 0,121 bzw. 0,108 cal/cm · sec ° C. Ein sonst gleich zusammengesetztes, mit 1,58% Cu legiertes Gußeisen wies Werte von 0,112 bzw. 0,101 cal/cm · sec ° C auf. Kupfer erniedrigt hiernach also die Wärmeleitfähigkeit von Gußeisen.

Der mittlere thermische Ausdehnungskoeffizient des Gußeisens steigt nach Abb. 147 mit dem Kupfergehalt bis 2% leicht an.

Kupfergehalte bis 2% sind gemäß Abb. 148 ohne Einfluß auf die magnetische Sättigung. Den Anstieg von Remanenz und Koerzitivkraft mit steigendem Kupfergehalt veranschaulicht Abb. 149, den Verlauf der Güteziffer Abb. 148. Die Güteziffer kann durch Abschrecken noch erhöht werden. Ebenso wirkt ein teilweiser Ersatz des Siliziums durch Chrom erhöhend. So erhaltene, mit Chrom und Kupfer legierte Gußeisensorten sind wasser- oder sogar lufthärtbar[1].

IV. Einfluß von Kupfer auf die Verarbeitung und die Eigenschaften des Gußeisens.

1. Herstellung und Gießbarkeit.

Das Vorkommen unbeabsichtigter, geringer Kupfergehalte im Gußeisen bzw. im Roheisen ist im Abschnitt A IV dieses Buches schon behandelt worden. Die Erschmelzung von kupferlegiertem Gußeisen unterscheidet sich außer durch die Zugabe von Kupfer nicht von der des entsprechenden kupferfreien Gußeisens. Merkliche Kupferverluste treten beim Legieren zu irgendeinem Zeitpunkt der Gußeisenherstellung nicht ein. Auch im Schrott enthaltenes Kupfer geht völlig in das Umschmelzerzeugnis über.

W. Lipin (zit. S. 191) leitet aus seinen Untersuchungen eine erhöhte Fluidität der kupferhaltigen Gußeisenschmelzen ab. In neuerer Zeit vertritt auch V. H. Schnee[2] die Ansicht, daß Kupfer das Fließvermögen und die Gießbarkeit des Gußeisens verbessert. Bei der Herstellung von Zylinderblocks mit 3,2 bis 3,4% C, 1,8 bis 2,1% Si soll ein Zusatz von 0,5 bis 0,75 Cu nicht nur die Schreckwirkung in dünnen Teilen vermindern, sondern auch die Dichtheit der Abgüsse verbessern[3]. Nach Lorig und Smith (zit. S. 193) beeinflußt Kupfer weder das Fließvermögen, noch die Schrumpfung oder die Rißneigung des Gußeisens. Zahlenangaben über die die Gießbarkeit bedingenden Eigenschaften von kupferhaltigem und vergleichbarem kupferfreien Gußeisen fehlen gänzlich. Die Feststellung, daß einige Prozent Kupfer die Gießbarkeit des Gußeisens wenigstens nicht beeinträchtigen, ist zweifellos berechtigt.

---

[1] Hurst, J. E.: Iron Steel Ind. **1932**, 319 u. 363.
[2] Schnee, V. H.: Foundry **65**, Nr 5, 39 (1937).
[3] McCarrol, R. H. u. J. L. MacCloud: Metal Progr., 30. August **1936**, 33.

2. Wachsen, Wandstärkenempfindlichkeit, Zerspanbarkeit, Rotbruch.

O. Bauer und H. Sieglerschmidt[1] schreiben dem Zusatz von 0,5% Cu zu Gußeisen mit etwa 3% C und 1% Si eine Verbesserung der Volumenbeständigkeit um rund 23% zu. Kupfergehalte über 0,5% wirken zusätzlich wachstumsvermindernd, wie E. Söhnchen und E. Piwowarski[2] an Eisen mit rund 3% C und 2,3% Si feststellten; jedoch bei weitem nicht so stark, wie nach Bauer und Sieglerschmidt der erste Zusatz von 0,5% Cu. Söhnchen und Piwowarski fanden nach dreimaliger Pendelglühung zwischen 650 und 975° folgende Werte:

% Cu	0,56,	0,91,	1,57,	1,92
Längenzunahme in %	0,875,	0,854,	0,800,	0,800

An Sandgußstäben aus den für die Versuche über das Wachsen benutzten Werkstoffen mit bis zu 1,96% Cu konnten Söhnchen und Piwowarski an Hand von Härtemessungen keinen klaren Einfluß des Kupfers auf die Wandstärkenempfindlichkeit erkennen. Die Versuchsstäbe hatten zwischen 20 und 60 mm Durchmesser. Von anderer Seite wird hervorgehoben, daß Kupfer neben einer Härtesteigerung der Grundmasse auch im Sinne einer Ausgleichung der Härte wirkt, ähnlich wie es von Nickel bekannt ist (Kopp, zit. S. 195).

Die leichte Zerspanbarkeit von kupferlegiertem Gußeisen wird mehrfach erwähnt. Zahlenmäßige Unterlagen werden indessen nicht mitgeteilt. Unter dem gleichen Mangel leidet auch der Wert der Mitteilung, daß die Brüchigkeit von Gußeisen in der Wärme durch Kupfer nicht beeinflußt werde.

3. Festigkeitseigenschaften.

a) Gußeisen mit Kupfer als einzigem Legierungselement[3]. Der Einfluß von Kupfer auf die Festigkeitseigenschaften des Gußeisens beruht vorwiegend in einer Erhöhung der Härte der Grundmasse. Außerdem ist als weiterer Faktor die graphitisierende Wirkung des Kupfers zu beachten[4]. Der Einfluß des Kupfers ähnelt weitgehend dem des Nickels, ist aber weniger ausgeprägt[5]. Die Zugfestigkeit und Biegefestigkeit des Gußeisens werden im allgemeinen durch Kupferzusätze etwas erhöht, die

---

[1] Bauer, O. u. H. Sieglerschmidt: Mitt. Materialprüf. Sonderheft 9, 63 (1929).

[2] Söhnchen, E. u. E. Piwowarski: Gießerei 21, 449 (1934).

[3] Die üblichen Gehalte des Gußeisens an Silizium und Mangan werden nicht als Legierungszusätze betrachtet.

[4] Smalley, O.: Foundry Trade J. 26, 519 (1922); 27, 3 u. 31 (1923).

[5] Hamasumi, W.: Sci. Rep. Tôhoku Univ. 13, 133 (1924).

Durchbiegung dagegen wird etwas erniedrigt[1,2]. Hiervon abweichend
erhielt Rolfe (zit. S. 193) folgende Ergebnisse:

C gebunden	0,82	0,68 %
C gesamt	3,71	3,63 %
Si	0,99	0,94 %
S	0,097	0,095 %
P	0,21	0,20 %
Mn	0,65	0,64 %
Cu	0	1,35 %
Zugfestigkeit	20,2—22,0	18,0—19,4 kg/mm²
Brinellhärte	207	223 kg/mm²

Das kupferlegierte Gußeisen hat in diesem Falle eine niedrigere Zugfestigkeit, aber doch eine höhere Brinellhärte, trotz verminderten Gehalts
an gebundenem Kohlenstoff, als das kupferfreie Eisen. Noch in einigen
weiteren Fällen ist eine Abnahme der Festig-
keit durch Kupferzusatz festgestellt worden, und
zwar zunächst bei den von J. E. Hurt[3] untersuchten, im Schleuder-
gußverfahren herge-
stellten Gußeisentrom-
meln. Die Festigkeit
sank bis 2% Cu ab und
erreichte erst bei 3% Cu
wieder die Werte des
kupferfreien Werkstof-
fes. M. Hamasumi
(zit. S. 199) hingegen
erzielte gerade mit Kup-
ferzusätzen bis 1% eine

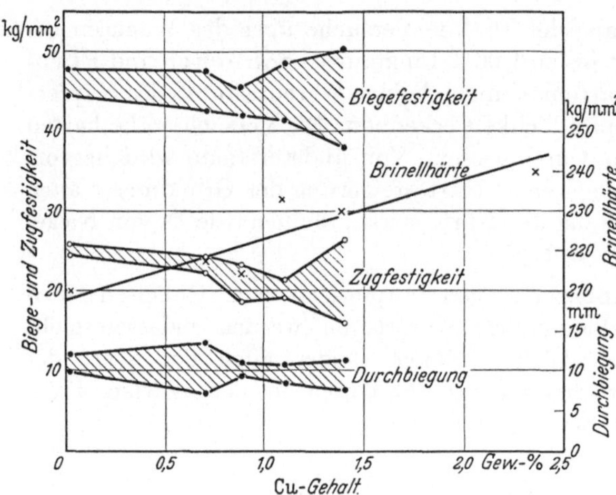

Abb. 150. Einfluß von Kupfer auf die Festigkeitseigenschaften
von Zylinderguß (Kopp).

erhebliche Verbesserung der Festigkeit des Gußeisens. Höhere Gehalte
hatten keine zusätzliche Wirkung mehr auf die Festigkeit, sondern erhöhten nur noch die Härte. Die Ergebnisse der Festigkeitsuntersuchungen
von H. Kopp (zit. S. 195) an Zylinderguß mit 3,24% bis 3,34% ges. C,
2,46 bis 2,61% Graphit, 0,69 bis 0,86% geb. C, 1,8% Si, 0,75% Mn,
0,35% bis 0,4% P, 0,1% S und 0 bis 2,36% Cu enthält die Abb. 150.
Berücksichtigt man in erster Linie die untere Grenze der Streu-
bereiche der Zugfestigkeit, Biegefestigkeit und Durchbiegung, so ist eine

---

[1] Siehe Fußnote 4, S. 199.

[2] Hotary, A.: Bull. College of Engg. Kyushu Imp. Univ. 3, 169 (1928). —
Skortcheletti, V. V. u. A. Y. Choultine: Sobscenia Vsesouznogo Instituta
Metallov 1931, Nr 1/2, 33.

[3] Hurt, J. E.: Iron Steel Ind. 5, 319 u. 363 (1932).

Beeinträchtigung dieser Eigenschaften mit steigendem Kupfergehalt festzustellen. Lediglich die Härte steigt eindeutig mit dem Kupfergehalt an. Es soll auf einige weitere Untersuchungen über die Beeinflussung der Festigkeitseigenschaften des Gußeisens durch Kupfer noch etwas näher eingegangen werden. In Abb. 151 ist die Zugfestigkeit von Gußeisen mit Siliziumgehalten von 2,6 bis 2,9%, 1,8 bis 1,9% und 1,4 bis 1,5% jeweils in Abhängigkeit vom Kupfergehalt nach Versuchen von C. Pfannenschmidt (zit. S. 192) in einer Auswertung des Verfassers wiedergegeben. Trotz der

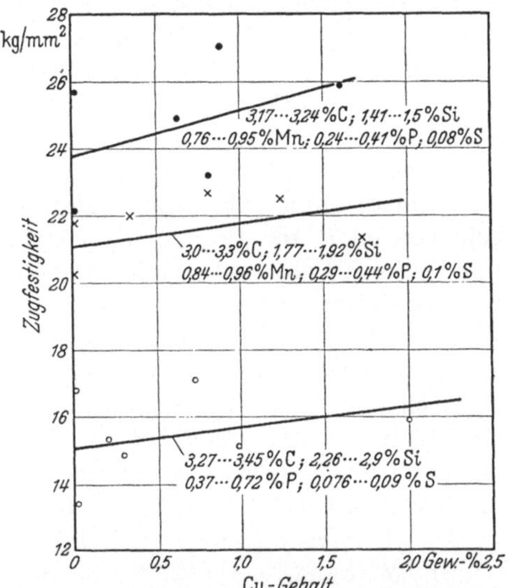

Abb. 151. Einfluß von Kupfer auf die Zugfestigkeit von Gußeisen verschiedener Festigkeit (Pfannenschmidt). (Auswertung Verfasser.)

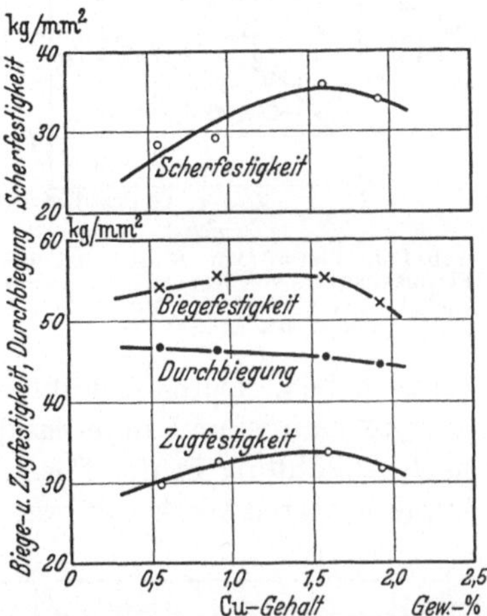

Abb. 152. Einfluß von Kupfer auf die Festigkeitseigenschaften von Gußeisen mit 2,3% Silizium (Söhnchen und Piwowarski).

Streuung der Versuchspunkte ist ein Anstieg der Zugfestigkeit mit dem Kupfergehalt bei allen Siliziumgehalten, besonders bei den niedrigeren, feststellbar. Beim Vergleich von Einzelschmelzen, die jeweils zur Hälfte ohne und mit Kupferzusatz vergossen wurden, war die zugfestigkeitssteigernde Wirkung des Kupfers noch besser zu erkennen. Die Biegefestigkeit und die Härte wurden ähnlich wie die Zugfestigkeit verbessert. Bei Gußeisen mit 3% C und 2,3% Si fanden E. Söhnchen und E. Piwowarski (zit. S. 196) eine Erhöhung von Zugfestigkeit, Biegefestigkeit und Scherfestigkeit bis zu Gehalten von 1,5% Cu, entsprechend Abb. 152. Die Durchbiegung sank bis 2% Cu gleichmäßig ab. Daraus, daß Anlassen keine weiteren Festigkeitssteigerungen ergab, wurde geschlossen, daß eine Aushärtung bereits nach dem Guß eingetreten sei, da die Abkühlung in der Form zunächst rasch und ab etwa 600° sehr langsam vor sich ging. Auf Grund von Versuchsergebnissen an Gußeisen mit 0, 0,74 und 1,8% Cu ergibt sich eindeutig, daß ein Kupferzusatz dem Gußeisen nicht die Fähigkeit zur

Aushärtung verleiht. Dieser Feststellung kann man für Gußeisen mit perlitischer Grundmasse ohne weiteres zustimmen, da auch bei Stahl mit hohem Kohlenstoffgehalt keine Aushärtungswirkung mehr vorliegt. Gußeisen mit größtenteils ferritischer Grundmasse müßte

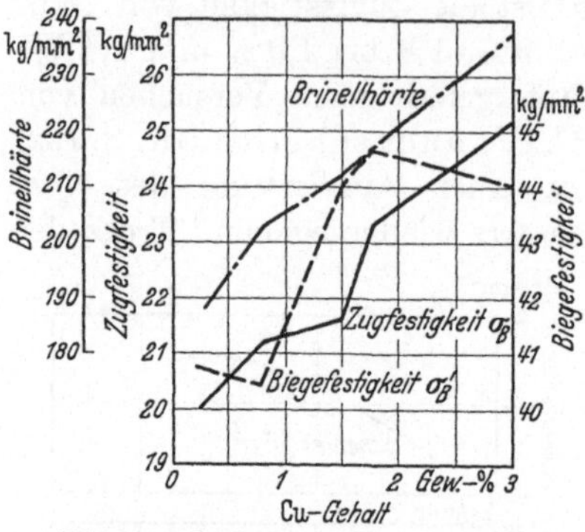

Abb. 153. Einfluß von Kupfer auf die Festigkeitswerte von Kupolofen-Eisen mit 3,5% C, 1,48% Si, 0,45% Mn; 0,26% P und 0,09% S (Schnee).

dagegen durch Kupfer aushärtbar sein. Im Gegensatz zu Söhnchen und Piwowarski beobachtet V. H. Schnee[1] auch über 1,5 Cu einen weiteren Anstieg von Zugfestigkeit und Biegefestigkeit, wie Abb. 153 erkennen läßt. Ein Gußeisen mit 3,2% C, 2,75% Si und 1% P, das zum Teil ohne und zum Teil mit einem Kupferzusatz von 2,5% vergossen wurde, hatte im ersteren Falle eine Zugfestigkeit von 14,7, im zweiten Falle von 16,4 kg/mm². Schwere Gußteile aus dem kupferlegierten Eisen sollen sich im Betriebe besser also solche aus dem entsprechenden kupferfreien Eisen bewährt haben. Durch Abkühlung der noch warmen Gußteile mit Preßluft erzielte man ohne Kupferzusatz eine Härte von 241 gegenüber 223 B.E. nach Abkühlung in der Form. Die entsprechenden Härtewerte für den kupferlegierten Werkstoff waren 269 bzw. 235 B.E., bei trotzdem durch

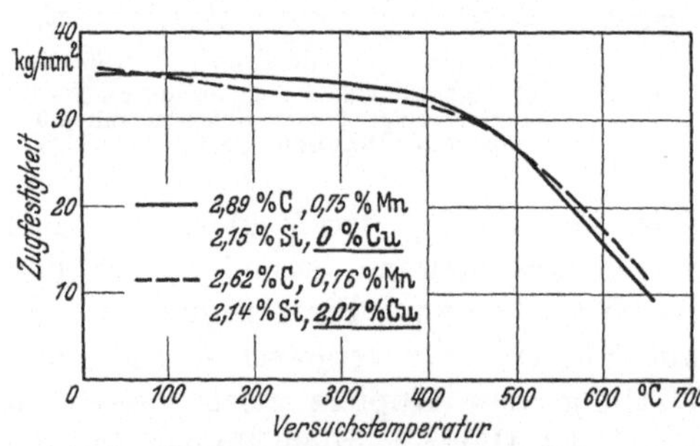

Abb. 154. Warmfestigkeit von Grauguß ohne und mit 2% Cu (MacPherran).

Kupfer verminderter Schreckwirkung (J. Hird, zit. S. 193).

Aus den vorliegenden, wenig einheitlichen Unterlagen kann man schließen, daß Kupfer zum mindesten keinen erheblichen Einfluß auf die Festigkeitseigenschaften des Gußeisens ausübt.

Aus Abb. 154 entnimmt man, daß 2% Cu die Warmfestigkeit von Grauguß nach R. S. MacPherran[2] nicht erhöhen.

b) Gußeisen mit weiteren Legierungszusätzen neben Kupfer. Aus Zahlentafel 57 nach V. H. Schnee[1] ist zu entnehmen, daß Nickel und Kupfer einen etwa gleichen, geringen Einfluß auf die Festigkeit und die Brinellhärte von Gußeisen (aus dem Elektroofen) mit 2,6 und 3,0% C ausüben, so daß beide Metalle sich bis etwa 3% gegenseitig ersetzen können, zumal sie sich auch in ihrem Einfluß auf die übrigen

[1] Schnee, V. H.: Foundry **65**, Nr 5, 39 (1937).
[2] MacPherran, R. S.: Min. & Metall. **17**, 183 (1936).

Eigenschaften des Gußeisens ähneln. Die Zahlentafel läßt weiter erkennen, daß der gleichzeitige Zusatz von Nickel und Kupfer keine größere Wirkung hat, als der Zusatz eines der Elemente in entsprechender Höhe.

Zahlentafel 57. Zugfestigkeit und Brinellhärte von Kupfer-Nickel-Gußeisen aus dem Elektroofen (Schnee, nach Versuchen von C. H. Lorig).

Zusammensetzung in %			Brinellhärte	Zugfestigkeit	Zusammensetzung in %			Brinellhärte	Zugfestigkeit
	Cu	Ni	kg/mm²	kg/mm²		Cu	Ni	kg/mm²	kg/mm²
2,6 C	—	—	235	32,7	3,06 C,	—	—	227	28,1
1,9 Si	—	0,96	235	32,3	1,9 Si,	—	1,01	229	28,5
0,84 Mn	—	1,88	257	34,5	0,85 Mn,	—	1,94	237	28,5
0,04 S	1,04	—	259	33,8	0,04 S,	1,15	—	232	29,2
0,40 P	2,11	—	268	35,0	0,49 P	2,21	—	242	28,5
	0,52	1,49	255	33,1		0,49	1,53	232	29,9
	1,58	0,64	264	34,8		1,04	0,50	229	30,3
	1,06	1,17	262	34,5		1,51	0,50	240	31,0
						1,00	0,86	232	30,6

Zahlentafel 58. Brinellhärte und Zugfestigkeit von Gußeisen aus dem Kupolofen mit Mangan- und Kupferzusätzen (Eastwood, Bousu und Eddy).

	Cu %	Mn %	Brinellhärte kg/mm²	Zugfestigkeit kg/mm²
3,27 bis 3,58% C 1,01 bis 1,12% Si	0,21	0,64	205	23,1
	0,33	0,62	207	23,2
	0,67	0,87	217	25,2
	1,06	1,15	239	27,4
	2,25	1,34	269	31,5
3,25 bis 3,44% C 1,36 bis 1,43% Si	0,16	0,64	210	24,0
	0,64	0,80	228	26,3
	0,84	0,90	230	27,3
	1,54	1,34	255	29,7
	1,49	1,28	256	30,2
2,88 bis 2,99% C 1,49 bis 1,55% Si	0,13	0,69	225	27,2
	0,18	0,66	231	27,6
	1,10	0,98	258	31,3
	1,63	1,26	286	31,7
	1,84	1,65	289	31,5
	2,16	1,61	300	33,7
3,18 bis 3,32% C 2,20 bis 2,35% Si	0,19	0,69	217	24,6
	0,46	0,84	225	25,2
	0,94	0,88	241	26,3
	1,43	1,34	255	27,4
	3,03	2,01	286	27,5

Eine wesentliche Verbesserung der Festigkeitseigenschaften des Gußeisens aus dem Kupolofen läßt sich nach Angaben von L. W. Eastwood, A. E. Bousu und C. T. Eddy[1] durch Legieren mit Kupfer und Mangan

---

[1] Eastwood, L. W., A. E. Bousu u. C. T. Eddy: Trans. Amer. Foundrym. Ass. **1936** (Mai), 51.

erzielen. Wie Zahlentafel 58 zeigt, werden die Härte und Zugfestigkeit bedeutend erhöht, besonders bei den niedrigeren Siliziumgehalten.
In ähnlichem Maße wie die Zugfestigkeit steigt auch die Druckfestigkeit,
während die Biegefestigkeit und die Durchbiegung nur eine geringe Erhöhung erfahren. Durch die Legierungszusätze wurde die Graphitbildung
nicht nennenswert beeinträchtigt. Der Graphit wurde verfeinert.

Zahlentafel 59. Brinellhärte und Zugfestigkeit von Kupfer-Molybdän-
Gußeisen (Schnee, nach Versuchen von C. H. Lorig).

	Mo %	Cu %	Brinellhärte kg/mm^2	Zugfestigkeit kg/mm^2
2,91% C, 2,0% Si, 0,53% Mn, 0,16% P	— — —	— 1,52 3,11	200 223 238	23,2 24,5 26,3
2,99% C, 2,25% Si 0,61% Mn, 0,11% P	0,51 0,51 0,51	— 0,82 1,66	207 229 255	26,8 30,1 33,0
2,92% C, 1,61% Si 0,64% Mn, 0,08% P	1,23	0,47	259	41,2

Zusätze von Molybdän und Kupfer beeinflussen die Festigkeitseigenschaften des Graugusses erheblich günstiger, als der Zusatz eines der
Elemente allein. Das Kupfer-Molybdän-Gußeisen (V. H. Schnee) wird
zwar im Gußzustand verwendet, spricht aber auch gut auf Wärmebehandlung an. Angaben über die Brinellhärte und Zugfestigkeit von
Kupfer-Molybdän-Gußeisen enthält Zahlentafel 59. Das Gußeisen wird
verwendet für Zylinderköpfe von Dieselmotoren.

Die Festigkeitswerte der mehrfach legierten Gußeisenarten mit
Kupfer sind nicht so hoch, als daß sie nicht auch ohne Legierungszusätze
erreicht werden könnten. Diese Feststellung gilt natürlich erst recht
für das nur mit Kupfer legierte Gußeisen.

4. Verschleiß.

Die Untersuchungen von E. Söhnchen und E. Piwowarski[1] über
den Einfluß von Kupfer auf die Verschleißeigenschaften von Gußeisen mit
3% C, 2,3% Si und 0,5 bis 2,0% Cu hatten für gleitende Reibung das in
Abb. 155 wiedergegebene Ergebnis. In ungeglühtem und geglühtem
Sandguß, sowie in ungeglühtem Kokillenguß wirkt Kupfer verschleiß-
vermindernd. Dieses Resultat wird durch die Schmierwirkung ausgeschiedenen Kupfers zu deuten versucht, da Kupferteilchen mit steigendem
Kupfergehalt besonders in geglühten Proben mikroskopisch erkennbar (!)
waren. Eine schwache Zunahme des gebundenen Kohlenstoffs (!) und
der Härte trat nach Abb. 155 mit steigendem Kupfergehalt ein. Die

---

[1] Söhnchen, E. u. E. Piwowarski: Arch. Eisenhüttenw. **7**, 371 (1933/34).

vorstehend angeführten Werkstoffe mit 0,5 bis 2,0% Cu hatten bei rollender Reibung einen fast gleich großen Verschleiß (etwa 0,04 g/20000 Umläufe). Ein kupferfreies Gußeisen gleichen Siliziumgehaltes hatte einen höheren Verschleiß. Hieraus wird auf eine Erhöhung des Verschleiß-widerstandes bei rollender Reibung durch 0,5% Cu geschlossen. H. Kopp (zit. S. 195) stellte bei Zylinderguß eine Abnahme des Verschleißwider-standes bei gleitender Reibung mit bis 2,4% zunehmendem Kupfergehalt fest, wogegen R. H. McCarrol und J. L. MacCloud (zit. S. 198) auf einen erhöhten Verschleißwiderstand von Zylinderguß mit 0,5 bis 0,75% Cu hinweisen und sich also in Übereinstimmung mit Söhnchen und Piwowarski befinden.

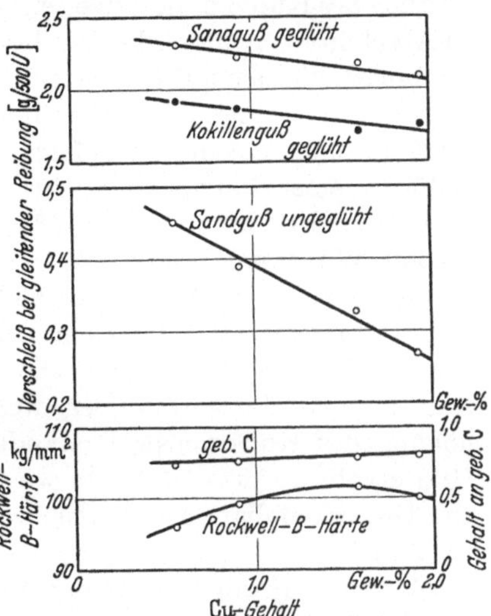

Abb. 155. Einfluß von Kupfer auf die Verschleißeigenschaften von Gußeisen mit 3% C und 2,3% Si (Söhnchen und Piwowarski).

5. Korrosionsverhalten.

Naturrostversuche von langer Dauer, die eine zuverlässige Grundlage für die Beurteilung des Einflusses von Kupfer auf die Witterungsbeständigkeit des Gußeisens abgeben könnten, scheinen noch nicht vorzuliegen. P. Kötzschke und E. Piwowarski[1] haben Versuche in einem Sprühapparat ausge-führt, in dem die Ver-suchsproben nicht un-mittelbar mit dem Sprühregen in Berüh-rung kamen, sondern sich dauernd in einer feuchten Atmosphäre befanden. Obgleich also die Möglichkeit des bei Stahl für die Feststel-lung des Kupferein-

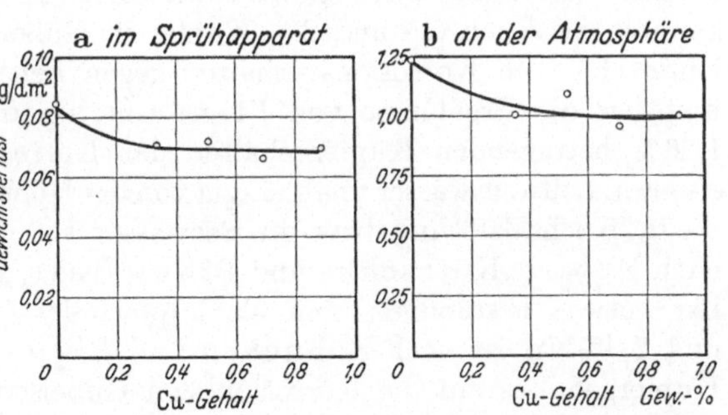

Abb. 156 a und b. Ergebnisse von Bewitterungsversuchen an gekupfertem Gußeisen (Kötzschke und Piwowarski).

flusses auf die Witterungsbeständigkeit wichtigen, wiederholten Trocknens der Proben und eine ausreichende Versuchsdauer nicht gegeben waren, wurde eine günstige Wirkung des Kupfers gefunden, wie auch bei nur 28-tägigen Versuchen in der Atmosphäre. Die erhaltenen Ergebnisse gibt

---

[1] Kötzschke, P. u. E. Piwowarski: Arch. Eisenhüttenw. **2**, 333 (1928).

die Abb. 156 wieder. Hiernach erhöht ein Kupferzusatz von 0,3 bis 0,4% die Witterungsbeständigkeit um 20 bis 25%. Höhere Kupfergehalte bis 0,9% ergeben keine weitere Verbesserung. Die Ursachen der Schutzwirkung des Kupfers im Gußeisen dürften die gleichen, wie die für Stahl im Abschnitt V 8 c dieses Buches besprochenen sein. Die angeführten Feststellungen, die sich auf Gußeisen mit 2,9% C, 2,0% Si, 0,7% Mn, 0,4% P und 0,03% S ohne Kupfer und mit etwa 3,6% C, 2,3% Si, 0,7% Mn, 0,4% P, 0,02% S mit Kupferzusätzen von 0,37 bis 0,90% beziehen, bedürfen einer Nachprüfung durch Langzeitversuche. Söhnchen und Piwowarski[1] konnten bis 2% Cu keine gegenüber 0,3 bis 0,4% Cu erhöhte Witterungsbeständigkeit von Gußeisen feststellen.

In destilliertem Wasser verhielt sich Gußeisen mit 3,6% C, 1% Si, 0,65% Mn und 1,35% Cu nach Rolfe (zit. S. 193) praktisch ebenso wie der kupferfreie Werkstoff. Die gleiche Feststellung ergab sich bei Angriff durch Leitungswasser, wogegen sich in Grubenwasser eine Erhöhung des Korrosionswiderstandes durch den Kupfergehalt um etwa 10% ergab. In Seewasser war wiederum kein klarer Einfluß des Kupferzusatzes erkennbar. Die Versuchsdauer war mit 862 Stunden wesentlich zu kurz.

A. Hotari[2] untersuchte den Einfluß von 0 bis 4% Cu auf die Korrosionsbeständigkeit des Gußeisens in Wasser und stellte eine günstige Wirkung des Kupfers fest. Bei Leitungswasser-Korrosionsversuchen von 1100 Stunden Dauer, die C. Pfannenschmidt (zit. S. 192) ausführte, ergaben Zusätze von 0,18, 0,87 und 1,26% Cu zu Gußeisen mit 1,8% Si eine gegenüber dem kupferfreien Werkstoff um 45,5, 40,6 und 37,3% erhöhte Beständigkeit. Söhnchen und Piwowarski (zit. S. 196) konnten zwischen 0,5 und 2% Kupfer in Gußeisen mit 2,3% Si keinen Unterschied im Korrosionsverhalten gegen Leitungswasser finden. Das bestätigt die Ergebnisse von Pfannenschmidt, wonach bei 0,18 bis 1,26% betragenden Kupfergehalten das Korrosionsverhalten des Gußeisens in Leitungswasser unabhängig von der Höhe des Kupfergehaltes war.

In Kochsalzlösung bzw. in Seewasser soll kupferhaltiges Gußeisen nach Hotari, Kötzschke und Piwowarski, Rolfe und P. B. Mihailov[3] etwas beständiger sein als kupferfreies Gußeisen. Zwischen 0,2 und 2,0% Cu ist nach Söhnchen und Piwowarski kein Einfluß des Kupfergehaltes auf die Korrosion von Gußeisen mit 2,3% Si in künstlichem Seewasser vorhanden.

Die Auflösungsgeschwindigkeit des Gußeisens in verdünnter Salz- und Schwefelsäure wird durch Kupferzusätze verringert (Kötzschke und Piwowarski, Rolfe, Mihailov, Hotari und Pfannenschmidt u. a.). In diesem Punkte scheinen die bisher vorliegenden Angaben

---

[1] Söhnchen, E. u. Piwowarski: Gießerei **21**, 449 (1934).
[2] Hotari, A.: Bull., College of Engg. Kyushu Imp. Univ. 3 (1928) S. 169.
[3] Mihailov, P. B.: Vestn. Metalloprom. **6**, Nr 9 u. 10, 5 (1926).

über den Einfluß von Kupfergehalten auf die Korrosion des Gußeisens übereinzustimmen. W. Denecke[1] beobachtete bei Kupferzusätzen bis 1,5% in 10%iger Salzsäure eine Erhöhung der Beständigkeit um 65%. M. Tagaya[2] stellt fest, daß die Korrosion des Gußeisens in $^1/_2$ n-Salzsäure durch steigenden Kohlenstoffgehalt begünstigt wird. Ein Zusatz von Kupfer hebt diese Wirkung auf. V. V. Skortcheletti und A. Y. Choultine[3] geben an, daß ein Zusatz von Kupfer und Zinn (% Sn = 1,8 · % Cu) die Beständigkeit des Gußeisens gegen den Angriff durch Salzsäure stark erhöht. Ein Eisen mit 3,5% C, 1,5% Si, 0,5% Mn, max. 0,05% S und P, sowie 1,3 bis 1,5% (Sn + Cu) soll sechsmal so beständig sein wie gewöhnliches Gußeisen. Da nach Tagaya der Angriff von Gußeisen durch verdünnte Salzsäure mit steigendem Phosphorgehalt des Gußeisens stark zunimmt, dürfte der niedrige Phosphorgehalt des zinn- und kupferhaltigen Gußeisens auch zu seiner erhöhten Säurebeständigkeit beitragen.

Zur Kennzeichnung der Wirkung des Kupfers in Richtung einer Verminderung der Korrosion des Gußeisens in verdünnter Schwefelsäure sind in Abb. 157 die Versuche von J. R. Maréchal[4] wiedergegeben. Die Versuchsdauer betrug 24 Stunden. Auch bei wesentlich längerer Versuchsdauer kam nach Angaben anderer Forscher die günstige Wirkung des Kupfergehaltes zum Ausdruck.

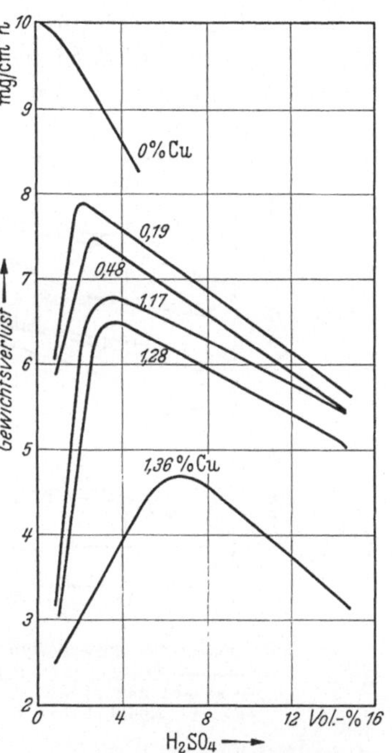

Abb. 157. Widerstandsfähigkeit von Gußeisen mit verschiedenen Kupfergehalten gegen den Angriff durch verdünnte Schwefelsäure bei Raumtemperatur (Maréchal).

Über die Beständigkeit von kupferhaltigem Gußeisen in verdünnter Salpetersäure und Essigsäure sind die Ergebnisse von Kötzschke und Piwowarski, Söhnchen und Piwowarski und Pfannenschmidt uneinheitlich. Nach Tagaya werden bis zu Siliziumgehalten von 3% die kupferhaltigen Werkstoffe durch $^1/_2$ n-Salpetersäure stärker angegriffen als kupferfreie. Pfannenschmidt fand das Gegenteil für Gußeisen mit 2,1% Si und 0,8% bzw. 1,7% Cu in 1%iger Salpetersäure.

[1] Denecke, W.: Gießerei 15, 307 (1928).
[2] Tagaya, M.: Sci. Rep. Tôhoku Univ. Honda Annivers. Vol. 1936 (Oktober) S. 1008.
[3] Skortcheletti, V. V. u. A. Y. Choultine: Metallwirtsch. 12, 107 (1933).
[4] Maréchal, J. R.: Foundry Trade J. 57, 125 (1937).

Abschließend ist festzustellen, daß das Korrosionsverhalten von kupferhaltigem Gußeisen noch weitgehend ungeklärt ist. Fest steht nur die erhöhte Beständigkeit gegenüber verdünnter wässeriger Salz- und Schwefelsäure bei Raumtemperatur.

V. Einfluß von Kupfer auf Temperguß[1].

Da nach Abb. 141 die Graphitbildung durch 0,8 bis 1% Cu etwa so stark wie durch 0,1% Si begünstigt wird, ist bei der Wahl der Eisenanalyse für kupferhaltigen Temperguß hierauf Rücksicht zu nehmen.

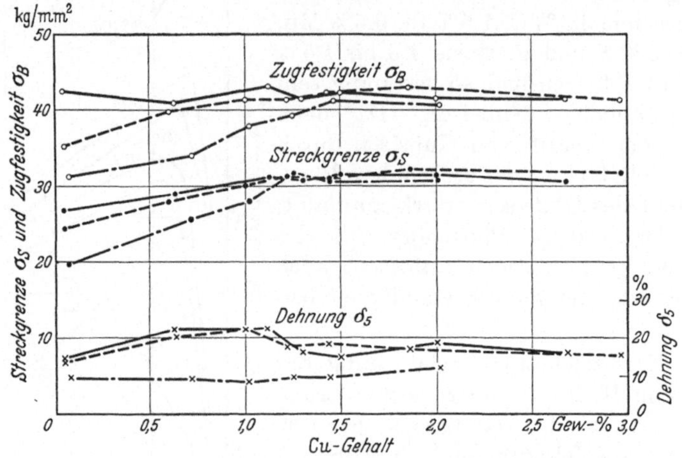

Abb. 158. Festigkeitseigenschaften von kupferlegiertem Temperguß (Lorig und Smith).
——— 2,27/2,38% C; 0,94/1,13% Si; 0,22/0,28% Mn; 0,106/0,132% P.
– – – 2,26/2,43% C; 1,19/1,29% Si; 0,24/0,31% Mn; 0,105/0,141% P.
— · — · 2,64/2,78% C; 0,92/1,02% Si; 0,24/0,28% Mn; 0,117/0,130% P.

Der Einfluß des Kupfers auf die Temperkohlebildung ist mikroskopisch und dilatometrisch an Gußeisen mit 2,4% C, 1,0% Si, 0,31% Mn, 0,075% S und 0,144% P untersucht worden. Die Kupferzusätze betrugen 0, 1,33, 1,73, und 2,94%. Um den vollständigen Zerfall des bei 925° vorhandenen Zementits herbeizuführen, waren bei 0% Cu 8 Stunden, bei 1,33% Cu 5,2 Stunden, bei 1,73% Cu 4 Stunden und bei 2,94% Cu 2,4 Stunden erforderlich. Aus diesen und weiteren Versuchen ist zu schließen, daß die Temperzeit zwischen 840 und 925° durch 1% Cu um rund 25%, durch 1,5 bis 1,7% Cu um rund 50% abgekürzt wird.

Während bei den beschriebenen Versuchen von Lorig und Smith die Begünstigung der Temperkohlebildung im γ-Gebiet bis 3% Cu zunahm — bei noch höheren Kupfergehalten schien die Wirkung des Kupfers allmählich wieder abzusinken — fand L. Lykken[2], daß mehr als 2% Cu die Temperkohlebildung nicht begünstigen.

---

[1] Lorig, C. H. u. C. A. Smith: Trans. Amer. Foundrym. Ass. **42**, 211 (1934).
[2] Lykken, L.: Jowa State College. J. of Sci. **8**, 207 (1933).

Nach Lorig und Smith besteht eine beschleunigende Wirkung des Kupfers auf die Temperkohlebildung auch unterhalb A_1. Nach vollständiger Karbidzersetzung bei 925° und Abkühlung mit 1°/min auf 725° erforderte der Zerfall des gesamten eutektoidisch gebildeten Karbides bei der letzteren Temperatur bei 0% Cu 13,2 Stunden, bei 1,33% Cu 6 Stunden, bei 1,73% Cu 5,5 Stunden, bei 2,94% Cu 4,5 Stunden.

Zahlentafel 60. Festigkeitswerte von betriebsmäßig hergestelltem Temperguß mit 2,4% C, 1,0% Si, 0,3% Mn, 0,075% S, 0,144% P und 0 bis 2,94% Cu (Lorig und Smith).

Cu %	Zugfestigkeit kg/mm²	Streckgrenze kg/mm²	Dehnung δ_5 in %	Brinellhärte kg/mm²
0	39,3	25,4	14	121
1,33	45,0	34,2	12	135
1,73	44,3	33,0	11	134
2,25	42,6	33,0	10	137
2,94	44,3	33,5	9,5	137

Die die Temperzeit verkürzende Wirkung des Kupfers bedeutet wirtschaftliche Vorteile, die größer sein können als die Kosten für den Kupferzusatz. Ein Legieren mit Kupfer wird besonders für solche Eisensorten empfohlen, die sonst zu unzureichender Temperung neigen.

Neben der Verkürzung der Temperzeit ergibt der Kupferzusatz einen Temperguß mit verbesserten Festigkeitseigenschaften. Diese Wirkung beruht auf dem Einfluß des Kupfers auf die Grundmasse. Die Temperkohleausscheidungen scheinen durch Kupferzusätze etwas feiner und daher zahlreicher zu werden. Eine weitere Gefügeänderung ist durch einige Prozent Kupfer nicht festzustellen.

Zahlentafel 61. Dauerfestigkeit von kupferlegiertem (schwarzen) Temperguß (Lorig und Smith).

C %	Si %	Mn %	Cu %	Biegewechsel-festigkeit kg/mm²	Zugfestigkeit kg/mm²
2,43	1,27	0,3	0,04	19	35,3
2,48	1,10	0,3	1,24	21	42,5
2,26	0,90	0,3	1,12	22,5	40,3

Der Einfluß des Kupfers auf die Festigkeitseigenschaften des (schwarzen) Tempergusses wird erst bei mehr als 0,5% Cu deutlich. Abb. 158 zeigt die an Versuchsschmelzen erhaltenen Ergebnisse. Hervorzuheben sind der starke Einfluß des Kupfers auf die Erhöhung der Streckgrenze und die Feststellung, daß von Gehalten ab etwa 1,2 bis 1,5% Cu die Streckgrenze und Zugfestigkeit nicht mehr weiter ansteigen. Die an den Versuchsschmelzen gemachten Feststellungen bestätigten sich nach Zahlentafel 60 an Betriebsschmelzen. Bis zu dem in bezug auf die

Cornelius, Kupfer. 14

Streckgrenze und Zugfestigkeit günstigen Kupfergehalte von etwa 1,3 %
nimmt die Bruchdehnung nur unwesentlich ab.

Der Elastizitätsmodul wird durch Kupferzusatz zu Temperguß nicht
verändert. Die Dauerfestigkeit wird erhöht, wie Zahlentafel 61 zeigt.
Das Verhältnis von Biegewechselfestigkeit zu Zugfestigkeit beträgt 0,50
bis 0,55.

Zahlentafel 62. Festigkeitseigenschaften von geglühtem
und ausgehärtetem Temperguß mit 0,03 bis 2,01 % Cu (Lorig und Smith).

C %	Si %	Mn %	P %	Cu %	Be-hand-lung [1]	Zug-festigkeit kg/mm²	Streck-grenze kg/mm²	Dehnung δ_5 %	Brinell-härte kg/mm²
2,36	0,94	0,27	0,132	0,03	I	42,5	26,7	14,5	121
					II	44,0	30,5	17,7	133
					III	43,5	28,8	16,3	121
2,31	1,08	0,22	0,109	0,63	I	41,0	28,0	22,2	121
					II	42,7	32,0	23,7	134
					III	42,5	30,6	24,5	130
2,38	1,13	0,38	0,128	1,30	I	41,0	30,6	15,5	128
					II	42,3	33,7	15,7	141
					III	45,5	38,3	14,0	159
2,33	1,11	0,27	0,122	2,01	I	41,6	31,5	18,5	128
					II	43,5	35,2	18,5	139
					III	49,0	41,5	15,2	165
2,76	1,01	0,26	0,128	1,25	I	39,3	31,6	9,5	128
					II	39,7	33,0	11,5	134
					III	45,6	40,0	7,2	159

Da der hier behandelte Schwarzguß eine ferritische Grundmasse
aufweist, ist zu erwarten, daß ein genügend hoher Kupfergehalt ihm
die Fähigkeit zur Aushärtung gibt. Eine Aushärtbarkeit des geglühten
Tempergusses ist auch vorhanden, sofern der Kupfergehalt über 0,65 %
liegt. Das Ausmaß der Aushärtung wird bei einem bestimmten Kupfergehalt größer, wenn der Werkstoff nach der Temperung einer Erwärmung
auf eine Temperatur dicht unter A_{c1} mit nachfolgender Abkühlung an
Luft unterworfen wird. Diese Behandlung bezweckt die Überführung
von mehr Kupfer in die feste α-Lösung und führt nicht zum Entstehen
von Austenit und also auch nicht von Perlit. Aus Zahlentafel 62 geht
hervor, daß eine Aushärtungsbehandlung die Zugfestigkeit des von
730° an Luft abgekühlten, kupferlegierten Tempergusses um 3 bis
6 kg/mm², die Streckgrenze um 5 bis 7 kg/mm² erhöht. Die Dehnung wird
demgemäß etwas erniedrigt.

Der schwarze Temperguß neigt bei der Feuerverzinkung zur Versprödung. Es wird hervorgehoben, daß ein Kupferzusatz den Schwarz-

---

[1] I geglüht. II von 730° in Luft abgekühlt. III wie II, dann 3 Stunden bei
500° angelassen.

guß gegen diese Art des Versprödens unempfindlicher macht (Lykken, Smith und Lorig).

Smith und Lorig geben als zweckmäßige Zusammensetzung von kupferlegiertem Temperguß auf Grund ihrer Versuche folgende an: 2,35% C, 1,1% Si, 1,25% Cu, 0,3% Mn, 0,07% S und 0,15% P. Gegenüber kupferfreiem Temperguß wird eine um 10 Stunden verkürzte Temperzeit erzielt. Die Zugfestigkeit des geglühten Schwarzgusses beträgt 41,5 kg/mm², die Streckgrenze 30,5 kg/mm², die Biegewechselfestigkeit 21,0 kg/mm² und die Dehnung (1 = 5 d) 16 bis 22%. Die Brinellhärte liegt bei 130 kg/mm². Durch Aushärten werden folgende Eigenschaften erzielt: Zugfestigkeit 45 bis 46 kg/mm², Streckgrenze 38 kg/mm², Dehnung 14%, Brinellhärte 160 kg/mm². Der Werkstoff ist zäh, gut bearbeitbar, hat eine Streckgrenze, die etwa der des üblichen, geglühten Stahlgusses entspricht und ist ohne besondere Wärmebehandlung genügend beständig gegen Versprödung bei der Feuerverzinkung.

Über die Eigenschaften von kupferlegiertem, weißen Temperguß scheinen im Schrifttum noch keine Unterlagen mitgeteilt worden zu sein.

VI. Einfluß von Kupfer auf Hartguß.

Die Oberflächenhärte von Hartgußwalzen wird durch Kupferzusätze bis 9% nur unerheblich verändert, während Nickel bei etwa 3,5 bis 5% eine starke Härtesteigerung hervorruft. Die Schrecktiefe wird nach Abb. 142 durch Kupfer vermindert. In dieser Hinsicht wirkt Kupfer also wieder ähnlich wie Nickel in Richtung einer Begünstigung der Erstarrung nach dem stabilen System Eisen-Kohlenstoff (Taniguchi).

VII. Kupfer in hochlegiertem Gußeisen.

Mit der Bezeichnung Niresist (Nimol, Monelgußeisen, Nicorosion, und Nigrowth) werden austenitische Gußeisensorten gekennzeichnet, deren Legierungselemente Nickel, Kupfer und Chrom sind[1]. Die Zusammensetzung liegt in folgenden Grenzen: 2,5 bis 3,1% C, 1,2 bis 2,2% Si, 1,0 bis 1,5% Mn, bis zu 0,1% S, bis zu 0,3% P, 12 bis 16% Ni, 5 bis 7% Cu, 1,5 bis 2,5% Cr. Eine häufig vorkommende Zusammensetzung ist folgende: 2,8% C, 2% Si, 1% Mn, 14% Ni, 6,5% Cu, 2% Cr. Ein Werkstoff mit höchster Dehnbarkeit und geringer Härte und Festigkeit wird durch Fortlassen des Chromgehaltes erzielt. Die Legierung mit Nickel und Kupfer erfolgt durch Zugabe von Monelschrott (65% Ni, 30% Cu), wodurch das Verhältnis von Nickel- zu Kupfergehalt von etwa 2:1 zustande kommt. In Ermangelung von Monellschrott wird eine

---

[1] Vannik, J. S. u. P. D. Merica: Trans. Amer. Soc. Steel Treat. 18, 923 (1930). — Müller, R. u. R. Hanel: Chem. Fabrik 5, 493 u. 504 (1932). — Roll, F.: Gießerei 21, 152 (1934). — Waehlert, M.: Nickelhandbuch. Frankfurt 1939. — MacPherran: Min. & Metall. 17, 183 (1936).

Vorlegierung von Nickel und Kupfer benutzt, oder die beiden Elemente
werden jedes für sich der Schmelze zugesetzt. Entmischungen treten nicht
ein, da das nickelfreie, flüssige Gußeisen bei 1450° und 3,2% C mindestens
8% Cu löst, und außerdem die Löslichkeit für Kupfer durch Nickel
beträchtlich erhöht wird. Bei der Erschmelzung von Niresist[1] müssen
die Bedingungen für eine möglichst geringe Gasaufnahme der Schmelze
eingehalten werden. Die Fluidität des Nickel-Kupfer-Chrom-Gußeisens
ist bei 1320° schon groß. Die Schwindung ist mit 1,3 bis 2% größer als
die von Grauguß. Die Form- und Gießtechnik ähnelt daher schon der
für Stahl gebräuchlichen. Die Schwindung wird durch Änderung der Gieß-
temperatur in weiten Grenzen nicht merklich verändert. Eine Abnahme
soll durch Umschmelzen bzw. Erhöhen des Siliziumgehaltes bis 2,5%
eintreten, wogegen eine Zunahme durch Erhöhen des Chromgehaltes
hervorgerufen wird.

Das Gefüge von Niresist besteht aus einer Austenit-Grundmasse mit
eingelagertem Graphit und chromhaltigen Karbiden, wie es in Abb. 159
wiedergegeben ist. Die Karbidmenge hängt im wesentlichen ab von der
Höhe des Chromgehaltes und von den

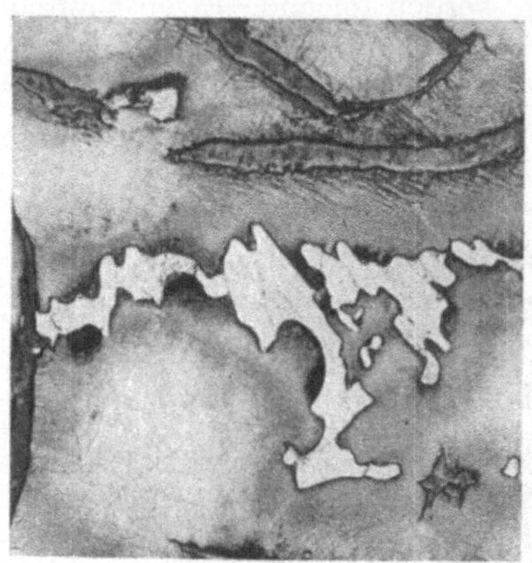

Abb. 159. Gefüge von Niresist. V = 200.

Abkühlungsbedingungen nach dem Guß. Durch Warmbehandlung kann
das Karbid in Temperkohle und Austenit ungewandelt werden, z. B.
durch Glühen bei 850°. Der austenitische Aufbau des Gußeisens ist
natürlich in erster Linie auf den Nickelgehalt zurückzuführen. Es ist
anzunehmen, daß das Kupfer, das als billiger Ersatz eines Teils des
Nickels zugegeben wird, die austenitbildende Wirkung dieses Elementes
verstärkt.

Um eine gute Bearbeitbarkeit des Niresist zu erhalten, kann man
einen verhältnismäßig hohen Kohlenstoffgehalt wählen. Die obere
Grenze des Kohlenstoffgehaltes ist durch die Gefahr der Bildung von
Garschaumgraphit gegeben. Aus Abb. 160 sind die Nickel- + Kupfer-
gehalte (Verhältnis 2:1) und die Kohlenstoffgehalte zu entnehmen, bei
deren Überschreiten Garschaumgraphit auftritt. Der höchstzulässige
Kohlenstoffgehalt beträgt hiernach für die im Niresist vorkommenden
Gehalte von 20% (Ni + Cu) etwa 3,2%.

Die folgenden Angaben über einige physikalische Eigenschaften
von Niresist beziehen sich auf eine durchschnittliche Zusammensetzung

---

[1] Diese Bezeichnung wird im folgenden für die gesamte Gruppe der Nickel-
Kupfer-Chrom-haltigen, austenitischen Gußeisensorten gebraucht.

von 14% Ni, 7% Cu und 2% Cr. Der spezifische elektrische Widerstand beträgt 1,2 $\Omega \cdot$ mm$^2 \cdot$ m^{-1}. Der Temperaturbeiwert ist mit $0,5 \cdot 10^{-3}$ je $^\circ$ C zwischen 0 und 100° klein. J. W. Donaldson[1] bestimmte die Wärme-leitfähigkeit von Niresist mit 2,4% C, 1,8% Si, 0,6% Mn, 13,7% Ni, 3,4% Cr und 6,4% Cu bei 100 bzw. 400° zu 0,079 bzw. 0,072 cal $\cdot$ cm$^{-1} \cdot$ sec$^{-1} \cdot ^\circ$ C^{-1}. Diese Werte liegen also um etwa 30% niedriger als die von unlegiertem Grau-guß mit 3,2% C und 1,5% Si. Der mittlere thermische Ausdehnungsbei-wert liegt infolge des austenitischen Auf-baus der Grundmasse hoch und beträgt etwa $18 \cdot 10^{-6}$ mm $\cdot$ mm $^{-1} \cdot ^\circ$ C^{-1}. Den Einfluß eines Nickel- und Kupfer-gehaltes im Verhältnis 2:1 auf die

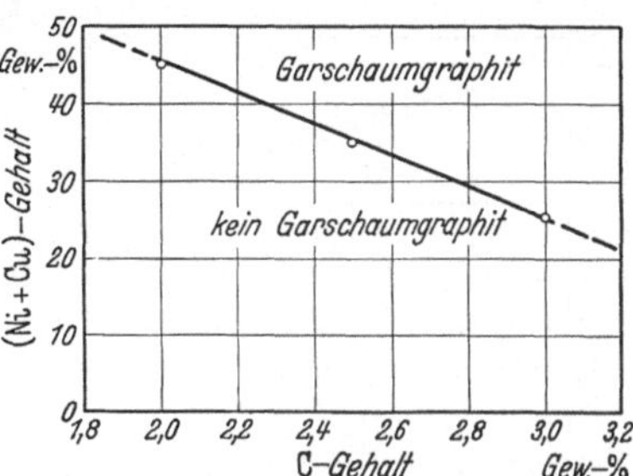

Abb. 160. Garschaum-Graphit-Bildung in Abhängigkeit vom (Kupfer+Nickel)-Gehalt und vom Kohlenstoffgehalt des Gußeisens (Roll).

thermische Ausdehnung von Grauguß bei verschiedenen Temperaturen gibt Abb. 161[2] wieder. Bei etwa 20% und wieder ab 50% Legierungs-gehalt ist der Kurvenverlauf gleich dem von kupferfreiem Nickel-Gußeisen. Die Kleinstwerte der Ausdehnung werden durch Kupfer vergrößert. Sie liegen bei höheren Legie-rungsgehalten als bei Nickelgußeisen. Eine ähnliche Wirkung des Kupfers findet man auch bei den Nickelstählen. Die Perme-abilität von Niresist beträgt bei einer Feld-stärke von 2,6 bis 106 Oersted und bei Temperaturen von — 20 bis + 100° 1,04 bis 1,06; die Remanenz ist gleich Null. Der Wattverlust je Kilogramm ist kleiner als 0,1. Die Induktionserwärmung entspricht etwa der von Handelsmessing.

In den Festigkeitseigenschaften unterscheidet sich Niresist dadurch vom ferritischen und perlitischen, unlegierten und niedriglegierten Gußeisen grundsätzlich, daß es nach dem Zerreißversuch eine Bruch-dehnung von 0,5 bis 2,5% aufweist. Die Ursache für das Auftreten einer merklichen

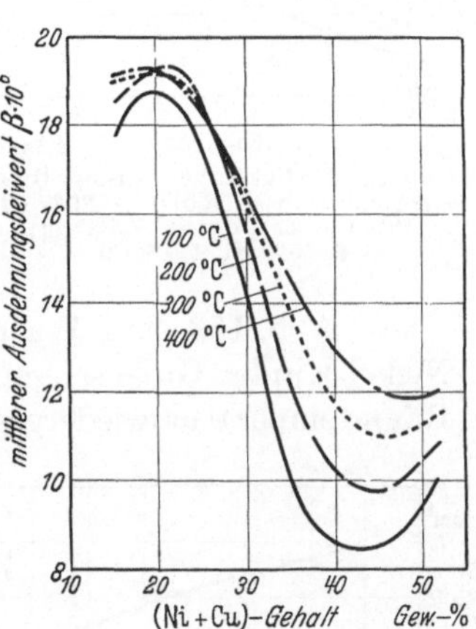

Abb. 161. Einfluß eines Nickel- und Kupfer-Gehaltes (Verhältnis 2:1) auf die Wärmeausdehnung von Grauguß (Wood).

Bruchdehnung ist darin zu sehen, daß der Austenit eine verhältnismäßig geringe Empfindlichkeit gegenüber der durch die Graphiteinlagerungen bedingten Kerbwirkung aufweist. Die Zugfestigkeit, die Biegefestigkeit und die Durchbiegung sind nach Abb. 162 in hohem Maße vom Chrom-

[1] Donaldson, J. W.: Foundry Trade J. **60**, Nr 1191, 513 (1939).
[2] Wood, F. T.: Trans. Amer. Soc. Met. **1935**, 455.

gehalt abhängig. Steigender Chromgehalt bewirkt einen starken Anstieg der Zugfestigkeit und Biegefestigkeit und einen Abfall der Durchbiegung. Gegenüber der Wirkung des Chromgehaltes tritt die des (Nickel + Kupfer)-Gehaltes zurück. Die Zugfestigkeit und Biegefestigkeit steigen mit fallendem Nickel- und Kupfergehalt. Die Durchbiegung verhält sich umgekehrt. Sie erfährt beim Übergang von 10% Ni + 5% Cu zu 15% Ni + 7,5% Cu eine starke Zunahme. Eine weitere Erhöhung auf 20% Ni + 10% Cu verbessert die Durchbiegung nur noch wesentlich bei Abwesenheit von Chrom. Auch bei dem höchsten Chromgehalt von 4,5% ist die Durchbiegung des Niresist noch beträchtlich. Hierfür ist die gleiche Ursache wie für das Auftreten einer merklichen Bruchdehnung maßgebend.

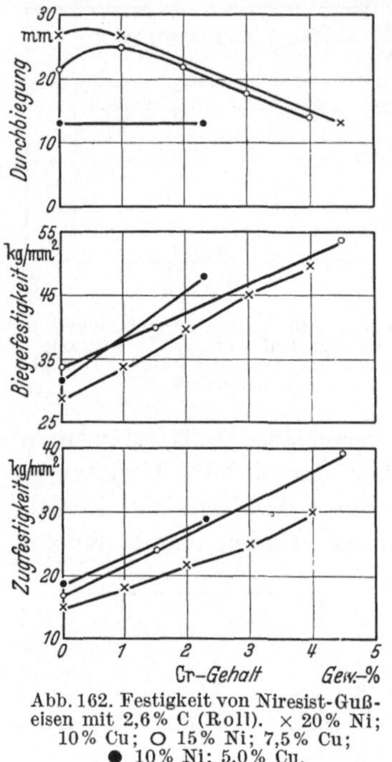

Abb. 162. Festigkeit von Niresist-Gußeisen mit 2,6% C (Roll). × 20% Ni; 10% Cu; ○ 15% Ni; 7,5% Cu; ● 10% Ni; 5,0% Cu.

Die in Abb. 162 angegebenen Festigkeitswerte gelten für Werkstoffe mit 2,6% C. Höhere Kohlenstoffgehalte ergeben keine wesentliche Beeinträchtigung dieser Werte. Bei niedrigen Kohlenstoffgehalten erhält man höhere Festigkeitswerte, z. B.:

Biegefestigkeit 60 kg/mm², Durchbiegung 20 mm, Zugfestigkeit 40 kg/mm², Bruchdehnung 2,5%.

In Abb. 163 sind Warmfestigkeitswerte von praktisch chromfreiem Nickel-Kupfer-Gußeisen mit einer Zugfestigkeit von nur 16 kg/mm² bei Raumtemperatur wiedergegeben. Die Festigkeit sinkt bis 450° um 25%, bis 700° um 50% des Wertes bei Raumtemperatur ab. Über die Wandstärkenempfindlichkeit von Niresist mit 2,6% C und verschiedenen Nickel-Kupfer- und Chromgehalten vermittelt die Abb. 164 eingehende Unterlagen. Eine erwähnenswerte Wandstärkenempfindlichkeit bei Wandstärken bis 30 mm liegt bei zu niedrigen Nickel- und Kupfergehalten vor.

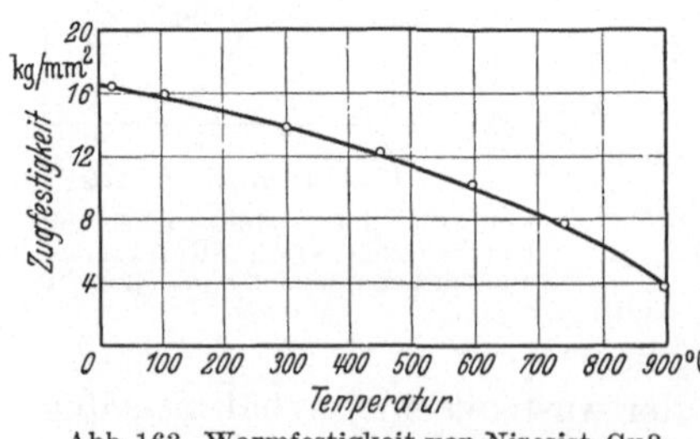

Abb. 163. Warmfestigkeit von Niresist-Gußeisen (Kurzzerreißversuche: Ballay).

Liegt die Härte von Niresist zwischen 120 und 200 B.E., so entspricht die Zerspanbarkeit etwa der von gewöhnlichem Grauguß. Geringere Härten führen zum Schmieren. Die für verschleißfeste Teile erforderliche Härte von 180 B.E. läßt noch eine gute Zerspanbarkeit zu.

Niresist besitzt eine dem unlegierten Grauguß überlegene **Verschleißfestigkeit**. In Zahlentafel 63 ist der Gewichtsverlust von Scheiben mit 254 mm Durchmesser und 12,7 mm Dicke aus unlegiertem Grauguß und Niresist verglichen, die 24 Stunden lang bei 3000 Umdrehungen/min der schmirgelnden Wirkung von Sand, Kohlenstaub und Walzsinter ausgesetzt waren. Der Verschleiß von Niresist war $^1/_4$ bis $^1/_2$ so groß wie der des Graugusses. Bei Untersuchungen von C. G. Williams[1] über den Verschleiß von Gußeisen für Ventilsitze erwies sich Niresist einem ebenfalls austenitischen Gußeisen mit 2,6% C, 26% Ni und 4% Cr weit überlegen, wurde aber selbst von mehreren Werkstoffen noch übertroffen, so besonders von einem Gußeisen mit 3% C, 3% Cr und 5% Mo.

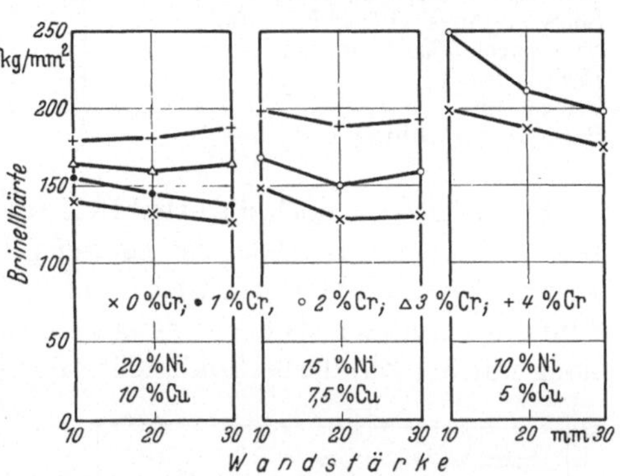

Abb. 164. Abhängigkeit der Härte von Niresist mit 2,6% C von der Wandstärke bei verschiedenen Nickel-, Kupfer- und Chrom-Gehalten (Roll).

× 0% Cr; ● 1% Cr; ○ 2% Cr; △ 3% Cr; + 4% Cr.

Eine der wichtigsten Eigenschaften von Niresist ist seine gegenüber Laugen, Wasser, Salzlösungen und organischen Säuren u. a. wesentlich erhöhte **Korrosionsbeständigkeit**, auf Grund deren es an Stelle von Messing oder Bronze verwendet wird. Relative Gewichtsverlustzahlen

Zahlentafel 63. Verschleiß von Niresist und gewöhnlichem Gußeisen (Hanel und Müller).

Art des den Verschleiß hervorrufenden Mittels	Niresist	Unlegierter Grauguß
	Gewichtsverlust in g	
Sand und Wasser	154	320
Kohlenstaub und Wasser. . . .	18	84
Sinter und Wasser	144	320

von Nimol, Messing und Bronze bei Angriff durch verschiedene Medien enthält Zahlentafel 64. Umfassende Angaben über die Korrosionsbeständigkeit von Niresist mit 2,0 und 6,0 % Cr enthalten die Zahlentafeln 65 und 66, die gekürzt dem Nickelhandbuch (1939) entnommen sind. Die Korrosionsbeständigkeit von Niresist ist auf die gemeinsame Wirkung des Nickel-Kupfer- und Chromgehaltes zurückzuführen.

[1] Williams, C. G.: Engineering **143**, 357 u. 475 (1937).

Zahlentafel 64. Korrosionsverhalten von Nimol (Müller und Hanel).

	Relative Gewichtsverlustzahlen			
	Nimol	Grauguß unlegiert	Messing	Bronze
Schwefelsäure, 5%, kalt	1	475,0	1,12	1,08
Schwefelsäure, 10%, 95—100°	1	1,95	0,15	0,15
Salzsäure, 5%, kalt	1	185,0	13,0	24,0
Essigsäure, 25%	1	400,0	2,75	2,22
Seewasser	1	5,0	0,50	2,15
Salzwassersprühregen	1	2,90	0,27	0,08

Schließlich ist noch die erhöhte Zunderbeständigkeit von Niresist hervorzuheben. Bei 850° ist es weitgehend beständig gegen Heizgase. In oxydierenden Heizgasen ist es nach F. Roll (zit. S. 211) etwa 10- bis 15mal beständiger als hochwertiger Grauguß. Wichtig ist im Zusammenhang mit der Zunderbeständigkeit auch die geringe Neigung von Niresist zum Wachsen. Es übertrifft in dieser Beziehung nach F. Roll den hochwertigen Grauguß um das 15fache, den Maschinenguß sogar um das 35fache. Einen Vergleich der Zunderbeständigkeit und des Wachsens von unlegiertem Grauguß und Niresist zeigt Abb. 165.

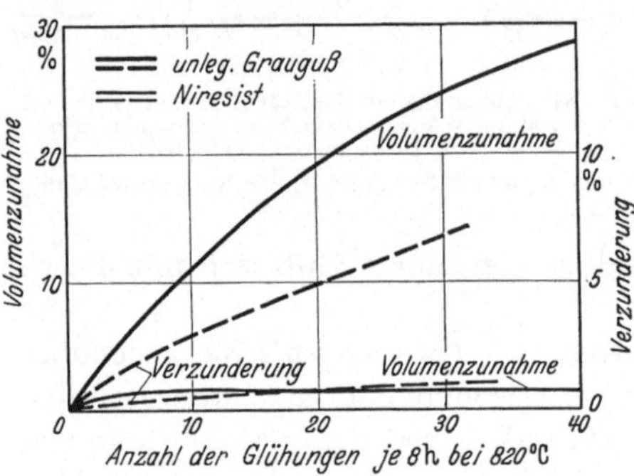

Abb. 165. Wachsen und Verzunderung von Niresist und unlegiertem Grauguß (Vanick und Merica).

Das Schweißen von Niresist[1] ist mit größerer Zuverlässigkeit durchführbar als das Schweißen von unlegiertem Grauguß. Der Zusatz hat die Zusammensetzung des Grundwerkstoffs oder besteht aus Monelmetall. Geschweißt wird sowohl mit dem Metall-Lichtbogen wie mit der Azetylenflamme. Die Flußmittel sind die bei der Graugußschweißung verwendeten; auch das Schweißverfahren mit Vorwärmen entspricht dem bei Grauguß üblichen. Niresist wird auch als Zusatz zum Schweißen von unlegiertem und schwachlegiertem Grauguß benutzt. Die Schweißungen sind gut bearbeitbar und zäh.

Neben den hochlegierten, kupferhaltigen Gußeisensorten von der Art des Niresist sind keine anderen von technischen Bedeutung bekannt. W. S. Messkin und B. E. Sonin[2] erwähnen lediglich noch ein unmagnetisches (austenitisches) Gußeisen für mittlere und kleine Gußstücke, das neben 3,4 bis 3,7% C, 2,5 bis 3% Si, 7 bis 9% Mn und 0,5 bis 0,7% P

---

[1] Vgl. Cornelius, H.: Schweißen von Stahlguß, Gußeisen und Temperguß. Z. VDI 82, 1079 (1938). Schrifttumsübersicht.

[2] Messkin, W. S.: u. B. E. Sonin: Rep. Inst. Metals, Leningrad 14, 13 (1933).

Zahlentafel 65. Beständigkeit von Niresist mit etwa 2% Cr
gegen verschiedene Angriffsmittel (Nickel-Handbuch).

Angriffsmittel	Angriffsbedingungen	Beständigkeit in Jahren/mm	
Atmosphäre	—	20—100	□
Kalziumchlorid	in Lösung	5	⊡
Ferrisulfat	7%	0,01	■
Kochsalzlösung	3%	4	⊡
	10%	10	□
Natronlauge	2,5%	30	□
	50,0%	30	□
Salzsäure	0,05%	4	⊡
	25,0	1	⊡
	5,0 belüftet	0,4	■
	20,0 belüftet	0,2	■
Schwefelsäure	0,05%	3	⊡
	25,0%	2	⊡
	5,0% lufthaltig	0,6	■
Schweflige Säure	Zellstofflauge	0,8	■
	Rauchgase	30	□
Leitungswasser	—	30—60	□
Seewasser	—	20	□
Kesselspeisewasser (95°)	—	2	⊡
Wasser	Gehalt an NaOH	10	□
Wasser (75°)	Gehalt an H_2S	4	⊡

□ > 10 Jahre/mm, ⊡ 1 bis 10 Jahre/mm, ■ < 1 Jahr/mm.

Zahlentafel 66. Beständigkeit von Niresist mit etwa 14% Ni, 5% Cu
und 6% Cr (Nickel-Handbuch).

Angriffsmittel	Konzentration	Beständigkeit in Jahren/mm	
Azeton	—	100	□
Ameisensäure	—	20	□
Ammonchlorid	5%	20	□
Ammonnitrat	5%	4	⊡
Ammonsulfat	10%	20	□
	+ 5% H_2SO_4	8	⊡
Borsäure	10%	30	□
Ferrichlorid	5%	0,3	■
Kalialaun	10%	10	□
Kupferchlorid	10%	0,2	■
Magnesiumchlorid	10%	30	□
Magnesiumsulfat	10%	70	□
Natriumsulfit	5—10%	100—70	□
Oxalsäure	5%	30	□
Phosphorsäure	50%	8	⊡
Salzsäure	1, 5, 20%	7, 4, 3	⊡
Salpetersäure	1, 5, 20%	0,3; 0,1; 0,03	■
Schwefelsäure	1, 5, 20%	8, 6, 5	⊡
Weinessig	—	50	□
Weinsäure	5%	20	□
Zitronensäure	5%	20	□

□ > 10 Jahre/mm, ⊡ 1 bis 10 Jahre/mm, ■ < 1 Jahr/mm.

auch 1,5 bis 2% Cu enthält. Die austenitische Grundmasse ist bis 400°
beständig. Die Biegefestigkeit beträgt 22 bis 30 kg/mm², die Durchbiegung
8 bis 16 mm, die Permeabilität 1,1 bis 1,5. Große Gußstücke werden
ohne Kupferzusatz mit einem Mangangehalt von 9 bis 11% hergestellt.

VIII. Verwendung von kupferlegiertem Gußeisen.

Abgesehen von der praktischen Bedeutung der austenitischen Gußeisensorten von der Art des Niresist ist im übrigen bisher ein Kupferzusatz zu Gußeisen auf Einzelfälle beschränkt geblieben. An erster Stelle
ist die Verwendung von kupferlegiertem Grauguß für Nockelwellen
(Ford) zu erwähnen[1]. Der Guß enthält 3,3 bis 3,65% C, 0,15 bis 0,35%
Mn, 0,45 bis 0,55% Si, 0 bis 0,25% Cr und 2,5 bis 3% Cu. Die Brinellhärte beträgt 255, an den gegen Schreckteile gegossenen Nocken 420 B.E.
Die Einstellung der Schrecktiefe erfolgt nach Prüfung von Probeguß-
stücken durch Zugabe von gepulvertem Ferrochrom in die Pfanne, wenn
die Schrecktiefe zu gering ist, durch Zugabe von Ferrosilizium und bzw.
oder Erhöhung des Kupfergehaltes, wenn sie zu groß ist.

Die Vorteile der Gußnockenwellen sind eine gegenüber geschmiedeten
Wellen verminderte, spanabhebende Bearbeitung und der Fortfall jeder
Warmbehandlung. Im Jahre 1935 wurden 6000 Nockenwellen für den
V-8-Motor arbeitstäglich hergestellt.

Erwähnt wird auch ein kupferhaltiger Grauguß (3,15 bis 3,4% C,
1,8 bis 2,1% Si und 0,5 bis 0,75% Cu) für Zylinderblöcke. Der Kupferzusatz soll in dünnen Teilen die Schreckwirkung vermindern, zur Erzielung dichter Gußstücke beitragen, die Zerspanbarkeit und den Verschleißwiderstand verbessern.

Die Verwendung kupferlegierten Gußeisens für Kurbelwellen wird
gelegentlich erwähnt (vgl. auch Abb. 138).

Die Bewährung von Kupfer-Gußeisen für schwere Gußstücke wurde
weiter oben schon hervorgehoben.

Kupfer-Molybdän-Gußeisen mit 3,0 bis 3,2% C, 1,7 bis 2,2% Si,
0,7 bis 1,0% Mn, 0,5 bis 0,7% Cu, 0,5 bis 0,7% Cr und 0,25 bis 0,35% Mo
wird für Dieselmotorenköpfe verwendet. Das Eisen ist oxydations-
beständig und neigt nicht zum Wachsen.

Die im Vergleich zu niedriglegiertem Kupfergrauguß bedeutende
praktische Anwendung der austenitischen Gußeisensorten[2] von der Art
des Niresist beruht auf ihrer hohen Wärmeausdehnung, der Nichtmagneti-
sierbarkeit, dem elektrischen Widerstand, der Korrosions- und Hitzebeständigkeit und dem Verschleißwiderstand.

Der hohe Wärmeausdehnungsbeiwert ermöglicht die Verwendung von
Niresist zusammen mit Bauteilen aus Leichtmetallen. Zylinderbüchsen,

---

[1] Iron Age **136**, Nr 7, 22 (1935), sowie MacCaroll, R. H. u. J. L. MacCloud:
Metal Progr. (30. 8. 1936) S. 33.

[2] Wählert, M.: Nickelhandbuch. Frankfurt 1939.

bei Motorrädern ganze Zylinderblöcke aus Niresist ergeben bei Verwendung von Leichtmetallkolben kleines Spiel auch bei Raumtemperatur und geringen Verschleiß. In Leichtmetallkolben eingegossene Niresistringe als Kolbenringträger führen bei kleinerem Gewicht der Kolben zu einer gegenüber Graugußkolben erhöhten Lebensdauer. Ventilsitze aus Niresist in Leichtmetall-Zylinderköpfen werden nicht locker, haben befriedigende Warmfestigkeit und Härte, sowie einen guten Verschleißwiderstand.

Niresist ist im Elektromaschinenbau Messing und Bronze gleichwertig und häufig auch überlegen. Transformatorendeckel, Durchführungen, Polklemmen und Kabelschuhe u. a. werden aus dem austenitischen Gußeisen hergestellt. Für Widerstandsgitter ist es auf Grund seines hohen spezifischen Widerstandes geeignet.

Die chemische Industrie macht sich die Korrosionsbeständigkeit des Niresist beim Bau von Pumpen und im allgemeinen im chemischen Maschinenbau zu Nutze. In besonderen Fällen wird der Siliziumgehalt auf 8% erhöht. In der Nahrungs- und Genußmittelindustrie darf in den Fällen, in denen Kupfer Verfärbung oder Vergiftungsgefahr bedingt, das kupferhaltige Niresist nicht verwendet werden.

Die Hitzebeständigkeit des üblichen Niresist reicht bis etwa 850°. Für höhere Temperaturen wird der Chromgehalt bis auf 20% erhöht. Eine Bearbeitung ist dann nur noch durch Schleifen möglich.

Die Verwendung des Niresist zu Ventilsitzen, Zylinderlaufbüchsen und Ventilführungen, die schon erwähnt wurde, beruht mit auf dem erhöhten Verschleißwiderstand des Werkstoffes. Auch in den Fällen, in denen Bauteile dem Verschleiß durch die schmirgelnde Wirkung von in Flüssigkeiten aufgeschlämmten Teilchen wie Sand u. dgl. ausgesetzt sind, ist Niresist am Platze.

Die technische Verwendbarkeit des austenitischen Nickel-Kupfer-Chrom-Gußeisen ist nach Vorstehendem sehr mannigfaltig.